手写MyBatis
渐进式源码实践

付政委（小傅哥）著

U0217980

电子工业出版社·
Publishing House of Electronics Industry
北京·BEIJING

内 容 简 介

本书基于 MyBatis 的核心逻辑，通过实现简单版 MyBatis 的方式，对 MyBatis 进行分析、设计和实践。本书以实践为核心，摒弃 MyBatis 源码中繁杂的内容，聚焦于 MyBaits 中的核心逻辑，简化代码实现过程，以渐进式的开发方式，逐步实现 MyBaits 中的核心功能。从解析、绑定、反射、缓存，到会话和事务操作，再到如何与 Spring、Spring Boot 进行关联注册 Bean 对象，达到整合部分功能的目的。读者可以把此次学习当作开发一个项目，由此可以看到 MyBatis 从无到有，再到完善和整合的全过程。

本书既可以作为计算机相关行业研发人员的辅导书，也可以作为高等院校计算机专业学生的参考书。无论是初学者，还是中级和高级研发人员，都能从本书中获得启发。

图书在版编目（CIP）数据

手写 MyBatis：渐进式源码实践 / 付政委著 . —北京：电子工业出版社，2023.2

ISBN 978-7-121-44839-3

Ⅰ．①手… Ⅱ．①付… Ⅲ．① JAVA 语言 – 程序设计 Ⅳ．① TP312.8

中国国家版本馆 CIP 数据核字（2023）第 014617 号

责任编辑：宋亚东　　　　　　　特约编辑：田学清

印　　刷：北京东方宝隆印刷有限公司

装　　订：北京东方宝隆印刷有限公司

出版发行：电子工业出版社

　　　　　北京市海淀区万寿路 173 信箱　　　邮编：100036

开　　本：787×980　　1/16　　印张：20.5　　字数：459 千字

版　　次：2023 年 2 月第 1 版

印　　次：2023 年 2 月第 1 次印刷

定　　价：128.00 元

凡所购买电子工业出版社图书有缺损问题，请向购买书店调换。若书店售缺，请与本社发行部联系，联系及邮购电话：（010）88254888，88258888。

质量投诉请发邮件至 zlts@phei.com.cn，盗版侵权举报请发邮件至 dbqq@phei.com.cn。

本书咨询联系方式：（010）51260888-819，faq@phei.com.cn。

前　言

MyBatis 是遵循 Apache License 2.0 许可的自由软件。2004 年，Clinton Begin 将 iBATIS 的名称和代码都捐赠给了 Apache 软件基金会。2010 年，由 Apache 软件基金会迁移到 Google Code，并更名为 MyBatis。2013 年，再次迁移到 GitHub 进行迭代和维护。

MyBatis 是一款非常优秀的 ORM 框架。它通过配置 XML 文件或 Java 注解的方式，将 Java 代码中 DAO 对象类与 SQL 语句进行映射关联，完成对数据库的增、删、改、查操作。正是因为 MyBatis 具有简单、易用和灵活等特性，所以成为众多互联网公司开发 Java 项目的首选 ORM 框架。

希望长期从事编程开发工作的架构师和研发人员不仅要熟练使用 MyBatis，还要掌握其源码设计。学习设计思想和设计模式在实际场景中的应用方法，可以提高架构师和研发人员对业务工程架构的设计能力，以及基于 MyBatis 扩展各类技术插件的能力，从而实现监控、加密、路由等功能。

为什么撰写本书

在遇到 MyBatis 的报错提醒，以及需要基于 MyBatis 开发各类技术插件时，大部分研发人员会尝试阅读 MyBatis 源码。由于 MyBatis 源码体量庞大、语法复杂，也不像平常的业务流程代码一样具有分层结构，并且使用了大量的设计模式，因此理解难度比较大。研发人员很难厘清其中的各个代码类的调用顺序和各个类之间的关系。

笔者阅读了不少关于 MyBatis 的图书，在反复学习源码后，仍然难以理解 MyBatis 中各项功能的实现细节。其中一个原因是没有动手实践，只阅读图书很难完全掌握 MyBatis 的精髓。因此，笔者结合对框架功能细节的拆解，按照项目的实现过程，分析每个功能逻辑的设计原则、设计方案和落地代码，渐进式地完成了整个框架的开发。就像做一个项目一样，完整实现了 MyBatis 的功能，这样不仅可以深入地了解和认识 MyBatis，还可以体会更多精妙的设计原则和设计模式。笔者把关于手动实现简单版 MyBatis 的内容编写成书，希望可以帮助更多的研发人员学习 MyBatis 源码，编写出有价值的设计方案。

本书主要内容

本书采用从零手写 MyBatis 的方式，摒弃 MyBatis 源码中繁杂的内容，只选择 MyBatis 中的核心逻辑，简化代码实现过程，保留核心功能，如解析 XML 文件、绑定映射器、代理 DAO 接口、数据源池化反射工具包、插件、缓存数据、会话实现，以及和 Spring、Spring Boot 整合等。在开发过程中，细化功能模块，逐步完成一个简单版 MyBatis 框架。

本书共 22 章。引言介绍了学习 MyBatis 的方法，以及本书源码的获取和使用方式。

- 第 1 ~ 4 章：拆解和实现 ORM 框架的基本功能，构建会话的基本调用流程，解析 XML 文件，以及串联 DefaultSqlSession 结合解析配置项获取展示信息。

- 第 5 ~ 8 章：创建和使用数据源，池化技术的实现，完成执行 SQL 语句的操作，同时引入反射工具包，实现对属性信息的获取和设置。

- 第 9 ~ 12 章：以实现 ORM 框架的基本功能为目的，完善静态 SQL 的标准化解析、参数设置和结果封装，使整个 ORM 框架可以处理基本的新增、删除、修改和查询操作。

- 第 13 ~ 19 章：以完善 ORM 框架的核心功能逻辑为目的，实现注解 SQL 解析、ResultMap 参数、事务处理自增索引、动态 SQL 解析、插件、一级缓存和二级缓存等功能。

- 第 20 ~ 22 章：利用 ORM 框架整合 Spring 和 Spring Boot，并介绍整个核心流程，同时总结 ORM 框架开发中涉及的 10 种设计模式。

如何阅读本书

本书通过渐进式的开发方式实现整个 MyBatis 核心源码的开发。首先，每章开头会列出难度和重点；然后，正文介绍要处理的问题、具体设计和实现代码；最后，给出测试验证和总结。

在阅读本书的过程中，建议读者先阅读"引言"，以便以全局的视角了解本书要实现的 MyBatis 框架的相关功能，并掌握学习方法。另外，"引言"中也列举了本书工程源码的环境配置、获取和使用方法。

致谢

特别感谢我的父母（付井海、徐文杰）、妻子（郭维清），由于他们在日常生活中分担了许多家庭任务，因此笔者才有更多的时间投入文字创作中，本书才能与广大读者见面。

感谢灵魂设计师 Beebee 老师为本书设计封面插图。

感谢电子工业出版社博文视点及宋亚东编辑为本书出版所做的一切。

由于笔者水平有限，书中难免存在一些不足之处，希望广大读者给予批评、指正。

付政委（小傅哥）

读者服务

微信扫码回复：44839

· 获取本书配套源码资源。

· 加入本书读者交流群，与更多读者互动。

· 获取【百场业界大咖直播合集】（持续更新），仅需 1 元。

目　录

引言

MyBatis 和 Spring 已成为互联网应用技术的主流框架组合之一。研发人员几乎离不开 MyBatis，所以有必要进行深度学习，了解它的框架，学习它的设计模式。

笔者在对 MyBatis 进行梳理的过程中就在思考，学习优秀框架源码，不应该脱离其本身来实现一个简单的 ORM 框架，更不应该只是用一些自己的想法来代替原有的设计。如果脱离 MyBatis 源码的核心实现学习 MyBatis，就会缺少对解决复杂设计问题的思考，也很难学习到设计模式在框架中的运用方法，更无法了解各个模块的分层逻辑。

因此，笔者将本书内容从使用几个类就能写出简单的 ORM 框架开始，渐进式地扩展为拆解 MyBatis，逐步扩展到使用 100 多个类完整实现一个核心的 MyBatis 框架，如下图所示。

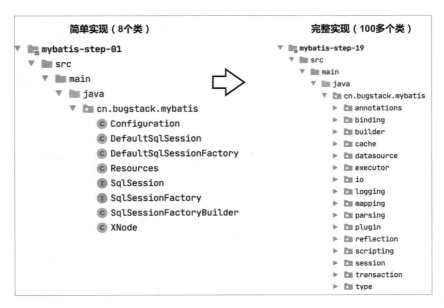

1. 为什么学习 MyBatis

读者学习源码的目的是什么，是为了面试，还是为了熟悉开发流程，抑或是为了跟风？笔者认为这些都不应该是核心目的，而是为了了解在面对复杂的系统问题时应该如何设计工程架构，运用哪些设计原则和设计模式，以及它们在代码中是如何落地的。

这才是学习源码应该重视的，学习源码能够提高开发人员编码时的思维能力。笔者将逐步拆解 MyBatis 的核心功能模块，通过渐进式的开发，层层揭开 MyBatis 的神秘面纱。

2. 如何学好 MyBatis

学习和实践源码最佳的方式是，按照 MyBatis 的知识体系，拆分核心流程并动手实践。就像开发一个项目，渐进式地完善各个模块的功能。通过实践不仅可以透彻地学习 MyBatis 的技术，还能学习到设计模式的妙用。在阅读 MyBatis 源码时，既能厘清核心流程之外的内容，又能把学习到的知识运用到实际的项目开发中。

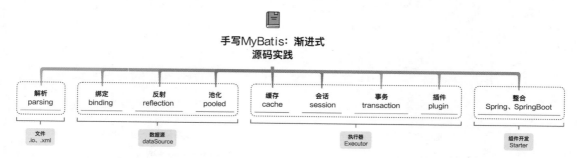

只要读者实践到最后，就既能轻松阅读 MyBatis 源码，也能更好地驾驭 MyBatis，并且可以基于 MyBatis 的 ORM 框架设计开发一些组件，或者独立设计其他数据的 ORM 框架，如 ES-ORM 框架。

3. 手写 MyBatis 框架地图

手写 MyBatis 框架地图如下图所示，笔者会带领读者逐步实现所有的功能模块，细化各个模块的实现流程，最终实现一个丰富、全面、细致的 ORM 框架。

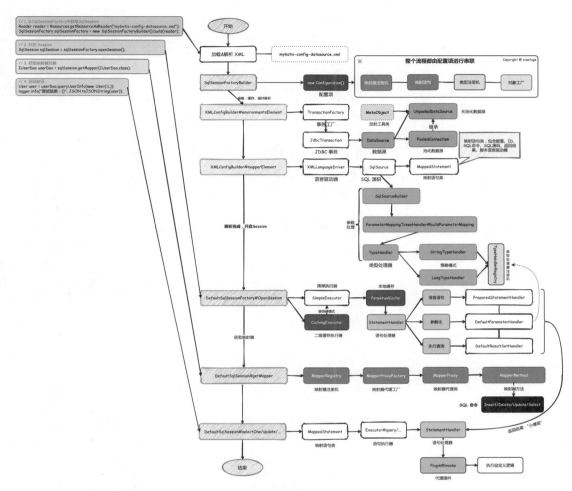

读者可以对照这张图学习手写的代码和 MyBatis 源码，以便理解 MyBatis。

4. 工程使用说明

此项工程以 IntelliJ IDEA + Maven 的方式搭建，共计 22 个工程模块，渐进式地实现 MyBatis 的核心功能。读者可以根据本书的内容提示，打开对应的项目工程进行开发和调试。

首先根据源码地址选择一个可以访问的路径下载源码，然后使用 IntelliJ IDEA 打开，加载 Maven 以后即可运行实践。

1）源码地址

本书提供了 GitHub 和 GitCode 地址，读者可任意选择并下载使用。

- GitHub：https://github.com/fuzhengwei/book-small-mybatis。

- GitCode：https://gitcode.com/fuzhengwei/book-small-mybatis。

2）环境配置

- JDK 1.8.x（不建议使用过高的版本）。

- Maven 3.6.x。

- MyBatis 3.5.9（笔者在讲解源码时参考的版本）。

- MySQL 5.x 和 MySQL 8.x 都可以，在调试时注意配置对应的 com.mysql.jdbc.Driver 或 com.mysql.cj.jdbc.Driver。

- 如果使用 IntelliJ IDEA Community Edition 2022.x，则建议安装 Sequence Diagram IDEA Plugin 插件，因为它不仅可以自动生成 UML 流程图，还可以辅助分析代码逻辑。

- 其他一些环境所需的版本都已维护在对应工程的 POM 文件中，如果开发过程中某个版本在 Maven 仓库中不存在，则可以替换。

3）工程结构

MyBatis 分为 22 个工程模块，如下图所示。

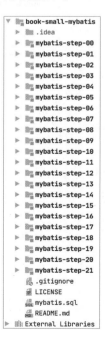

- mybatis-step-00：用于测试 MyBatis 源码，版本为 MyBatis 3.5.9。
- mybatis-step-01 ~ mybatis-step-19：对应第 1 ~ 19 章的手写 MyBatis 代码模块。
- mybatis-step-20：对应第 20 章，用于整合 Spring。
- mybatis-step-21：对应第 21 章，用于整合 Spring Boot。

读者可以在根目录中使用 IDEA 打开代码，或者每次学习新一章时只打开本章对应的源码。

> ✒ 注意：当首次打开全部工程时，如果旧版本的 IntelliJ IDEA 未自动把项目加载到 Maven 工程，则可以在工程的 POM 文件中单击"Add as Maven Project"按钮，通过这种方式初始化加载工程。

5. 更好的开始

1）前置条件

读者需要具有一定的编码基础，比较熟悉 IDEA、JDK、Maven 等配置，并且已经使用 MyBatis 开发过项目，能排查一些简单的源码问题。如果读者尚不满足上述条件，则可以先从一些 MyBatis 的案例入手学习，再阅读本书。

2）能学到什么

- 看得懂：SqlSession 会话的生命周期是如何定义和实现的。
- 学得会：工厂模式、策略模式、装饰器模式和建造者模式等是如何在 MyBatis 中体现的。
- 厘得清：从 XML 文件的解析、会话的创建，到 SQL 语句的执行、事务的控制和结果的封装是如何实现的。
- 吃得透：解析、代理、缓存、插件、事务和数据源池化等是如何设计与实现的。
- 玩得转：自行研发的 MyBatis 如何与 Spring、Spring Boot 整合使用。

3）学习建议

本书以开发简单版 MyBatis 的方式介绍其原理和内核知识，在代码实现方面更注重内容上的需求分析和方案设计。在学习过程中，读者要结合这些内容加以实践，并调试对应的代码。在阅读本书的过程中，遇到问题是正常的，希望读者可以坚持学完。

第 1 章

实现一个简单的 ORM 框架

使用 ORM 框架可以解决面向对象与关系数据库之间互不匹配的问题。具体来说，有了 ORM 框架，就可以不用通过配置映射的方式解决编程对象中类的属性与数据库表字段的映射问题。

只要配置了对象属性与数据库表字段的映射，ORM 框架就可以在运行期完成数据和字段的映射。目前，市面上主要的 ORM 框架包括 Hibernate、iBATIS、MyBatis、JFinal 和 EclipseLink。

- 本章难度：★★☆☆☆
- 本章重点：先通过几个类简单地实现一个 ORM 框架，体现其核心功能流程；然后结合本章的功能流程，逐步实现 MyBatis 源码的各个模块开发。

1.1 ORM 框架实现的说明

我们在初学 Java 时，都使用 JDBC 方式连接数据库。随着学习的深入，我们会陆续接触到 iBATIS、MyBatis 和 Hibernate，这些都是 ORM 框架的具体产品的实现。

既然 ORM 框架用于处理面向对象编程语言中不同类型系统间的数据转换，那么与 MyBatis 类似的 ORM 框架是如何实现的呢？本章以实现一个简单的 ORM 框架为目标，介绍具体的设计和实现方法，结合所实现的简单 ORM 框架，逐步完成 MyBatis 源码的拆解和功能的开发。

1.2　简单 ORM 框架的设计

如果读者已经使用过类似于 MyBaits、iBATIS 的 ORM 框架，就会知道，这类框架主要通过参数映射、SQL 解析和执行，以及结果封装的方式对数据库进行操作。

在整个方案的实现过程中，我们会尽可能简化实现流程，把 MyBatis 中最核心的内容展示给读者，从而帮助读者更好地了解一个 ORM 框架的核心部分应该有什么，之后就是不断迭代。图 1-1 所示为简单 ORM 框架的设计。

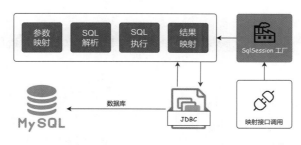

图 1-1

参数映射、SQL 解析、SQL 执行和结果映射是 ORM 框架的核心内容。

最终这个 ORM 框架会提供 SqlSession 工厂已经调用的信息。

1.3　简单 ORM 框架的实现

1. 工程结构

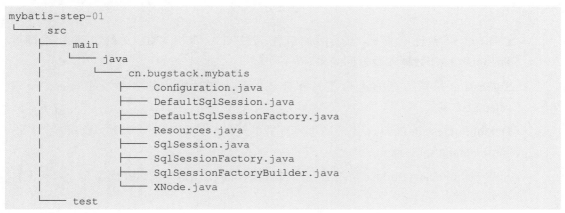

```
mybatis-step-01
└── src
    ├── main
    │   └── java
    │       └── cn.bugstack.mybatis
    │           ├── Configuration.java
    │           ├── DefaultSqlSession.java
    │           ├── DefaultSqlSessionFactory.java
    │           ├── Resources.java
    │           ├── SqlSession.java
    │           ├── SqlSessionFactory.java
    │           ├── SqlSessionFactoryBuilder.java
    │           └── XNode.java
    └── test
```

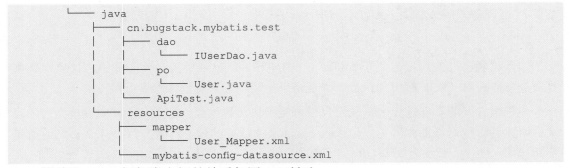

```
└── java
    ├── cn.bugstack.mybatis.test
    │   ├── dao
    │   │   └── IUserDao.java
    │   ├── po
    │   │   └── User.java
    │   └── ApiTest.java
    └── resources
        ├── mapper
        │   └── User_Mapper.xml
        └── mybatis-config-datasource.xml
```

简单的 ORM 框架类之间的关系如图 1-2 所示。

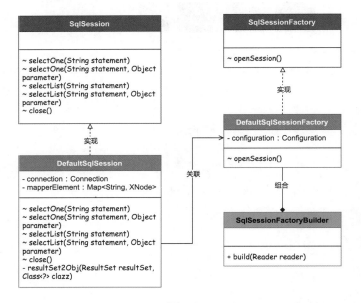

图 1-2

- ORM 框架实现的核心类包括加载配置文件、解析 XML 文件、获取数据库 Session、操作数据库及返回结果。
- SqlSession 是对数据库进行定义和处理的类，包括常用的方法，如 selectOne 和 selectList 等。
- DefaultSqlSessionFactory 是对数据库配置的开启会话的工厂处理类，这里的工厂会操作 DefaultSqlSession。
- SqlSessionFactoryBuilder 是对数据库进行操作的核心类，包括处理工厂、解析文件和获取会话等。

2. 定义 SqlSession 接口

源码详见 cn.bugstack.middleware.mybatis.SqlSession。

```
public interface SqlSession {

    <T> T selectOne(String statement);

    <T> T selectOne(String statement, Object parameter);

    <T> List<T> selectList(String statement);

    <T> List<T> selectList(String statement, Object parameter);

    void close();
}
```

这里定义了对数据库操作的查询接口，分为查询一个结果和查询多个结果，同时包括有参数和无参数的方法。在 MyBatis 中，所有 SQL 语句的执行是从开启 SqlSession 会话开始的，之后创建执行器。为了简化，这里直接在 SqlSession 会话实现类 DefaultSqlSession 中操作数据库并执行 SQL 语句。

3. SqlSession 默认实现类

源码详见 cn.bugstack.middleware.mybatis.DefaultSqlSession。

```
public class DefaultSqlSession implements SqlSession {

    private Connection connection;
    private Map<String, XNode> mapperElement;

    public DefaultSqlSession(Connection connection, Map<String, XNode> mapperElement) {
        this.connection = connection;
        this.mapperElement = mapperElement;
    }

    @Override
    public <T> T selectOne(String statement) {
        try {
            XNode xNode = mapperElement.get(statement);
            PreparedStatement preparedStatement = connection.prepareStatement(xNode.getSql());
            ResultSet resultSet = preparedStatement.executeQuery();
            List<T> objects = resultSet2Obj(resultSet, Class.forName(xNode.getResultType()));
            return objects.get(0);
        } catch (Exception e) {
            e.printStackTrace();
        }
```

```java
            return null;
        }

    @Override
    public <T> List<T> selectList(String statement) {
        XNode xNode = mapperElement.get(statement);
        try {
            PreparedStatement preparedStatement = connection.prepareStatement(xNode.
getSql());
            ResultSet resultSet = preparedStatement.executeQuery();
            return resultSet2Obj(resultSet, Class.forName(xNode.getResultType()));
        } catch (Exception e) {
            e.printStackTrace();
        }
        return null;
    }

    // ...

    private <T> List<T> resultSet2Obj(ResultSet resultSet, Class<?> clazz) {
        List<T> list = new ArrayList<>();
        try {
            ResultSetMetaData metaData = resultSet.getMetaData();
            int columnCount = metaData.getColumnCount();
            // 每次遍历行值
            while (resultSet.next()) {
                T obj = (T) clazz.newInstance();
                for (int i = 1; i <= columnCount; i++) {
                    Object value = resultSet.getObject(i);
                    String columnName = metaData.getColumnName(i);
                    String setMethod = "set" + columnName.substring(0, 1).toUpperCase() +
columnName.substring(1);
                    Method method;
                    if (value instanceof Timestamp) {
                        method = clazz.getMethod(setMethod, Date.class);
                    } else {
                        method = clazz.getMethod(setMethod, value.getClass());
                    }
                    method.invoke(obj, value);
                }
                list.add(obj);
            }
        } catch (Exception e) {
            e.printStackTrace();
        }
        return list;
    }
```

```
    @Override
    public void close() {
        if (null == connection) return;
        try {
            connection.close();
        } catch (SQLException e) {
            e.printStackTrace();
        }
    }
}
```

DefaultSqlSession 默认会话实现类简化了 ORM 框架的处理流程。该实现类包装了元素的提取、数据库的连接、JDBC 的执行，并且完成了 SQL 语句执行时入参、出参的处理，最终返回查询结果。

DefaultSqlSession#resultSet2Obj 方法相当于包装了日常使用 JDBC 操作数据库执行 SQL 语句，并对返回的数据进行处理的逻辑。这里用到了一些反射的技术，将查询数据封装到 Java 对象中并返回。

4. 定义 SqlSessionFactory 接口

源码详见 cn.bugstack.middleware.mybatis.SqlSessionFactory。

```
public interface SqlSessionFactory {

    SqlSession openSession();

}
```

开启一个 SqlSession 会话，这几乎是研发人员平时工作时都需要操作的内容。虽然研发人员在使用 ORM 框架时可能感受不到，但当需要操作数据库时，都会开启一个会话。

5. SqlSessionFactory 具体实现类

源码详见 cn.bugstack.middleware.mybatis.DefaultSqlSessionFactory。

```
public class DefaultSqlSessionFactory implements SqlSessionFactory {

    private final Configuration configuration;

    public DefaultSqlSessionFactory(Configuration configuration) {
        this.configuration = configuration;
    }

    @Override
    public SqlSession openSession() {
        return new DefaultSqlSession(configuration.connection, configuration.
mapperElement);
    }
```

```
}
```

DefaultSqlSessionFactory 是使用 MyBatis 时最常用到的类，这里实现了一个简单的版本。

虽然是简单的版本，但是已经包含核心思路。当开启 SqlSession 会话时，会返回一个 DefaultSqlSession 会话。

DefaultSqlSessionFactory 构造函数向下传递了 Configuration 配置文件，该配置文件中包括 Connection connection、Map<String,String>dataSource、Map<String,XNode>mapperElement。当开始渐进式地开发 MyBatis 时，读者对 DefaultSqlSessionFactory 类的实现会有更深刻的认识。

6. SqlSessionFactoryBuilder 实现类

源码详见 cn.bugstack.middleware.mybatis.SqlSessionFactoryBuilder。

```
public class SqlSessionFactoryBuilder {

    public DefaultSqlSessionFactory build(Reader reader) {
        SAXReader saxReader = new SAXReader();
        try {
            saxReader.setEntityResolver(new XMLMapperEntityResolver());
            Document document = saxReader.read(new InputSource(reader));
            Configuration configuration = parseConfiguration(document.getRootElement());
            return new DefaultSqlSessionFactory(configuration);
        } catch (DocumentException e) {
            e.printStackTrace();
        }
        return null;
    }

    private Configuration parseConfiguration(Element root) {
        Configuration configuration = new Configuration();
        configuration.setDataSource(dataSource(root.selectNodes("//dataSource")));
        configuration.setConnection(connection(configuration.dataSource));
        configuration.setMapperElement(mapperElement(root.selectNodes("mappers")));
        return configuration;
    }

    // 获取数据源配置信息
    private Map<String, String> dataSource(List<Element> list) {
        Map<String, String> dataSource = new HashMap<>(4);
        Element element = list.get(0);
        List content = element.content();
        for (Object o : content) {
            Element e = (Element) o;
```

```
            String name = e.attributeValue("name");
            String value = e.attributeValue("value");
            dataSource.put(name, value);
        }
        return dataSource;
    }

    private Connection connection(Map<String, String> dataSource) {
        try {
            Class.forName(dataSource.get("driver"));
            return DriverManager.getConnection(dataSource.get("url"), dataSource.
get("username"), dataSource.get("password"));
        } catch (ClassNotFoundException | SQLException e) {
            e.printStackTrace();
        }
        return null;
    }

    // 获取 SQL 语句信息
    private Map<String, XNode> mapperElement(List<Element> list) {
        Map<String, XNode> map = new HashMap<>();

        Element element = list.get(0);
        List content = element.content();
        for (Object o : content) {
            Element e = (Element) o;
            String resource = e.attributeValue("resource");

            try {
                Reader reader = Resources.getResourceAsReader(resource);
                SAXReader saxReader = new SAXReader();
                Document document = saxReader.read(new InputSource(reader));
                Element root = document.getRootElement();
                // 命名空间
                String namespace = root.attributeValue("namespace");

                // SELECT
                List<Element> selectNodes = root.selectNodes("select");
                for (Element node : selectNodes) {
                    String id = node.attributeValue("id");
                    String parameterType = node.attributeValue("parameterType");
                    String resultType = node.attributeValue("resultType");
                    String sql = node.getText();

                    // "?" 匹配
                    Map<Integer, String> parameter = new HashMap<>();
                    Pattern pattern = Pattern.compile("(#\\{(.*?)})");
                    Matcher matcher = pattern.matcher(sql);
```

```
        for (int i = 1; matcher.find(); i++) {
            String g1 = matcher.group(1);
            String g2 = matcher.group(2);
            parameter.put(i, g2);
            sql = sql.replace(g1, "?");
        }

        XNode xNode = new XNode();
        xNode.setNamespace(namespace);
        xNode.setId(id);
        xNode.setParameterType(parameterType);
        xNode.setResultType(resultType);
        xNode.setSql(sql);
        xNode.setParameter(parameter);

        map.put(namespace + "." + id, xNode);
        }
    } catch (Exception ex) {
        ex.printStackTrace();
    }

    }
    return map;
    }
}
```

这个类包括的核心方法有 build（构建实例化元素）、parseConfiguration（解析配置）、dataSource（获取数据库配置）、connection (Map dataSource)（连接数据库）和 mapperElement（解析 SQL 语句），接下来分别介绍这几个核心方法。

1）build

build 方法主要用于创建解析 XML 文件的类，以及初始化 SqlSession 工厂类 Default SqlSessionFactory。另外，saxReader.setEntityResolver(new XMLMapperEntityResolver()); 语句是为了保证在不连接网络时也可以解析 XML 文件，否则需要从互联网上获取 DTD 文件。

2）parseConfiguration

parseConfiguration 方法的作用是获取 XML 文件中的元素，这里主要获取了 dataSource、mappers 这两个配置（一个是数据库的连接信息，另一个是对数据库操作语句的解析）。

3）dataSource

dataSource 方法的作用是获取 XML 中的元素，这里主要获取用于创建数据源连接的属性信息，先通过 name 获取属性名称，包括 drvier、url、username 和 password，再通过

value 获取对应的属性值。

4）connection

连接数据库的方法和常见方法是一样的，可以使用 Class.forName(dataSource.get("driver")); 语句，这样包装以后，外部不需要知道具体的操作。当需要连接多套数据库时，也可以在这里扩展。

5）mapperElement

虽然这部分代码块相对较长，但是其核心是解析 XML 文件中的 SQL 语句。在开发过程中，我们通常会配置一些 SQL 语句，也有一些入参的占位符。这里使用正则表达式进行解析。

解析完成的 SQL 语句就有了名称和语句间的映射关系，当操作数据库时，就可以通过映射关系获取到对应的 SQL 语句并执行操作。

1.4　ORM 框架的功能测试

1. 创建库表信息

```
CREATE DATABASE 'mybatis'

CREATE TABLE user (
    id bigint NOT NULL AUTO_INCREMENT COMMENT '自增 ID',
    userId varchar(9) COMMENT '用户 ID',
    userHead varchar(16) COMMENT '用户头像',
    createTime timestamp NULL COMMENT '创建时间',
    updateTime timestamp NULL COMMENT '更新时间',
    userName varchar(64),
    PRIMARY KEY (id)
) ENGINE = InnoDB CHARSET = utf8;

INSERT INTO user (id, userId, userHead, createTime, updateTime, userName) VALUES (1,
'10001', '1_04', '2022-04-13 00:00:00', '2022-04-13 00:00:00', '小傅哥 ');
```

在测试之前，需要先准备好库表信息，库为 mybatis，表为 user，同时初始化用户信息数据。

2. 创建 User 用户类和 DAO 接口类

1）创建 User 用户类

```
public class User {
```

```
    private Long id;
    // 用户 ID
    private String userId;
    // 用户名称
    private String userName;
    // 头像
    private String userHead;
    // 创建时间
    private Date createTime;
    // 更新时间
    private Date updateTime;

    // 省略 get/set 方法
}
```

2）创建 DAO 接口类

```
public interface IUserDao {

    User queryUserInfoById(Long id);

}
```

这两个类都非常简单，是基本的数据库类。读者也可以扩展出自己的测试方法，或者其他数据库映射类，这和使用 MyBatis 是一样的。

3. ORM 配置文件

1）配置数据库连接信息（mybatis-config-datasource.xml）

```
<configuration>
    <environments default="development">
        <environment id="development">
            <transactionManager type="JDBC"/>
            <dataSource type="POOLED">
                <property name="driver" value="com.mysql.jdbc.Driver"/>
                <property name="url" value="jdbc:mysql://127.0.0.1:3306/
mybatis?useUnicode=true&amp;characterEncoding=utf8"/>
                <property name="username" value="root"/>
                <property name="password" value="123456"/>
            </dataSource>
        </environment>
    </environments>

    <mappers>
        <mapper resource="mapper/User_Mapper.xml"/>
    </mappers>

</configuration>
```

以上配置信息与平时使用的 MyBatis 的配置信息基本上是一样的，包括数据库连接池信息及需要引入的 Mapper 文件 mapper/User_Mapper.xml。

2）配置 Mapper 文件 mapper/User_Mapper.xml

```xml
<select id="queryUserInfoById" parameterType="java.lang.Long" resultType="cn.bugstack.
mybatis.test.po.User">
    SELECT id, userId, userName, userHead, createTime
    FROM user
    WHERE id = #{id}
</select>
```

4. 单元测试

1）测试用例

```java
@Test
public void test_queryUserInfoById() {
    String resource = "mybatis-config-datasource.xml";
    Reader reader;
    try {
        reader = Resources.getResourceAsReader(resource);
        SqlSessionFactory sqlMapper = new SqlSessionFactoryBuilder().build(reader);
        SqlSession session = sqlMapper.openSession();
        try {
            User user = session.selectOne("cn.bugstack.mybatis.test.dao.IUserDao.
queryUserInfoById", 1L);
            System.out.println(JSON.toJSONString(user));
        } finally {
            session.close();
            reader.close();
        }
    } catch (Exception e) {
        e.printStackTrace();
    }
}
```

2）测试结果

```
{"createTime":1649779200000,"id":1,"userHead":"1_04","userId":"10001","userName":" 小
傅哥 "}

Process finished with exit code 0
```

由测试结果可以看出，可以通过实现的 ORM 框架查询到数据库数据并映射成 Java 对象。

另外，这里实现的 ORM 框架还提供了其他方法，如 selectList(String statement, Object parameter); 和 selectList(String statement);，这些方法也可以用于测试验证。

1.5　总结

本章实现了一个简单的 ORM 框架，省略了 JDBC 操作，让外部的调用方可以更加简单地使用数据库。虽然这个简单的 ORM 框架更多的功能是实现核心模块，与 MyBatis 相比功能相差很多，但是仍然可以帮助读者理解中间件的能力和 ORM 框架的实现方法。

读者可以结合本章调用 ORM 框架的方法学习后续内容。笔者会带领读者按照 MyBatis 源码的结构，逐步实现一个可处理复杂场景、运用设计模式、职责边界清晰的 MyBatis ORM 框架。通过这种方式，读者可以对 MyBatis ORM 框架的实现有完整的认知，并且可以在接下来的学习中掌握设计模式在实际场景中的运用方法，不仅包括代理模式、建造者模式、装饰器模式、策略模式、工厂模式、模板模式、适配器模式等的使用，还包括 SPI 机制的使用。

接下来就要开启关于 MyBatis 源码分析和实践的深度旅行，你准备好了吗？

第 2 章

创建简单的映射器代理工厂

MyBatis 源码的结构虽然不如 Spring 的复杂，但在删除注释和空行后，总的代码量也在 2.1 万行以上，所以任何一个不了解 MyBatis 原理和 SQL 语句执行流程的读者，都很难厘清这些源码的结构。

从本章开始，笔者将带领读者逐步拆解 MyBatis 源码，渐进式地、分部分地实现各个功能节点，使读者可以以开发项目的方式学习 MyBatis 源码，以便更容易地掌握相关的技术点。

- 本章难度：★ ★ ☆ ☆ ☆
- 本章重点：针对数据库操作接口，使用代理技术开发映射器代理类，并在映射器代理类中处理用户对数据库操作接口的调用。

2.1 ORM 框架的执行过程

在熟练使用 MyBatis ORM 框架时，是否需要清楚 ORM 框架是如何省略数据库操作细节的？例如，当直接使用 JDBC 操作数据库时，需要手动建立数据库连接、硬编码 SQL 语句、执行数据库操作和封装返回结果等。但是在使用 ORM 框架后，只需要通过简单配置，即可对定义的 DAO 接口进行操作。

本章主要解决 ORM 框架第 1 个关联对象接口和映射类的问题，使用代理类包装映射操作。

2.2　映射器代理的设计

通常来说，如果能找到事情的共性，采用统一的处理流程，就可以凝聚和提炼成通用的组件或服务，供所有人使用，避免重复地投入人力。

参考最开始使用 JDBC 的方式，从连接、查询，到封装、返回，都有一个固定的过程，这个过程可以被提炼并封装，补全其他人所需的功能。

在设计 ORM 框架时，首先需要考虑的是如何把用户定义的数据库操作接口、XML 配置的 SQL 语句和数据库这三者联系起来。最合适的操作就是使用代理方式，因为代理可以将一个复杂的流程封装为接口对象的实现类，整体的设计如图 2-1 所示。

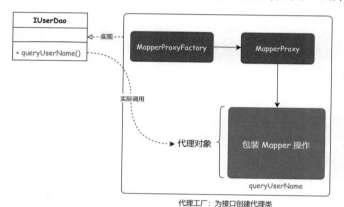

图 2-1

首先提供一个映射器的代理类 MapperProxy，通过该类对数据库操作进行包装。本章先提供一个简单的包装，用来模拟调用数据库的过程。

然后对代理类 MapperProxy 提供工厂实例化操作 MapperProxyFactory#newInstance，为每个 IDAO 接口生成代理类。这里用到的其实就是简单工厂模式。

最后就是按照该设计实现一个简单的映射器代理操作，编码过程比较简单。

2.3　映射器代理的实现

1. 工程结构

mybatis-step-02

```
└── src
    ├── main
    │   └── java
    │       └── cn.bugstack.mybatis.binding
    │           ├── MapperProxy.java
    │           └── MapperProxyFactory.java
    └── test
        └── java
            └── cn.bugstack.mybatis.test.dao
                ├── dao
                │   └── IUserDao.java
                └── ApiTest.java
```

新增了 MapperProxy 类和 MapperProxyFactory 类，修改了 MyBatis 映射器代理类的关系，如图 2-2 所示。

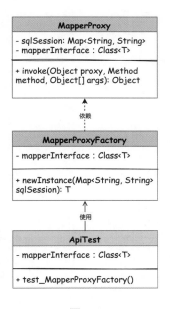

图 2-2

MyBatis 的代理操作实现的只是最核心的功能，没有将其他的功能包括进来，后续会进行完善。

MapperProxy 类负责实现 InvocationHandler 接口的 invoke 方法，最终所有的实际调用都会使用这个方法包装的逻辑来实现。

MapperProxyFactory 类是对 MapperProxy 类的包装，对外提供实例化对象的操作功能。当后面为每个操作数据库的接口映射器注册代理时，就会使用 MapperProxyFactory 类。

2. 映射器代理类

源码详见 cn.bugstack.mybatis.binding.MapperProxy。

```java
public class MapperProxy<T> implements InvocationHandler, Serializable {

    private static final long serialVersionUID = -6424540398559729838L;

    private Map<String, String> sqlSession;
    private final Class<T> mapperInterface;

    public MapperProxy(Map<String, String> sqlSession, Class<T> mapperInterface) {
        this.sqlSession = sqlSession;
        this.mapperInterface = mapperInterface;
    }

    @Override
    public Object invoke(Object proxy, Method method, Object[] args) throws Throwable {
        if (Object.class.equals(method.getDeclaringClass())) {
            return method.invoke(this, args);
        } else {
            return "你的操作被代理了！ " + sqlSession.get(mapperInterface.getName() + "." +
method.getName());
        }
    }

}
```

该类通过 InvocationHandler#invoke 方法封装操作逻辑，为外部接口提供数据库操作对象。

这里只是简单地封装了一个 sqlSession 的 Map 对象，读者可以将其想象成所有的数据库操作都将 "接口名称＋方法名称" 作为 Key，进而将操作作为逻辑。在反射调用时，则获取对应的操作，直接执行并返回结果即可。这只是最核心的简化流程，后续补充内容后，读者可以看到对数据库的操作。

另外，需要注意的是，如果是 Object 提供的 toString、hashCode 等方法，则不需要通过代理执行，所以需要添加 Object.class.equals(method.getDeclaringClass()) 进行判断。

3. 代理类工厂

源码详见 cn.bugstack.mybatis.binding.MapperProxyFactory。

```java
public class MapperProxyFactory<T> {

    private final Class<T> mapperInterface;

    public MapperProxyFactory(Class<T> mapperInterface) {
```

```
        this.mapperInterface = mapperInterface;
    }

    public T newInstance(Map<String, String> sqlSession) {
        final MapperProxy<T> mapperProxy = new MapperProxy<>(sqlSession, mapperInterface);
        return (T) Proxy.newProxyInstance(mapperInterface.getClassLoader(), new
Class[]{mapperInterface}, mapperProxy);
    }

}
```

　　工厂操作相当于把代理的创建过程封装起来。如果不做这层封装，那么在创建每个代理类时，都需要使用 Proxy.newProxyInstance 进行处理，这样显得比较麻烦。

　　如果读者对代理不熟悉，则可以针对 JDK Proxy 的内容实践几个案例来补充学习这方面的内容。

2.4　DAO 接口代理的测试

　　1．事先准备

　　源码详见 cn.bugstack.mybatis.test.dao.IUserDao。

```
public interface IUserDao {

    String queryUserName(String uId);

    Integer queryUserAge(String uId);

}
```

　　首先提供一个 DAO 接口，然后定义两个接口方法。

　　2．测试用例

```
@Test
public void test_MapperProxyFactory() {
    MapperProxyFactory<IUserDao> factory = new MapperProxyFactory<>(IUserDao.class);
    Map<String, String> sqlSession = new HashMap<>();

    sqlSession.put("cn.bugstack.mybatis.test.dao.IUserDao.queryUserName", "模拟执行
Mapper.xml 中 SQL 语句的操作：查询用户姓名");
    sqlSession.put("cn.bugstack.mybatis.test.dao.IUserDao.queryUserAge", "模拟执行
Mapper.xml 中 SQL 语句的操作：查询用户年龄");
    IUserDao userDao = factory.newInstance(sqlSession);

    String res = userDao.queryUserName("10001");
```

```
    logger.info(" 测试结果: {}", res);
}
```

在单元测试中创建 MapperProxyFactory 类，并手动为 sqlSession 的 Map 赋值，这里的赋值相当于模拟数据库中的操作。

接下来把赋值信息传递给代理对象并实例化，这样就可以在调用具体的 DAO 接口时从 sqlSession 中取值。

测试结果如下。

```
17:03:41.817 [main] INFO  cn.bugstack.mybatis.test.ApiTest - 测试结果: 你的操作被代理了!
模拟执行 Mapper.xml 中 SQL 语句的操作: 查询用户姓名

Process finished with exit code 0
```

从测试结果中可以看到，接口已经被代理类实现，并且可以在代理类中对自己的操作进行封装。在后续实现的数据库操作中，就可以对这部分内容进行扩展。

2.5　总结

本章对 MyBatis 中的数据库 DAO 接口和映射器通过代理类的方式进行连接，这也是 ORM 框架中的核心部分。掌握了这方面的内容，就可以在代理类中扩展自己的逻辑。

在框架实现方面，本章引入简单工厂模式包装代理类，并删除创建细节，这些也是读者在学习过程中需要注意的关于设计模式方面的要点。

目前的内容还比较简单，随着内容的增加，引入的包和类会越来越多，ORM 框架的功能也会随之逐步完善。

第 3 章

映射器的注册和使用

MyBatis 是基于映射器建立的关联 DAO 接口和 SQL 语句的轻量级框架，所以映射器是 MyBatis 中的核心模块。每条与 DAO 接口关联的 SQL 语句的执行也会调用映射器，因此，熟练掌握映射器的设计和实现是非常有必要的。

为了使读者可以更方便地使用映射器，笔者会对映射器的使用进行封装，通过自动扫描注册的方式，完成 DAO 接口与 SQL 语句的关联，并注册到映射器的注册机中。这部分内容就关联到实际使用 MyBatis 时执行的 getMapper 操作，底层实现就是从映射器的注册机中获取的。

- 本章难度：★★☆☆☆
- 本章重点：定义 SqlSession 会话接口，提供自动注册 DAO 接口机制，建立一个完整的 SqlSession 会话模型。

3.1 会话模型的思考

第 2 章初步介绍了如何为一个接口类生成对应的映射器代理，并在代理中完成一些用户对接口方法的调用处理。虽然第 2 章已经介绍了一种核心逻辑的处理方式，但在使用过程中还存在其他的问题，如不仅需要通过硬编码的方式告知 MapperProxyFactory 要对哪个接口进行代理，还需要编写一个假的 SqlSession 来处理实际调用接口时的返回结果。

结合这两个问题，本章主要对映射器的注册提供注册机处理，以确保用户在使用时只需要提供一个包的路径即可完成扫描和注册。与此同时，需要对 SqlSession 进行规范化处理，使其可以对映射器代理和方法调用进行包装，建立一个生命周期模型结构，以便添加内容。

3.2 会话模型的设计

如果希望把整个工程包下面关于数据库操作的 DAO 接口与 Mapper 映射器都关联起来，那么需要包装一个可以扫描包路径的完整映射的映射器注册机类。

当然，还要对第 2 章中简化的 SqlSession 进行完善，通过 SqlSession 定义数据库处理接口和获取 Mapper 对象，并把它交给映射器代理类使用。

有了 SqlSession 以后，可以将其理解为一种功能服务，还需要为其提供一个工厂类，以对外统一提供这类服务，如 MyBatis 中的常见操作——开启一个 SqlSession。整个会话模型的设计如图 3-1 所示。

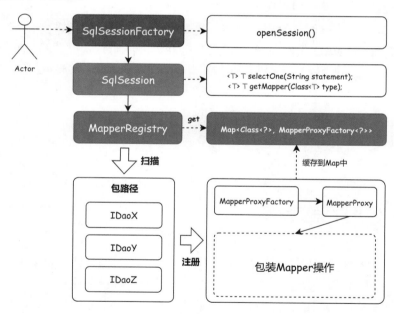

图 3-1

以包装接口提供映射器代理类为目标，补全映射器注册机 MapperRegistry，自动扫描包下接口，并把每个接口类映射的代理类全部保存到映射器代理的 HashMap 缓存中。

SqlSession、SqlSessionFactory 在注册映射器代理的上层使用标准定义和对外服务提供的封装，以便用户使用。如果把使用方当成用户，那么经过这种封装就可以更加方便地在框架上继续扩展功能。在学习过程中，读者可以对这种设计结构多做一些思考，因为使用这种设计结构可以解决一些业务开发过程中的领域服务包装问题。

3.3　会话模型的实现

1. 工程结构

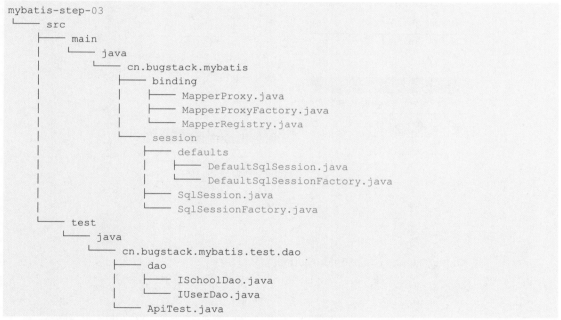

```
mybatis-step-03
└── src
    ├── main
    │   └── java
    │       └── cn.bugstack.mybatis
    │           ├── binding
    │           │   ├── MapperProxy.java
    │           │   ├── MapperProxyFactory.java
    │           │   └── MapperRegistry.java
    │           └── session
    │               ├── defaults
    │               │   ├── DefaultSqlSession.java
    │               │   └── DefaultSqlSessionFactory.java
    │               ├── SqlSession.java
    │               └── SqlSessionFactory.java
    └── test
        └── java
            └── cn.bugstack.mybatis.test.dao
                ├── dao
                │   ├── ISchoolDao.java
                │   └── IUserDao.java
                └── ApiTest.java
```

映射器标准定义的实现类之间的关系如图 3-2 所示。

- MapperRegistry 提供包路径的扫描和映射器代理类注册机服务，完成接口对象的代理类注册。

- SqlSession、DefaultSqlSession 用于定义执行 SQL 语句的标准、获取映射器及管理事务等。平常使用的 MyBatis 的 API 接口也都是从这个接口类定义的方法开始使用的。

- 实现了 SqlSessionFactory 接口的 DefaultSqlSessionFactory 是一个简单工厂模式，用于提供 SqlSession 服务，省略创建细节，延迟创建过程。

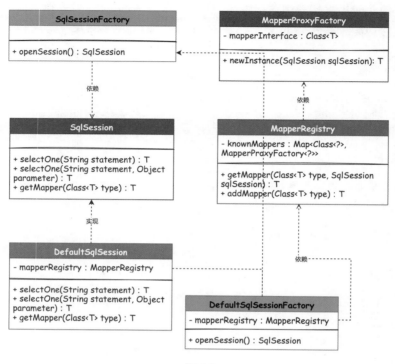

图 3-2

2. 映射器注册机类

源码详见 cn.bugstack.mybatis.binding.MapperRegistry。

```java
public class MapperRegistry {

    /**
     * 将已添加的映射器代理加入 HashMap 缓存中
     */
    private final Map<Class<?>, MapperProxyFactory<?>> knownMappers = new HashMap<>();

    public <T> T getMapper(Class<T> type, SqlSession sqlSession) {
        final MapperProxyFactory<T> mapperProxyFactory = (MapperProxyFactory<T>)
knownMappers.get(type);
        if (mapperProxyFactory == null) {
            throw new RuntimeException("Type " + type + " is not known to the
MapperRegistry.");
        }
        try {
            return mapperProxyFactory.newInstance(sqlSession);
```

```
    } catch (Exception e) {
        throw new RuntimeException("Error getting mapper instance. Cause: " + e, e);
    }
}

public <T> void addMapper(Class<T> type) {
    /* Mapper 必须是接口才会注册 */
    if (type.isInterface()) {
        if (hasMapper(type)) {
            // 如果重复添加，则报错
            throw new RuntimeException("Type " + type + " is already known to the
MapperRegistry.");
        }
        // 注册映射器代理工厂
        knownMappers.put(type, new MapperProxyFactory<>(type));
    }
}

public void addMappers(String packageName) {
    Set<Class<?>> mapperSet = ClassScanner.scanPackage(packageName);
    for (Class<?> mapperClass : mapperSet) {
        addMapper(mapperClass);
    }
}

}
```

MapperRegistry 类的核心在于提供了 ClassScanner.scanPackage 扫描包路径，调用 addMapper 方法，为接口类创建 MapperProxyFactory 类，并写入 knownMappers 的 HashMap 缓存中。

另外，这个类也提供了对应的 getMapper 方法用于获取映射器代理类，这一步就包装了第 2 章手动操作实例化的过程，更加便于在 DefaultSqlSession 中获取 Mapper 时使用。

3．SqlSession 的标准定义和实现

源码详见 cn.bugstack.mybatis.session.SqlSession。

```
public interface SqlSession {

    /**
     * 根据指定的 SqlID 获取一条记录的封装对象
     *
     * @param <T>        the returned object type 封装之后的对象类型
     * @param statement sqlID
     * @return Mapped object 封装之后的对象
     */
    <T> T selectOne(String statement);
```

```
    /**
     * 根据指定的 SqlID 获取一条记录的封装对象，只不过这个方法允许为 sql 传递一些参数
     * 在实际使用时，这个参数传递的一般是 pojo、Map 或 ImmutableMap
     *
     * @param <T>        the returned object type
     * @param statement Unique identifier matching the statement to use.
     * @param parameter A parameter object to pass to the statement.
     * @return Mapped object
     */
    <T> T selectOne(String statement, Object parameter);

    /**
     * Retrieves a mapper.
     * 得到映射器，巧妙地使用了泛型，使类型安全
     *
     * @param <T>   the mapper type
     * @param type Mapper interface class
     * @return a mapper bound to this SqlSession
     */
    <T> T getMapper(Class<T> type);

}
```

在 SqlSession 中定义用来执行 SQL 语句、获取映射器对象及后续管理事务操作的标准接口。

这个接口对数据库的操作仅提供了 selectOne 方法，后续还会有相应的对其他方法的定义。

源码详见 cn.bugstack.mybatis.session.defaults。

```
public class DefaultSqlSession implements SqlSession {

    /**
     * 映射器注册机
     */
    private MapperRegistry mapperRegistry;

    // 省略构造函数

    @Override
    public <T> T selectOne(String statement, Object parameter) {
        return (T) ("你的操作被代理了！" + "方法：" + statement + " 入参：" + parameter);
    }

    @Override
    public <T> T getMapper(Class<T> type) {
        return mapperRegistry.getMapper(type, this);
```

```
    }

}
```

通过 DefaultSqlSession 类实现 SqlSession 接口。

getMapper 方法是通过 MapperRegistry 类来获取映射器对象的，后续这部分会被配置类替换。

selectOne 方法返回的是一段简单的内容，目前还没有与数据库关联，这部分在渐进式的开发过程中会逐步实现。

4．SqlSessionFactory 的定义和实现

源码详见 cn.bugstack.mybatis.session.SqlSessionFactory。

```java
public interface SqlSessionFactory {

    /**
     * 打开一个 session
     * @return SqlSession
     */
    SqlSession openSession();

}
```

这其实是一个简单工厂的定义，在工厂中提供接口实现类的功能，也就是 SqlSessionFactory 中提供的开启 SqlSession 的功能。

源码详见 cn.bugstack.mybatis.session.defaults.DefaultSqlSessionFactory。

```java
public class DefaultSqlSessionFactory implements SqlSessionFactory {

    private final MapperRegistry mapperRegistry;

    public DefaultSqlSessionFactory(MapperRegistry mapperRegistry) {
        this.mapperRegistry = mapperRegistry;
    }

    @Override
    public SqlSession openSession() {
        return new DefaultSqlSession(mapperRegistry);
    }

}
```

以上是默认的简单工厂的实现方法，在开启 SqlSession 时，创建 DefaultSqlSession 并传递 mapperRegistry，这样就可以在使用 SqlSession 时获取每个代理类的映射器对象。

3.4　会话模型的测试

1. 事先准备

在相同的包路径下，提供两个以上的 DAO 接口。

```java
public interface ISchoolDao {

    String querySchoolName(String uId);

}

public interface IUserDao {

    String queryUserName(String uId);

    Integer queryUserAge(String uId);

}
```

2. 单元测试

```java
@Test
public void test_MapperProxyFactory() {
    // 1. 注册 Mapper
    MapperRegistry registry = new MapperRegistry();
    registry.addMappers("cn.bugstack.mybatis.test.dao");

    // 2. 从 SqlSessionFactory 中获取会话
    SqlSessionFactory sqlSessionFactory = new DefaultSqlSessionFactory(registry);
    SqlSession sqlSession = sqlSessionFactory.openSession();

    // 3. 获取映射器对象
    IUserDao userDao = sqlSession.getMapper(IUserDao.class);

    // 4. 测试验证
    String res = userDao.queryUserName("10001");
    logger.info("测试结果：{}", res);
}
```

在单元测试中，通过注册机扫描包路径来注册映射器代理对象，并把注册机传递给 SqlSessionFactory，便完成了一个连接过程。

之后通过 SqlSession 获取对应 DAO 接口的实现类，并验证方法。

测试结果如下。

```
22:43:23.254 [main] INFO  cn.bugstack.mybatis.test.ApiTest - 测试结果：你的操作被代理了！
方法：queryUserName 入参：[Ljava.lang.Object;@50cbc42f
```

```
Process finished with exit code 0
```

由测试结果可以看出，我们目前已经在一个有 MyBatis 影子的手写 ORM 框架中完成了代理类的注册和使用。

3.5　总结

本章首先从设计结构上介绍工厂模式对具体功能结构的封装，省略了过程细节，限定上下文关系，减少对外使用耦合。

从这个过程中读者能够发现，本章示例使用 SqlSessionFactory 的工厂实现类包装了 SqlSession 的标准定义实现类，并由 SqlSession 完成对映射器对象的注册和使用。

读者在学习本章时需要注意几个重要的知识点，包括映射器、代理类、注册机、接口标准、工厂模式和上下文。这些知识点都是在手写 MyBatis 的过程中非常重要的工程开发技巧，读者只有在了解和熟悉之后才能更好地将其运用于业务开发中。

第4章
XML 的解析和注册

MyBatis 的配置文件是整个 ORM 框架流程驱动的入口，如缓存的使用、连接池的配置、Mapper 的映射信息等都要从 XML 配置中加载。而第 3 章实现的映射器的注册也是从 XML 配置中获取 DAO 接口的包路径，并通过路径进行解析和加载的。本章将实现简单的 XML 信息解析，同时随着功能的迭代，不断扩展和完善。

- 本章难度：★★★☆☆
- 本章重点：通过引入 XML 的解析，自动处理引入的 Mapper 配置，并串联会话周期的结构。

4.1 ORM 框架的核心流程

在渐进式地实现 MyBatis 的过程中，需要有一个目标导向，就是 MyBatis 的核心逻辑应如何实现。

可以把 ORM 框架的目标简单地描述成为一个接口提供代理类，该类包括对 XML 文件中的 SQL 信息（类型、入参、出参、条件）进行解析和处理，这个过程就是对数据库的操作和将对应的结果返回给接口，如图 4-1 所示。

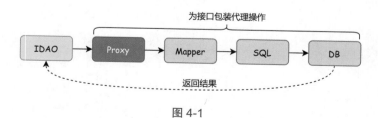

图 4-1

按照 ORM 框架的核心流程执行，本章需要在第 3 章的基础上，继续扩展对 Mapper 配置的解析，以及提取出对应的 SQL 文件。在当前这个阶段，可以在调用 DAO 接口时，返回 Mapper 配置中对应的待执行的 SQL 语句。

4.2　XML 操作的设计

第 3 章通过使用 MapperRegistry 对包路径进行扫描来注册映射器，并在 DefaultSqlSession 中使用 XML。现在可以把这些命名空间、SQL 描述、映射信息统一维护到每个 DAO 接口对应的 Mapper XML 的文件中，这样 XML 就是源头了。通过对 XML 文件进行解析和处理，就可以完成 Mapper 映射器的注册和 SQL 的管理，也就更加便于操作和使用，如图 4-2 所示。

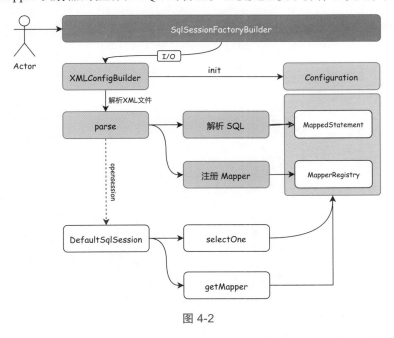

图 4-2

首先定义工厂建造者模式类 SqlSessionFactoryBuilder，通过入口 I/O 对 XML 文件进行解析。当前主要以解析 SQL 部分为主，并注册映射器，串联起整个核心流程。

XML 文件被解析以后，会被保存到 Configuration 类中。Configuration 类被串联到整个 MyBatis 流程中，所有内容的保存和读取都离不开它。例如，在 DefaultSqlSession 中获取 Mapper 和执行 selectOne 方法，也需要在 Configuration 类中读取映射语句。

4.3　XML 操作的实现

1.　工程结构

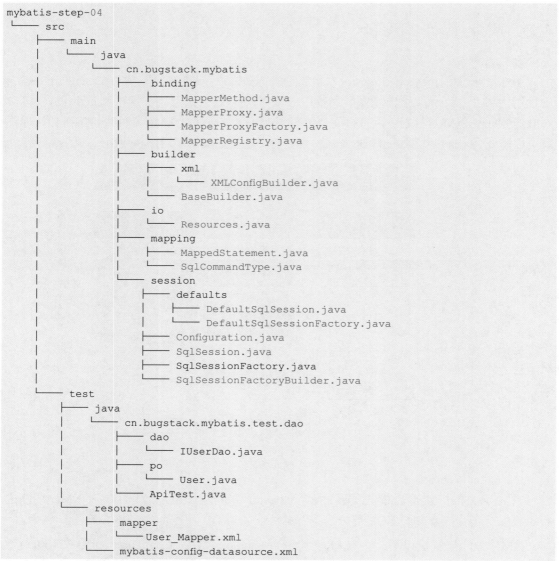

```
mybatis-step-04
└── src
    ├── main
    │   └── java
    │       └── cn.bugstack.mybatis
    │           ├── binding
    │           │   ├── MapperMethod.java
    │           │   ├── MapperProxy.java
    │           │   ├── MapperProxyFactory.java
    │           │   └── MapperRegistry.java
    │           ├── builder
    │           │   ├── xml
    │           │   │   └── XMLConfigBuilder.java
    │           │   └── BaseBuilder.java
    │           ├── io
    │           │   └── Resources.java
    │           ├── mapping
    │           │   ├── MappedStatement.java
    │           │   └── SqlCommandType.java
    │           └── session
    │               ├── defaults
    │               │   ├── DefaultSqlSession.java
    │               │   └── DefaultSqlSessionFactory.java
    │               ├── Configuration.java
    │               ├── SqlSession.java
    │               ├── SqlSessionFactory.java
    │               └── SqlSessionFactoryBuilder.java
    └── test
        ├── java
        │   └── cn.bugstack.mybatis.test.dao
        │       ├── dao
        │       │   └── IUserDao.java
        │       ├── po
        │       │   └── User.java
        │       └── ApiTest.java
        └── resources
            ├── mapper
            │   └── User_Mapper.xml
            └── mybatis-config-datasource.xml
```

XML 文件解析和注册类实现之间的关系如图 4-3 所示。

SqlSessionFactoryBuilder 类作为整个 MyBatis 的入口，提供建造者工厂，包装 XML

文件解析，并返回对应的 SqlSessionFactory 处理类。

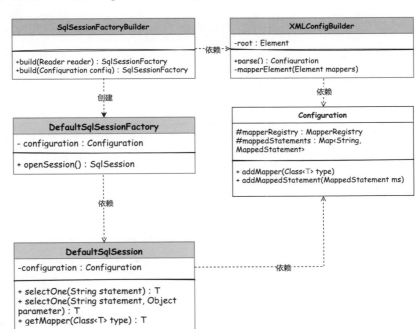

图 4-3

通过解析把 XML 文件的信息注册到 Configuration 类中，并将 Configuration 类传递到各个逻辑处理类中，包括 DefaultSqlSession，这样就可以在获取映射器和执行 SQL 语句时，从配置类中获取对应的内容。

2. 构建 SqlSessionFactory

源码详见 cn.bugstack.mybatis.session.SqlSessionFactoryBuilder。

```java
public class SqlSessionFactoryBuilder {

    public SqlSessionFactory build(Reader reader) {
        XMLConfigBuilder xmlConfigBuilder = new XMLConfigBuilder(reader);
        return build(xmlConfigBuilder.parse());
    }

    public SqlSessionFactory build(Configuration config) {
        return new DefaultSqlSessionFactory(config);
    }

}
```

SqlSessionFactoryBuilder 作为整个 MyBatis 的入口类，通过指定解析 XML 文件的 I/O 来引导整个流程的启动。

从这个类开始，新增了 XMLConfigBuilder 和 Configuration 两个处理类，分别用于解析 XML 文件和保存从 XML 文件中解析的配置信息。接下来介绍新引入的对象。

3. 解析 XML 文件

源码详见 cn.bugstack.mybatis.builder.xml.XMLConfigBuilder。

```java
public class XMLConfigBuilder extends BaseBuilder {

    private Element root;

    public XMLConfigBuilder(Reader reader) {
        // 1. 调用父类初始化 Configuration
        super(new Configuration());
        // 2. 使用 dom4j 处理 XML 文件
        SAXReader saxReader = new SAXReader();
        try {
            Document document = saxReader.read(new InputSource(reader));
            root = document.getRootElement();
        } catch (DocumentException e) {
            e.printStackTrace();
        }
    }

    public Configuration parse() {
        try {
            // 解析映射器
            mapperElement(root.element("mappers"));
        } catch (Exception e) {
            throw new RuntimeException("Error parsing SQL Mapper Configuration. Cause: " +
e, e);
        }
        return configuration;
    }

    private void mapperElement(Element mappers) throws Exception {
        List<Element> mapperList = mappers.elements("mapper");
        for (Element e : mapperList) {
            String resource = e.attributeValue("resource");
            Reader reader = Resources.getResourceAsReader(resource);
            SAXReader saxReader = new SAXReader();
            Document document = saxReader.read(new InputSource(reader));
            Element root = document.getRootElement();

            // 命名空间
```

```
            String namespace = root.attributeValue("namespace");

            // SELECT
            List<Element> selectNodes = root.elements("select");
            for (Element node : selectNodes) {
                String id = node.attributeValue("id");
                String parameterType = node.attributeValue("parameterType");
                String resultType = node.attributeValue("resultType");
                String sql = node.getText();

                // 使用 "?" 匹配
                Map<Integer, String> parameter = new HashMap<>();
                Pattern pattern = Pattern.compile("(#\\{(.*?)})");
                Matcher matcher = pattern.matcher(sql);
                for (int i = 1; matcher.find(); i++) {
                    String g1 = matcher.group(1);
                    String g2 = matcher.group(2);
                    parameter.put(i, g2);
                    sql = sql.replace(g1, "?");
                }

                String msId = namespace + "." + id;
                String nodeName = node.getName();
                SqlCommandType sqlCommandType = SqlCommandType.valueOf(nodeName.
toUpperCase(Locale.ENGLISH));
                MappedStatement mappedStatement = new MappedStatement.Builder
(configuration, msId, sqlCommandType, parameterType, resultType, sql, parameter).
build();

                // 添加 SQL 解析
                configuration.addMappedStatement(mappedStatement);
            }

            // 注册 Mapper 映射器
            configuration.addMapper(Resources.classForName(namespace));
        }
    }
}
```

　　XMLConfigBuilder 的核心操作在于初始化 Configuration 类，因为 Configuration 类的使用是离解析 XML 文件和保存从 XML 文件解析的配置信息最近的操作，所以放在这里比较合适。

　　之后就是具体的使用 parse 方法的解析操作，并把解析后的信息通过 Configuration 类进行保存，包括添加 SQL 解析、注册 Mapper 映射器。

　　解析配置包括类型别名、插件、对象工厂、对象包装工厂、设置、环境、类型转换和映射器，因为目前还不需要这么多，所以只做一些必要的 SQL 解析处理。

4. 通过配置类包装注册机和 SQL 语句

源码详见 cn.bugstack.mybatis.session.Configuration。

```java
public class Configuration {

    /**
     * 映射器注册机
     */
    protected MapperRegistry mapperRegistry = new MapperRegistry(this);

    /**
     * 映射语句，保存在 Map 中
     */
    protected final Map<String, MappedStatement> mappedStatements = new HashMap<>();

    public <T> void addMapper(Class<T> type) {
        mapperRegistry.addMapper(type);
    }

    public void addMappedStatement(MappedStatement ms) {
        mappedStatements.put(ms.getId(), ms);
    }
}
```

在 Configuration 类中添加映射器注册机和映射语句。

映射器注册机是第 3 章实现的内容，用于注册 Mapper 映射器所提供的操作类。

MappedStatement 是本章新添加的 SQL 信息记录对象，包括记录 SQL 类型、SQL 语句、入参类型和出参类型等。

5. DefaultSqlSession 结合配置项获取信息

源码详见 cn.bugstack.mybatis.session.defaults.DefaultSqlSession。

```java
public class DefaultSqlSession implements SqlSession {

    private Configuration configuration;

    @Override
    public <T> T selectOne(String statement, Object parameter) {
        MappedStatement mappedStatement = configuration.getMappedStatement(statement);
        return (T) ("你的操作被代理了！" + "\n方法：" + statement + "\n入参：" + parameter +
"\n待执行SQL：" + mappedStatement.getSql());
    }

    @Override
    public <T> T getMapper(Class<T> type) {
```

```
        return configuration.getMapper(type, this);
    }

}
```

与第 3 章相比，这里的 DefaultSqlSession 把 MapperRegistry mapperRegistry 替换为 Configuration configuration，可以传递更丰富的信息，而不只是映射器注册机的操作。

之后，DefaultSqlSession#selectOne 方法和 DefaultSqlSession#getMapper 方法都使用 configuration 获取对应的信息。

目前，selectOne 方法只是打印获取的信息，后续将引入 SQL 执行器查询并返回结果。

4.4 XML 配置的测试

1. 事先准备

提供 DAO 接口和对应的 Mapper XML 配置。

```java
public interface IUserDao {

    String queryUserInfoById(String uId);

}
<mapper namespace="cn.bugstack.mybatis.test.dao.IUserDao">

    <select id="queryUserInfoById" parameterType="java.lang.Long" resultType="cn.
bugstack.mybatis.test.po.User">
        SELECT id, userId, userHead, createTime
        FROM user
        WHERE id = #{id}
    </select>

</mapper>
```

2. 单元测试

```java
@Test
public void test_SqlSessionFactory() throws IOException {
    // 1. 从 SqlSessionFactory 中获取 SqlSession
    Reader reader = Resources.getResourceAsReader("mybatis-config-datasource.xml");
    SqlSessionFactory sqlSessionFactory = new SqlSessionFactoryBuilder().
build(reader);
    SqlSession sqlSession = sqlSessionFactory.openSession();

    // 2. 获取映射器对象
    IUserDao userDao = sqlSession.getMapper(IUserDao.class);
```

```
// 3. 验证测试结果
String res = userDao.queryUserInfoById("10001");
logger.info(" 测试结果: {}", res);
}
```

目前的使用方式和 MyBatis 非常像，通过加载 XML 文件，交由 SqlSessionFactoryBuilder 构建解析，并获取 SqlSessionFactory。这样就可以顺利地开启会话，以及完成后续的操作。

测试结果如下。

```
06:07:40.519 [main] INFO  cn.bugstack.mybatis.test.ApiTest - 测试结果: 你的操作被代理了!
方法: cn.bugstack.mybatis.test.dao.IUserDao.queryUserInfoById
入参: [Ljava.lang.Object;@23223dd8
待执行 SQL:
        SELECT id, userId, userHead, createTime
        FROM user
        WHERE id = ?


Process finished with exit code 0
```

由测试结果可以看出，目前的代理操作已经打印了从 XML 文件中解析的 SQL 信息，后续将结合这部分内容继续完成数据库的操作。

4.5 总结

只有了解 ORM 框架的核心流程，知晓所处的步骤和要完成的内容，明白代理、封装、解析和返回结果的过程，才能更好地实现后续的操作。

SqlSessionFactoryBuilder 的引入包装了整个执行过程，包括 XML 文件的解析、Configuration 类的处理，从而使 DefaultSqlSession 可以更加灵活地获取对应的信息，以及 Mapper 配置和 SQL 语句。

另外，整个工程搭建的过程运用了工厂模式、建造者模式和代理模式等，以及很多设计原则，这些都可以使整个工程变得易于维护和迭代。

第 5 章

数据源的创建和使用

使用数据源是实现 MyBatis 非常重要的环节，只有与数据源建立起关联关系，才能使映射器完成执行 SQL 语句的流程。而 MyBatis 本身也提供了无池化和有池化两种数据源实现方式。由于篇幅有限，本章重点介绍 XML 文件中关于数据源配置信息的处理，并借助 Druid 完成整个流程的创建和使用。第 6 章会专门讲解数据源池化技术的实现。

- 本章难度：★ ★ ★ ☆ ☆
- 本章重点：解析 XML 文件中关于数据源的配置，并借助 Druid 创建数据源，使配置的 Mapper 对象的 SQL 语句在数据源连接中完成执行并返回结果。

5.1 执行 SQL 语句的介绍

第 4 章介绍了 XML 文件中的 SQL 配置信息，并在代理对象调用 DefaultSqlSession 时进行获取和打印，从整个框架结构来看，解决了对象的代理、Mapper 的映射、SQL 的初步解析等问题，接下来应该连接数据库和执行 SQL 语句并返回结果。

这就会涉及解析 XML 文件中关于 dataSource 数据源信息的配置，以及建立事务管理，启动和使用连接池。同时，要将这部分功能在 DefaultSqlSession 执行 SQL 语句时调用。本章重点介绍解析配置、建立事务框架和引入 DRUID 连接池，以及初步完成 SQL 语句的执行和结果的简单包装，以便读者熟悉整个框架结构。在后续章节中会陆续迭代和完善框架细节。

5.2 数据源解析的设计

建立数据源连接池和 JDBC 事务工厂操作，并以 XML 配置数据源信息为入口，在 XMLConfigBuilder 中添加数据源解析和构建操作，向 Configuration 类中添加 JDBC 操作环境信息，以便在 DefaultSqlSession 中完成对 JDBC 执行 SQL 语句，如图 5-1 所示。

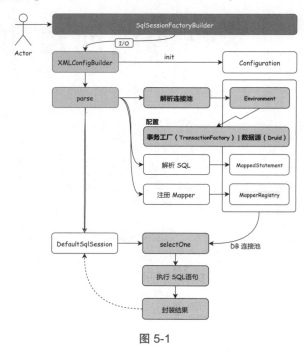

图 5-1

在 parse 中解析 XML DB 连接配置信息，并执行事务工厂和连接池从注册环境到配置类的操作。

与第 4 章的 selectOne 方法的处理不同，这里不再打印 SQL 语句，而是把 SQL 语句放到 DB 连接池中执行，同时封装简单的结果。

5.3 数据源解析的实现

1. 工程结构

```
mybatis-step-05
```

```
└── src
    ├── main
    │   └── java
    │       └── cn.bugstack.mybatis
    │           ├── binding
    │           │   ├── MapperMethod.java
    │           │   ├── MapperProxy.java
    │           │   ├── MapperProxyFactory.java
    │           │   └── MapperRegistry.java
    │           ├── builder
    │           │   ├── xml
    │           │   │   └── XMLConfigBuilder.java
    │           │   └── BaseBuilder.java
    │           ├── datasource
    │           │   ├── druid
    │           │   │   └── DruidDataSourceFactory.java
    │           │   └── DataSourceFactory.java
    │           ├── io
    │           │   └── Resources.java
    │           ├── mapping
    │           │   ├── BoundSql.java
    │           │   ├── Environment.java
    │           │   ├── MappedStatement.java
    │           │   ├── ParameterMapping.java
    │           │   └── SqlCommandType.java
    │           ├── session
    │           │   ├── defaults
    │           │   │   ├── DefaultSqlSession.java
    │           │   │   └── DefaultSqlSessionFactory.java
    │           │   ├── Configuration.java
    │           │   ├── SqlSession.java
    │           │   ├── SqlSessionFactory.java
    │           │   ├── SqlSessionFactoryBuilder.java
    │           │   └── TransactionIsolationLevel.java
    │           ├── transaction
    │           │   ├── jdbc
    │           │   │   ├── JdbcTransaction.java
    │           │   │   └── JdbcTransactionFactory.java
    │           │   ├── Transaction.java
    │           │   └── TransactionFactory.java
    │           └── type
    │               ├── JdbcType.java
    │               └── TypeAliasRegistry.java
    └── test
        └── java
            └── cn.bugstack.mybatis.test.dao
                ├── dao
                │   └── IUserDao.java
```

```
    |              ┌───── po
    |              |    └───── User.java
    |              └───── ApiTest.java
    └───── resources
              ┌───── mapper
              |    └───── User_Mapper.xml
              └───── mybatis-config-datasource.xml
```

数据源的解析和使用的核心类之间的关系如图 5-2 所示。

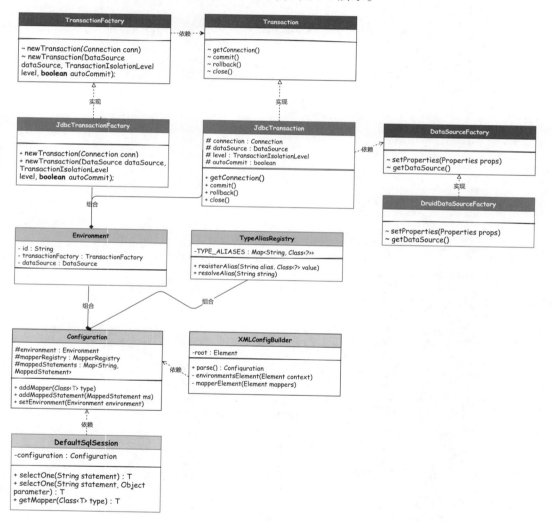

图 5-2

以事务接口 Transaction 和事务工厂 TransactionFactory 的实现，包装数据源 DruidData SourceFactory 的功能。对于数据源连接池，采用的是阿里巴巴的 Druid，暂时还没有实现 MyBatis 的 UnPooled 连接池和 Pooled 连接池（第 6 章会专门讲解这部分内容）。

当所有的数据源的相关功能准备好之后，在 XMLConfigBuilder 中解析 XML 文件时，会解析数据源的配置，创建相应的服务，并保存到 Configuration 的环境配置中。

在 DefaultSqlSession#selectOne 方法中完成 SQL 语句的执行和结果封装，这样就可以把整个 MyBatis 的核心脉络串联起来。

2. 事务管理

一次数据库操作应该具有事务管理能力，而不是通过 JDBC 获取连接后直接执行。另外，还应该把控连接、提交、回滚和关闭的操作处理，所以这里结合 JDBC 的功能封装事务管理。

1）事务接口

源码详见 cn.bugstack.mybatis.transaction.Transaction。

```
public interface Transaction {

    Connection getConnection() throws SQLException;

    void commit() throws SQLException;

    void rollback() throws SQLException;

    void close() throws SQLException;

}
```

定义标准的事务接口，包括连接、提交、回滚和关闭等，具体可以使用不同的事务方式实现，包括 JDBC 和托管事务，其中托管事务是由 Spring 之类的容器管理的。

源码详见 cn.bugstack.mybatis.transaction.jdbc.JdbcTransaction。

```
public class JdbcTransaction implements Transaction {

    protected Connection connection;
    protected DataSource dataSource;
    protected TransactionIsolationLevel level = TransactionIsolationLevel.NONE;
    protected boolean autoCommit;

    public JdbcTransaction(DataSource dataSource, TransactionIsolationLevel level,
boolean autoCommit) {
        this.dataSource = dataSource;
```

```
        this.level = level;
        this.autoCommit = autoCommit;
    }

    @Override
    public Connection getConnection() throws SQLException {
        connection = dataSource.getConnection();
        connection.setTransactionIsolation(level.getLevel());
        connection.setAutoCommit(autoCommit);
        return connection;
    }

    @Override
    public void commit() throws SQLException {
        if (connection != null && !connection.getAutoCommit()) {
            connection.commit();
        }
    }

    //...

}
```

JDBC 事务实现类封装了获取连接和提交事务等操作，其实使用的也是 JDBC 本身提供的功能。

2）事务工厂

源码详见 cn.bugstack.mybatis.transaction.TransactionFactory。

```
public interface TransactionFactory {

    /**
     * 根据 Connection 创建 Transaction
     * @param conn Existing database connection
     * @return Transaction
     */
    Transaction newTransaction(Connection conn);

    /**
     * 根据数据源和事务隔离级别创建 Transaction
     * @param dataSource DataSource to take the connection from
     * @param level Desired isolation level
     * @param autoCommit Desired autocommit
     * @return Transaction
     */
    Transaction newTransaction(DataSource dataSource, TransactionIsolationLevel
```

```
level, boolean autoCommit);

}
```

以工厂模式包装 JDBC 事务实现类，为每个事务实现类都提供一个对应的工厂，这与简单工厂的接口包装不同。

3. 类型别名注册机

在 MyBatis 中，基本类型、数组类型，以及自定义的事务实现和事务工厂，都需要注册到类型别名注册机中以便管理，当需要使用时，可以先从注册机中获取具体对象的类型，然后通过实例化的方式使用。

1）基础注册机

源码详见 cn.bugstack.mybatis.type.TypeAliasRegistry。

```java
public class TypeAliasRegistry {

    private final Map<String, Class<?>> TYPE_ALIASES = new HashMap<>();

    public TypeAliasRegistry() {
        // 在构造函数中注册系统内置的类型别名
        registerAlias("string", String.class);

        // 基本包装类型
        registerAlias("byte", Byte.class);
        registerAlias("long", Long.class);
        registerAlias("short", Short.class);
        registerAlias("int", Integer.class);
        registerAlias("integer", Integer.class);
        registerAlias("double", Double.class);
        registerAlias("float", Float.class);
        registerAlias("boolean", Boolean.class);
    }

    public void registerAlias(String alias, Class<?> value) {
        String key = alias.toLowerCase(Locale.ENGLISH);
        TYPE_ALIASES.put(key, value);
    }

    public <T> Class<T> resolveAlias(String string) {
        String key = string.toLowerCase(Locale.ENGLISH);
        return (Class<T>) TYPE_ALIASES.get(key);
    }

}
```

在 TypeAliasRegistry 类中注册了一些基本的类型，并且提供 registerAlias 方法和

resolveAlias 方法。

2）注册事务

源码详见 cn.bugstack.mybatis.session.Configuration。

```java
public class Configuration {

    // 环境
    protected Environment environment;

    // 映射器注册机
    protected MapperRegistry mapperRegistry = new MapperRegistry(this);

    // 映射语句，保存在 Map 中
    protected final Map<String, MappedStatement> mappedStatements = new HashMap<>();

    // 类型别名注册机
    protected final TypeAliasRegistry typeAliasRegistry = new TypeAliasRegistry();

    public Configuration() {
        typeAliasRegistry.registerAlias("JDBC", JdbcTransactionFactory.class);
        typeAliasRegistry.registerAlias("DRUID", DruidDataSourceFactory.class);
    }

    //...
}
```

在 Configuration 类中，添加类型别名注册机，并且通过构造函数添加 JDBC、DRUID 注册操作。

读者应该注意到，整个 MyBatis 的操作都是使用 Configuration 类管理配置项串联的，所有内容都会在 Configuration 类中关联。

4. 解析数据源配置

可以在 XML 解析器 XMLConfigBuilder 中新增解析环境信息，包括数据库事务的类型、数据源的连接信息。解析后，把配置信息写入 Configuration 配置项中，以便后续使用。

源码详见 cn.bugstack.mybatis.builder.xml.XMLConfigBuilder。

```java
public class XMLConfigBuilder extends BaseBuilder {

  public Configuration parse() {
      try {
          // 环境
          environmentsElement(root.element("environments"));
          // 解析映射器
          mapperElement(root.element("mappers"));
      } catch (Exception e) {
```

```
            throw new RuntimeException("Error parsing SQL Mapper Configuration. Cause: " +
e, e);
    }
    return configuration;
}

private void environmentsElement(Element context) throws Exception {
    String environment = context.attributeValue("default");
    List<Element> environmentList = context.elements("environment");
    for (Element e : environmentList) {
        String id = e.attributeValue("id");
        if (environment.equals(id)) {
            // 事务管理器
            TransactionFactory txFactory = (TransactionFactory) typeAliasRegistry.
resolveAlias(e.element("transactionManager").attributeValue("type")).newInstance();
            // 数据源
            Element dataSourceElement = e.element("dataSource");
            DataSourceFactory dataSourceFactory = (DataSourceFactory)
typeAliasRegistry.resolveAlias(dataSourceElement.attributeValue("type")).newInstance();
            List<Element> propertyList = dataSourceElement.elements("property");
            Properties props = new Properties();
            for (Element property : propertyList) {
                props.setProperty(property.attributeValue("name"), property.
attributeValue("value"));
            }
            dataSourceFactory.setProperties(props);
            DataSource dataSource = dataSourceFactory.getDataSource();
            // 构建环境
            Environment.Builder environmentBuilder = new Environment.Builder(id)
                    .transactionFactory(txFactory)
                    .dataSource(dataSource);
            configuration.setEnvironment(environmentBuilder.build());
        }
    }
}

}
```

通过 XMLConfigBuilder#parse 解析扩展数据源，使用 environmentsElement 方法解析事务管理器和从类型注册机中读取事务工程的实现类，同理，数据源也是从类型注册机中获取的。

对事务管理器和数据源的处理，通过环境构建 Environment.Builder 保存到 Configuration 配置项中，确保做到了 Configuration 存在的地方都可以获取到数据源。

5. SQL 语句的执行和结果的封装

第 4 章实现的 DefaultSqlSession#selectOne 方法只是打印了 XML 文件中配置的 SQL

语句，在加载数据源的配置之后，就可以把 SQL 语句放到数据源中执行，并封装结果。

源码详见 cn.bugstack.mybatis.session.defaults.DefaultSqlSession。

```java
public class DefaultSqlSession implements SqlSession {

    private Configuration configuration;

    public DefaultSqlSession(Configuration configuration) {
        this.configuration = configuration;
    }

    @Override
    public <T> T selectOne(String statement, Object parameter) {
        try {
            MappedStatement mappedStatement = configuration.getMappedStatement(statement);
            Environment environment = configuration.getEnvironment();

            Connection connection = environment.getDataSource().getConnection();

            BoundSql boundSql = mappedStatement.getBoundSql();
            PreparedStatement preparedStatement = connection.prepareStatement(boundSql.getSql());
            preparedStatement.setLong(1, Long.parseLong(((Object[]) parameter)[0].toString()));
            ResultSet resultSet = preparedStatement.executeQuery();

            List<T> objList = resultSet2Obj(resultSet, Class.forName(boundSql.getResultType()));
            return objList.get(0);
        } catch (Exception e) {
            e.printStackTrace();
            return null;
        }
    }

    // ...

}
```

在 selectOne 方法中获取 Connection 数据源连接，并简单地执行 SQL 语句，封装执行的结果。

因为目前这部分内容主要是为了帮助读者串联整个功能结构，所以关于 SQL 语句的执行、参数的传递和结果的封装都采用硬编码方式，后续会进行扩展。

5.4　数据源使用的测试

1. 事先准备

1）创建库表

创建一个名为 mybatis 的数据库，在库中创建表 user，并添加测试数据，如下所示。

```
CREATE TABLE
    USER
    (
        id bigint NOT NULL AUTO_INCREMENT COMMENT '自增 ID',
        userId VARCHAR(9) COMMENT '用户 ID',
        userHead VARCHAR(16) COMMENT '用户头像',
        createTime TIMESTAMP NULL COMMENT '创建时间',
        updateTime TIMESTAMP NULL COMMENT '更新时间',
        userName VARCHAR(64),
        PRIMARY KEY (id)
    )
    ENGINE=InnoDB DEFAULT CHARSET=utf8;

INSERT INTO user (id, userId, userHead, createTime, updateTime, userName) VALUES (1,
'10001', '1_04', '2022-04-13 00:00:00', '2022-04-13 00:00:00', '小傅哥');
```

2）配置数据源

```
<environments default="development">
    <environment id="development">
        <transactionManager type="JDBC"/>
        <dataSource type="DRUID">
            <property name="driver" value="com.mysql.jdbc.Driver"/>
            <property name="url" value="jdbc:mysql://127.0.0.1:3306/mybatis?useUnicode =
true"/>
            <property name="username" value="root"/>
            <property name="password" value="123456"/>
        </dataSource>
    </environment>
</environments>
```

通过 mybatis-config-datasource.xml 配置数据源信息，包括 driver、url、username 和
password。

需要注意的是，DataSource 配置的是 DRUID，因为实现的是数据源的处理方式。

3）配置 Mapper

```
<select id="queryUserInfoById" parameterType="java.lang.Long" resultType="cn.bugstack.
mybatis.test.po.User">
    SELECT id, userId, userName, userHead
```

```
    FROM user
    WHERE id = #{id}
</select>
```

第 4 章已经介绍了关于 Mapper 配置的内容，本章只是进行简单的调整。

2．流程验证

```
@Test
public void test_SqlSessionFactory() throws IOException {
    // 1. 从 SqlSessionFactory 中获取 SqlSession
    SqlSessionFactory sqlSessionFactory = new SqlSessionFactoryBuilder().build(Resources.
getResourceAsReader("mybatis-config-datasource.xml"));
    SqlSession sqlSession = sqlSessionFactory.openSession();

    // 2. 获取映射器对象
    IUserDao userDao = sqlSession.getMapper(IUserDao.class);

    // 3. 测试验证
    User user = userDao.queryUserInfoById(1L);
    logger.info(" 测试结果: {}", JSON.toJSONString(user));
}
```

单元测试没有什么改变，仍然通过 SqlSessionFactory 获取 SqlSession，并获得映射对象和调用执行方法。

测试结果如下。

```
22:34:18.676 [main] INFO  c.alibaba.druid.pool.DruidDataSource - {dataSource-1} inited
22:34:19.286 [main] INFO  cn.bugstack.mybatis.test.ApiTest - 测试结果: {"id":1,"userHead":
"1_04","userId":"10001","userName":" 小傅哥 "}

Process finished with exit code 0
```

由测试结果可以看出，我们已经对数据源进行了解析、包装和使用，可以执行 SQL 语句和返回包装的结果信息。

读者在学习过程中可以调试代码，了解每个步骤是如何执行的，由此学习 MyBatis 的设计技巧。

3．功能验证

```
@Test
public void test_selectOne() throws IOException {
    // 解析 XML 文件
    Reader reader = Resources.getResourceAsReader("mybatis-config-datasource.xml");
    XMLConfigBuilder xmlConfigBuilder = new XMLConfigBuilder(reader);
    Configuration configuration = xmlConfigBuilder.parse();
    // 获取 DefaultSqlSession
    SqlSession sqlSession = new DefaultSqlSession(configuration);
    // 执行查询: 默认是一个集合参数
```

```
    Object[] req = {1L};
    Object res = sqlSession.selectOne("cn.bugstack.mybatis.test.dao.IUserDao.
queryUserInfoById", req);
    logger.info("测试结果: {}", JSON.toJSONString(res));
}
```

除了整体的功能流程测试，还可以只对本章新增的内容进行单元测试。本章的主要操作是添加解析内容、处理 XML 文件中的数据源信息，以及解析后在 DefaultSqlSession 中调用数据源执行 SQL 语句并返回结果。

所以，这里单独把这部分提取出来进行测试验证，利用这种测试可以更好地在 Sequence Diagram 中生成对应的 UML，方便读者理解本章新增的内容和流程。

需要注意的是，读者可以在 IntelliJ IDEA 中安装插件 Sequence Diagram，从而查看代码的 UML 图。

测试结果如下。

```
06:40:18.321 [main] INFO  c.alibaba.druid.pool.DruidDataSource - {dataSource-1} inited
06:40:18.903 [main] INFO  cn.bugstack.mybatis.test.ApiTest - 测试结果: {"id":1,"userHead":
"1_04","userId":"10001","userName":"叮当猫"}

Process finished with exit code 0
```

测试结果是通过的，这里更多的是为了体现整个执行流程的调用关系，包括从 XML 文件中解析数据源配置、保存到 Configuration 类中，以及 DefaultSqlSession 的使用。另外，这里省略了代理方式获取 Mapper，而是直接获取 SqlSession 执行 selectOne 方法，因为这样更容易观察整个功能的迭代开发过程。

5.5　总结

本章以解析 XML 文件为入口，添加数据源的整合和包装，引出事务工厂对 JDBC 事务的处理，并加载到环境配置中。

通过引入数据源，可以在 DefaultSqlSession 中从 Configuration 配置引入环境信息，把对应的 SQL 语句提交给 JDBC，并简单封装结果数据。

结合本章建立的框架结构，包括数据源、事务、简单的 SQL 调用，第 6 章将继续进行扩展，使整个功能模块逐渐完善。

数据源池化技术的实现

本章在第 5 章的基础上，对 MyBatis 中数据源的使用进行完善，也是首次在 MyBatis 中体现数据源池化技术。池化技术的使用场景非常广泛，在系统开发过程中，常用池化技术来减少重复对象的创建和垃圾回收造成的开销。具体的落地方案体现在线程池、内存池，以及本章要实现的数据源连接池等方面。

- 本章难度：★★★★☆
- 本章重点：基于池化技术，通过代理数据源连接，将数据源的创建、使用和销毁在统一的池中完成，从而提高数据源连接的使用效率。

6.1　池化技术的思考

第 5 章解析了 XML 中数据源的配置信息，并使用 Druid 创建数据源。但是 MyBatis 有其数据源实现方式，包括无池化的 UnpooledDataSource 实现方式和有池化的 PooledDataSource 实现方式。

本章主要介绍池化数据源的处理方法，读者也能由此更好地理解在日常开发中一些关于数据源的配置属性的含义及其在连接池中所起的作用，包括最大活跃连接数、空闲连接数和检测时长等。

6.2　池化技术的设计

首先，可以把池化技术理解为享元模式的具体实现方案。通常来说，对于一些需要较高创建成本且高频使用的资源，可以先缓存或预热处理，然后把这些资源保存到一个预热池中，需要用时从池中获取，使用完毕放回池中供后续使用。通过池化，不仅可以非常有效地控制资源的使用成本，还可以对资源数量、空闲时长和获取方式等进行统一的控制与管理，如图 6-1 所示。

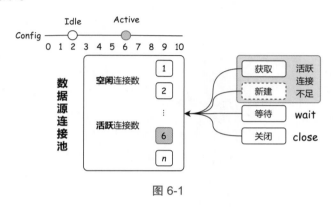

图 6-1

使用统一的连接池中心保存数据源连接，并根据配置，按照请求获取连接的操作，创建连接池的数据源连接数量。其中，最大空闲连接和最大活跃连接都随着创建过程被控制。

因为控制了连接池中的连接数量，所以当外部从连接池中获取连接时，如果连接已满，则循环等待。如果一个 SQL 操作引发慢查询，就会导致整个服务瘫痪，各个和数据库相关的接口调用都无法获得连接，接口查询 TP99 陡然增高，系统发出大量警报。

> ✏️ 注意：连接池可以配置得很大吗？不可以，因为连接池需要和数据库分配的连接池对应，避免应用配置的连接池的数量超过数据库提供的连接池的数量，否则会出现不能分配连接的问题，导致数据库被拖垮从而引起连锁反应。TP（Top Percentile）是指在一个时间段内，统计该方法每次调用所消耗的时间，并将这些时间按照从小到大的顺序进行排序，取出结果为总次数 × 指标数 = 对应 TP 指标的值，再取出排好序的对应位置的时间。TP99 = (int)(TOTAL_RUNS * 0.99);。

6.3　池化技术的实现

1. 工程结构

mybatis-step-06

```
└── src
    ├── main
    │   └── java
    │       └── cn.bugstack.mybatis
    │           ├── binding
    │           ├── builder
    │           ├── datasource
    │           │   ├── druid
    │           │   │   └── DruidDataSourceFactory.java
    │           │   ├── pooled
    │           │   │   ├── PooledConnection.java
    │           │   │   ├── PooledDataSource.java
    │           │   │   ├── PooledDataSourceFactory.java
    │           │   │   └── PoolState.java
    │           │   ├── unpooled
    │           │   │   ├── UnpooledDataSource.java
    │           │   │   └── UnpooledDataSourceFactory.java
    │           │   └── DataSourceFactory.java
    │           ├── io
    │           ├── mapping
    │           ├── session
    │           │   ├── defaults
    │           │   │   ├── DefaultSqlSession.java
    │           │   │   └── DefaultSqlSessionFactory.java
    │           │   ├── Configuration.java
    │           │   ├── SqlSession.java
    │           │   ├── SqlSessionFactory.java
    │           │   ├── SqlSessionFactoryBuilder.java
    │           │   └── TransactionIsolationLevel.java
    │           ├── transaction
    │           └── type
    └── test
        ├── java
        │   └── cn.bugstack.mybatis.test.dao
        │       ├── dao
        │       │   └── IUserDao.java
        │       ├── po
        │       │   └── User.java
        │       └── ApiTest.java
        └── resources
            ├── mapper
            │   └── User_Mapper.xml
            └── mybatis-config-datasource.xml
```

池化数据源核心类之间的关系如图 6-2 所示。

在 MyBatis 数据源的实现中，包括无池化的 UnpooledDataSource 实现类和有池化的 PooledDataSource 实现类，有池化的 PooledDataSource 实现类对无池化的 UnpooledDataSource

实现类进行扩展处理。把创建的连接保存到内存中，记录为空闲连接或活跃连接，在不同阶段使用。

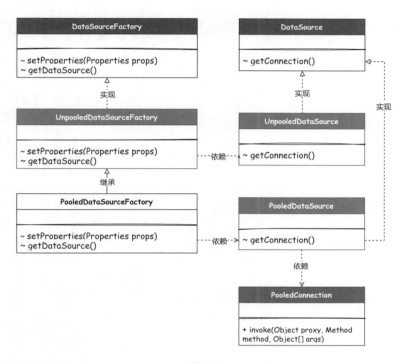

图 6-2

PooledConnection 是对连接的代理操作，通过 invoke 方法的反射调用，回收关闭的连接，并使用 notifyAll 通知正在等待连接的用户抢连接。

另外，UnpooledDataSourceFactory 是对 DataSourceFactory 接口的实现，通过 PooledDataSourceFactory 继承的方式处理。这里没有太多复杂的操作，池化主要集中在 PooledDataSource 类中。

2．无池化连接的实现

数据库连接池的实现不一定必须使用池化技术，某些单实例、低配置的机器也可以只使用无池化的连接池。在实现过程中，可以把无池化的实现和有池化的实现拆分解耦，在需要时只配置对应的数据源。

```java
public class UnpooledDataSource implements DataSource {

    private ClassLoader driverClassLoader;
```

```java
// 驱动配置，也可以扩展属性信息 driver.encoding=UTF8
private Properties driverProperties;
// 驱动注册机
private static Map<String, Driver> registeredDrivers = new ConcurrentHashMap<>();
// 驱动
private String driver;
// DB 连接地址
private String url;
// 账号
private String username;
// 密码
private String password;
// 是否自动提交
private Boolean autoCommit;
// 事务级别
private Integer defaultTransactionIsolationLevel;

static {
    Enumeration<Driver> drivers = DriverManager.getDrivers();
    while (drivers.hasMoreElements()) {
        Driver driver = drivers.nextElement();
        registeredDrivers.put(driver.getClass().getName(), driver);
    }
}

private Connection doGetConnection(Properties properties) throws SQLException {
    initializerDriver();
    Connection connection = DriverManager.getConnection(url, properties);
    if (autoCommit != null && autoCommit != connection.getAutoCommit()) {
        connection.setAutoCommit(autoCommit);
    }
    if (defaultTransactionIsolationLevel != null) {
        connection.setTransactionIsolation(defaultTransactionIsolationLevel);
    }
    return connection;
}

/**
 * 初始化驱动
 */
private synchronized void initializerDriver() throws SQLException {
    if (!registeredDrivers.containsKey(driver)) {
        try {
            Class<?> driverType = Class.forName(driver, true, driverClassLoader);
            // https://www.kfu.com/~nsayer/Java/dyn-jdbc.html
            Driver driverInstance = (Driver) driverType.newInstance();
            DriverManager.registerDriver(new DriverProxy(driverInstance));
            registeredDrivers.put(driver, driverInstance);
```

```
        } catch (Exception e) {
            throw new SQLException("Error setting driver on UnpooledDataSource.
Cause: " + e);
        }
    }
}

}
```

无池化的数据源连接的实现比较简单，核心在于 initializerDriver 初始化驱动使用 Class.forName 和 newInstance 创建了数据源连接。

在完成连接后，将其存放在驱动注册机中，方便后续使用时直接获取，降低重复创建带来的资源消耗。

3. 有池化连接的实现

对于有池化的数据源连接，核心在于包装无池化的连接，同时提供相应的池化技术实现，包括 pushConnection、popConnection、forceCloseAll 和 pingConnection。

因此，当用户想要获取连接时，就从连接池中获取，同时判断是否有空闲连接、最大活跃连接为多少，以及是否需要等待处理或最终抛出异常。

1）有池化连接的代理

因为需要池化连接，所以当数据源连接调用 CLOSE 方法时，也需要把连接从连接池中关闭和恢复可用，允许其他用户获取连接。这就需要代理包装连接类，以及处理 CLOSE 方法。

源码详见 cn.bugstack.mybatis.datasource.pooled.PooledConnection。

```
public class PooledConnection implements InvocationHandler {

    @Override
    public Object invoke(Object proxy, Method method, Object[] args) throws Throwable {
        String methodName = method.getName();
        // 如果调用 CLOSE 方法关闭连接，则将连接加入连接池中，并返回 null
        if (CLOSE.hashCode() == methodName.hashCode() && CLOSE.equals(methodName)) {
            dataSource.pushConnection(this);
            return null;
        } else {
            if (!Object.class.equals(method.getDeclaringClass())) {
                // 除了 toString 等 Object 提供的方法，其他方法在调用之前要检查 connection 是否还
                // 是合法的，如果不合法则抛出 SQLException
                checkConnection();
            }
            // 其他方法交给 connection 调用
            return method.invoke(realConnection, args);
```

```
            }
        }
    }
}
```

通过 PooledConnection 实现 InvocationHandler#invoke 方法，包装代理连接，这样就可以控制具体的调用方法。

在 invoke 方法中，除了需要控制 CLOSE 方法，排除 toString 等 Object 方法之后，就是其他真正需要被数据库连接处理的方法。

通过方法名称和哈希值，在 if 语句中判断为 CLOSE 方法时，将当前 PooledConnection 对象通过 dataSource.pushConnection(this); 操作，传递给池化数据源 PooledDataSource 实现类回收。

2）pushConnection 回收连接

源码详见 cn.bugstack.mybatis.datasource.pooled.PooledDataSource。

```
protected void pushConnection(PooledConnection connection) throws SQLException {
    synchronized (state) {
        state.activeConnections.remove(connection);
        // 判断连接是否有效
        if (connection.isValid()) {
            // 如果空闲连接小于设定数目，也就是太少时
            if (state.idleConnections.size() < poolMaximumIdleConnections && connection.
getConnectionTypeCode() == expectedConnectionTypeCode) {
                state.accumulatedCheckoutTime += connection.getCheckoutTime();
                if (!connection.getRealConnection().getAutoCommit()) {
                    connection.getRealConnection().rollback();
                }
                // 实例化一个新的数据库连接，加入 idle 列表中
                PooledConnection newConnection = new PooledConnection(connection.
getRealConnection(), this);
                state.idleConnections.add(newConnection);
                newConnection.setCreatedTimestamp(connection.getCreatedTimestamp());
                newConnection.setLastUsedTimestamp(connection.getLastUsedTimestamp());
                connection.invalidate();
                logger.info("Returned connection " + newConnection.getRealHashCode() +
" to pool.");
                // 通知其他线程可以抢数据库连接了
                state.notifyAll();
            }
            // 否则，空闲连接还比较充足
            else {
                state.accumulatedCheckoutTime += connection.getCheckoutTime();
                if (!connection.getRealConnection().getAutoCommit()) {
                    connection.getRealConnection().rollback();
```

```
            }
            // 将 connection 关闭
            connection.getRealConnection().close();
            logger.info("Closed connection " + connection.getRealHashCode() + ".");
            connection.invalidate();
        }
    } else {
        logger.info("A bad connection (" + connection.getRealHashCode() + ")
attempted to return to the pool, discarding connection.");
        state.badConnectionCount++;
    }
    }
}
```

在 PooledDataSource#pushConnection 数据回收过程中，核心在于判断连接是否有效，以及校验相关的空闲连接，判断是否把连接回收到 idle 列表中，并通知其他线程抢数据库连接。

如果现在空闲连接充足，那么回收的连接会进行回滚和关闭处理。

```
connection.getRealConnection().close();
```

3）popConnection 获取连接

源码详见 cn.bugstack.mybatis.datasource.pooled.PooledDataSource。

```
private PooledConnection popConnection(String username, String password) throws
SQLException {
    boolean countedWait = false;
    PooledConnection conn = null;
    long t = System.currentTimeMillis();
    int localBadConnectionCount = 0;
    while (conn == null) {
        synchronized (state) {
            // 如果有空闲连接，则返回第 1 个
            if (!state.idleConnections.isEmpty()) {
                conn = state.idleConnections.remove(0);
                logger.info("Checked out connection " + conn.getRealHashCode() + " from
pool.");
            }
            // 如果无空闲连接，则创建新的连接
            else {
                // 活跃连接数不足
                if (state.activeConnections.size() < poolMaximumActiveConnections) {
                    conn = new PooledConnection(dataSource.getConnection(), this);
                    logger.info("Created connection " + conn.getRealHashCode() + ".");
                }
                // 活跃连接数已满
                else {
                    // 取得活跃连接列表中的第 1 个，也就是最老的一个连接
```

```
                        PooledConnection oldestActiveConnection = state.activeConnections.
get(0);

                        long longestCheckoutTime = oldestActiveConnection.getCheckoutTime();
                        // 如果校验时间过长，则这个连接标记为过期
                        if (longestCheckoutTime > poolMaximumCheckoutTime) {
                            state.claimedOverdueConnectionCount++;
                            state.accumulatedCheckoutTimeOfOverdueConnections +=
longestCheckoutTime;

                            state.accumulatedCheckoutTime += longestCheckoutTime;
                            state.activeConnections.remove(oldestActiveConnection);
                            if (!oldestActiveConnection.getRealConnection().getAutoCommit()) {
                                oldestActiveConnection.getRealConnection().rollback();
                            }
                            // 删除最老的连接，并重新实例化一个新的连接
                            conn = new PooledConnection(oldestActiveConnection.
getRealConnection(), this);
                            oldestActiveConnection.invalidate();
                            logger.info("Claimed overdue connection " + conn.
getRealHashCode() + ".");
                        }
                        // 如果校验超时时间不够长，则等待
                        else {
                            try {
                                if (!countedWait) {
                                    state.hadToWaitCount++;
                                    countedWait = true;
                                }
                                logger.info("Waiting as long as " + poolTimeToWait + "
milliseconds for connection.");
                                long wt = System.currentTimeMillis();
                                state.wait(poolTimeToWait);
                                state.accumulatedWaitTime += System.currentTimeMillis() - wt;
                            } catch (InterruptedException e) {
                                break;
                            }
                        }
                    }
                }
            }
            // 获得连接
            if (conn != null) {
                if (conn.isValid()) {
                    if (!conn.getRealConnection().getAutoCommit()) {
                        conn.getRealConnection().rollback();
                    }
                    conn.setConnectionTypeCode(assembleConnectionTypeCode(dataSource.
getUrl(), username, password));
                    // 记录校验时间
                    conn.setCheckoutTimestamp(System.currentTimeMillis());
```

```
                    conn.setLastUsedTimestamp(System.currentTimeMillis());
                    state.activeConnections.add(conn);
                    state.requestCount++;
                    state.accumulatedRequestTime += System.currentTimeMillis() - t;
                } else {
                    logger.info("A bad connection (" + conn.getRealHashCode() + ")
was returned from the pool, getting another connection
                    // 如果没有获取统计信息，则为失败连接 +1
                    state.badConnectionCount++;
                    localBadConnectionCount++;
                    conn = null;
                    // 如果失败次数较多，则抛出异常
                    if (localBadConnectionCount > (poolMaximumIdleConnections + 3)) {
                        logger.debug("PooledDataSource: Could not get a good connection
to the database.");
                        throw new SQLException("PooledDataSource: Could not get a
good connection to the database.");
                    }
                }
            }
        }
    }

    return conn;
}
```

popConnection 获取连接执行的是一个 while 死循环操作，只有获取到连接抛出异常才会退出循环。如果仔细阅读这些异常代码就会发现，在做一些开发时也会遇到这些异常。

在获取连接的过程中会使用 synchronized 加锁，因为所有线程在资源竞争的情况下都需要加锁。在加锁的代码块中，判断是否还有空闲连接，如果有空闲连接，则返回一个连接；如果没有空闲连接，则比较活跃连接数与配置总数；如果活跃连接数小于配置总数，则创建一个连接后返回。这里也会遇到活跃连接已经循环等待的情况，最后如果还不能获取，则抛出异常。

4. 数据源工厂

数据源工厂包括两部分——无池化工厂和有池化工厂，有池化工厂继承无池化工厂。在 MyBatis 源码的实现类中这样可以减少对 Properties 统一包装的反射方式的属性处理。由于暂时还没有开发这部分的逻辑，只是简单地获取属性传参，因此还不能体现出这样继承有多么便捷，读者可以参考源码理解。源码类为 UnpooledDataSourceFactory。

1）无池化工厂

源码详见 cn.bugstack.mybatis.datasource.unpooled.UnpooledDataSourceFactory。

```java
public class UnpooledDataSourceFactory implements DataSourceFactory {

    protected Properties props;

    @Override
    public void setProperties(Properties props) {
        this.props = props;
    }

    @Override
    public DataSource getDataSource() {
        UnpooledDataSource unpooledDataSource = new UnpooledDataSource();
        unpooledDataSource.setDriver(props.getProperty("driver"));
        unpooledDataSource.setUrl(props.getProperty("url"));
        unpooledDataSource.setUsername(props.getProperty("username"));
        unpooledDataSource.setPassword(props.getProperty("password"));
        return unpooledDataSource;
    }

}
```

简单包装 getDataSource 获取数据源，把必要的参数传递过去。在 MyBatis 源码中，这部分则是通过大量的反射字段处理方式存放和获取的。

2）有池化工厂

源码详见 cn.bugstack.mybatis.datasource.pooled.PooledDataSourceFactory。

```java
public class PooledDataSourceFactory extends UnpooledDataSourceFactory {

    @Override
    public DataSource getDataSource() {
        PooledDataSource pooledDataSource = new PooledDataSource();
        pooledDataSource.setDriver(props.getProperty("driver"));
        pooledDataSource.setUrl(props.getProperty("url"));
        pooledDataSource.setUsername(props.getProperty("username"));
        pooledDataSource.setPassword(props.getProperty("password"));
        return pooledDataSource;
    }

}
```

有池化的数据源工厂的实现比较简单，只是继承 UnpooledDataSourceFactory 类，并使用这个类获取属性的方法，以及实例化出池化数据源即可。

5. 新增类型别名注册机

当新开发了两个数据源和对应的工厂实现类以后，需要把它们配置到 Configuration 类

66

中，这样才能在解析 XML 文件时根据不同的数据源类型获取和实例化对应的实现类。

源码详见 cn.bugstack.mybatis.session.Configuration。

```java
public class Configuration {

    // 类型别名注册机
    protected final TypeAliasRegistry typeAliasRegistry = new TypeAliasRegistry();

    public Configuration() {
        typeAliasRegistry.registerAlias("JDBC", JdbcTransactionFactory.class);

        typeAliasRegistry.registerAlias("DRUID", DruidDataSourceFactory.class);
        typeAliasRegistry.registerAlias("UNPOOLED", UnpooledDataSourceFactory.class);
        typeAliasRegistry.registerAlias("POOLED", PooledDataSourceFactory.class);
    }

}
```

在构造方法 Configuration 中添加 UNPOOLED 和 POOLED 两个数据源连接实现类，并把这两个类注册到 TypeAliasRegistry 类型注册机中，以便使用 XMLConfigBuilder#environmentsElement 方法解析 XML 文件和处理数据源。

6.4 数据源使用的测试

1. 事先准备

1）创建库表

创建一个名为 mybatis 的数据库，在库中创建表 user，并添加测试数据，如下所示。

```sql
CREATE TABLE
    USER
    (
        id bigint NOT NULL AUTO_INCREMENT COMMENT '自增 ID',
        userId VARCHAR(9) COMMENT '用户 ID',
        userHead VARCHAR(16) COMMENT '用户头像',
        createTime TIMESTAMP NULL COMMENT '创建时间',
        updateTime TIMESTAMP NULL COMMENT '更新时间',
        userName VARCHAR(64),
        PRIMARY KEY (id)
    )
    ENGINE=InnoDB DEFAULT CHARSET=utf8;

INSERT INTO user (id, userId, userHead, createTime, updateTime, userName) VALUES (1,
'10001', '1_04', '2022-04-13 00:00:00', '2022-04-13 00:00:00', '小傅哥');
```

2）配置数据源

```
<environments default="development">
    <environment id="development">
        <transactionManager type="JDBC"/>
        <dataSource type="DRUID">
            <property name="driver" value="com.mysql.jdbc.Driver"/>
            <property name="url" value="jdbc:mysql://127.0.0.1:3306/mybatis?useUnicode =
true"/>
            <property name="username" value="root"/>
            <property name="password" value="123456"/>
        </dataSource>
    </environment>
</environments>
```

通过 mybatis-config-datasource.xml 配置数据源信息，包括 driver、url、username 和 password。

其中，先将 dataSource 的配置由第 5 章的 DRUID 修改为 UNPOOLED 和 POOLED，然后测试验证。这两个数据源也就是本章实现的数据源。

3）配置 Mapper

```
<select id="queryUserInfoById" parameterType="java.lang.Long" resultType="cn.bugstack.
mybatis.test.po.User">
    SELECT id, userId, userName, userHead
    FROM user
    WHERE id = #{id}
</select>
```

第 5 章已经介绍了关于 Mapper 的配置内容，本章只是进行简单的调整。

2. 单元测试

```
@Test
public void test_SqlSessionFactory() throws IOException {
    // 1. 从 SqlSessionFactory 中获取 SqlSession
    SqlSessionFactory sqlSessionFactory = new SqlSessionFactoryBuilder().build(Resources.
getResourceAsReader("mybatis-config-datasource.xml"));
    SqlSession sqlSession = sqlSessionFactory.openSession();

    // 2. 获取映射器对象
    IUserDao userDao = sqlSession.getMapper(IUserDao.class);

    // 3. 测试验证
    for (int i = 0; i < 50; i++) {
        User user = userDao.queryUserInfoById(1L);
        logger.info(" 测试结果：{}", JSON.toJSONString(user));
    }
}
```

在无池化和有池化的测试中，不需要改变基础的单元测试类，仍然通过 SqlSession Factory 获取 SqlSession，并获得映射对象和调用执行方法。另外，这里添加了 50 次的查询调用，便于验证连接池的创建、获取及等待。

变化之处在于 mybatis-config-datasource.xml 中的 dataSource 数据源的类型有所调整，即 dataSource type="POOLED/UNPOOLED"。

1）无池化测试

```
<dataSource type="UNPOOLED"></dataSource>
```

测试结果如下。

```
06:27:48.604 [main] INFO  cn.bugstack.mybatis.test.ApiTest - 测试结果:
{"id":1,"userHead":"1_04","userId":"10001","userName":" 小傅哥 "}
06:27:48.618 [main] INFO  cn.bugstack.mybatis.test.ApiTest - 测试结果:
{"id":1,"userHead":"1_04","userId":"10001","userName":" 小傅哥 "}
06:27:48.622 [main] INFO  cn.bugstack.mybatis.test.ApiTest - 测试结果:
{"id":1,"userHead":"1_04","userId":"10001","userName":" 小傅哥 "}
06:27:48.632 [main] INFO  cn.bugstack.mybatis.test.ApiTest - 测试结果:
{"id":1,"userHead":"1_04","userId":"10001","userName":" 小傅哥 "}
06:27:48.637 [main] INFO  cn.bugstack.mybatis.test.ApiTest - 测试结果:
{"id":1,"userHead":"1_04","userId":"10001","userName":" 小傅哥 "}
06:27:48.642 [main] INFO  cn.bugstack.mybatis.test.ApiTest - 测试结果:
{"id":1,"userHead":"1_04","userId":"10001","userName":" 小傅哥 "}
06:27:48.649 [main] INFO  cn.bugstack.mybatis.test.ApiTest - 测试结果:
{"id":1,"userHead":"1_04","userId":"10001","userName":" 小傅哥 "}
...
```

无池化的连接池操作会不断地与数据库建立新的连接并执行 SQL 语句，在这个过程中只要数据库还有连接就可以被连接，由此创建连接。

2）有池化测试

```
<dataSource type="POOLED"></dataSource>
```

测试结果如下。

```
06:30:22.536 [main] INFO  c.b.m.d.pooled.PooledDataSource - PooledDataSource
forcefully closed/removed all connections.
06:30:22.541 [main] INFO  c.b.m.d.pooled.PooledDataSource - PooledDataSource
forcefully closed/removed all connections.
06:30:22.541 [main] INFO  c.b.m.d.pooled.PooledDataSource - PooledDataSource
forcefully closed/removed all connections.
06:30:22.541 [main] INFO  c.b.m.d.pooled.PooledDataSource - PooledDataSource
forcefully closed/removed all connections.
06:30:22.860 [main] INFO  c.b.m.d.pooled.PooledDataSource - Created connection
540642172.
06:30:22.996 [main] INFO  cn.bugstack.mybatis.test.ApiTest - 测试结果:
{"id":1,"userHead":"1_04","userId":"10001","userName":" 小傅哥 "}
```

```
06:30:23.009 [main] INFO  c.b.m.d.pooled.PooledDataSource - Created connection
140799417.
06:30:23.011 [main] INFO  cn.bugstack.mybatis.test.ApiTest - 测试结果:
{"id":1,"userHead":"1_04","userId":"10001","userName":" 小傅哥 "}
06:30:23.018 [main] INFO  c.b.m.d.pooled.PooledDataSource - Created connection
110431793.
06:30:23.019 [main] INFO  cn.bugstack.mybatis.test.ApiTest - 测试结果:
{"id":1,"userHead":"1_04","userId":"10001","userName":" 小傅哥 "}
06:30:23.032 [main] INFO  c.b.m.d.pooled.PooledDataSource - Created connection
1053631449.
06:30:23.033 [main] INFO  cn.bugstack.mybatis.test.ApiTest - 测试结果:
{"id":1,"userHead":"1_04","userId":"10001","userName":" 小傅哥 "}
06:30:23.041 [main] INFO  c.b.m.d.pooled.PooledDataSource - Created connection
1693847660.
06:30:23.042 [main] INFO  cn.bugstack.mybatis.test.ApiTest - 测试结果:
{"id":1,"userHead":"1_04","userId":"10001","userName":" 小傅哥 "}
06:30:23.047 [main] INFO  c.b.m.d.pooled.PooledDataSource - Created connection
212921632.
06:30:23.048 [main] INFO  cn.bugstack.mybatis.test.ApiTest - 测试结果:
{"id":1,"userHead":"1_04","userId":"10001","userName":" 小傅哥 "}
06:30:23.055 [main] INFO  c.b.m.d.pooled.PooledDataSource - Created connection
682376643.
06:30:23.056 [main] INFO  cn.bugstack.mybatis.test.ApiTest - 测试结果:
{"id":1,"userHead":"1_04","userId":"10001","userName":" 小傅哥 "}
06:30:23.060 [main] INFO  c.b.m.d.pooled.PooledDataSource - Created connection
334203599.
06:30:23.062 [main] INFO  cn.bugstack.mybatis.test.ApiTest - 测试结果:
{"id":1,"userHead":"1_04","userId":"10001","userName":" 小傅哥 "}
06:30:23.067 [main] INFO  c.b.m.d.pooled.PooledDataSource - Created connection
1971851377.
06:30:23.068 [main] INFO  cn.bugstack.mybatis.test.ApiTest - 测试结果:
{"id":1,"userHead":"1_04","userId":"10001","userName":" 小傅哥 "}
06:30:23.073 [main] INFO  c.b.m.d.pooled.PooledDataSource - Created connection
399534175.
06:30:23.074 [main] INFO  cn.bugstack.mybatis.test.ApiTest - 测试结果:
{"id":1,"userHead":"1_04","userId":"10001","userName":" 小傅哥 "}
06:30:23.074 [main] INFO  c.b.m.d.pooled.PooledDataSource - Waiting as long as 20000
milliseconds for connection.
06:30:43.078 [main] INFO  c.b.m.d.pooled.PooledDataSource - Claimed overdue connection
540642172.
06:30:43.079 [main] INFO  cn.bugstack.mybatis.test.ApiTest - 测试结果:
{"id":1,"userHead":"1_04","userId":"10001","userName":" 小傅哥 "}

...
```

　　通过使用连接池的配置可知，在调用和获取连接的过程中，当调用 10 次以后，连接池中就有了 10 个活跃的连接，再次调用时需要等待连接释放才能使用并执行 SQL 语句。

　　在测试过程中还需要验证连接的空闲数量、活跃数量、关闭和异常等，读者也可以在学习过程中验证。

　　3）连接池验证

```
@Test
public void test_pooled() throws SQLException, InterruptedException {
    PooledDataSource pooledDataSource = new PooledDataSource();
    pooledDataSource.setDriver("com.mysql.jdbc.Driver");
    pooledDataSource.setUrl("jdbc:mysql://127.0.0.1:3306/mybatis?useUnicode=true");
    pooledDataSource.setUsername("root");
    pooledDataSource.setPassword("123456");
    // 持续获得连接
    while (true){
        Connection connection = pooledDataSource.getConnection();
        System.out.println(connection);
        Thread.sleep(1000);
        connection.close();
    }
}
```

　　这里增加了专门针对有池化的连接池的测试，通过 while 循环不断地从连接池中获取连接，在测试过程中分别打开和关闭 connection.close();，以观察测试结果。

　　测试结果如下（开启关闭连接）。

```
06:15:11.561 [main] INFO  c.b.m.d.pooled.PooledDataSource - PooledDataSource
forcefully closed/removed all connections.
06:15:11.797 [main] INFO  c.b.m.d.pooled.PooledDataSource - Created connection
1216590855.
com.mysql.jdbc.JDBC4Connection@4883b407
06:15:12.802 [main] INFO  c.b.m.d.pooled.PooledDataSource - Returned connection
1216590855 to pool.
06:15:12.802 [main] INFO  c.b.m.d.pooled.PooledDataSource - Checked out connection
1216590855 from pool.
com.mysql.jdbc.JDBC4Connection@4883b407
06:15:13.803 [main] INFO  c.b.m.d.pooled.PooledDataSource - Returned connection
1216590855 to pool.
06:15:13.803 [main] INFO  c.b.m.d.pooled.PooledDataSource - Checked out connection
1216590855 from pool.
com.mysql.jdbc.JDBC4Connection@4883b407

Process finished with exit code 130 (interrupted by signal 2: SIGINT)
```

　　从测试结果中可以看到，在每次获取连接并关闭的情况下，每次获取的连接都是同一个（都是 @4883b407 这个对象的哈希值）。

　　测试结果如下（注释关闭连接）。

```
06:22:44.337 [main] INFO  c.b.m.d.pooled.PooledDataSource - Created connection
```

```
348100441.
com.mysql.jdbc.JDBC4Connection@14bf9759
06:22:45.348 [main] INFO  c.b.m.d.pooled.PooledDataSource - Created connection
1333592072.
com.mysql.jdbc.JDBC4Connection@4f7d0008
06:22:46.361 [main] INFO  c.b.m.d.pooled.PooledDataSource - Created connection
1121647253.
com.mysql.jdbc.JDBC4Connection@42dafa95
06:22:47.366 [main] INFO  c.b.m.d.pooled.PooledDataSource - Waiting as long as 20000
milliseconds for connection.
06:23:07.369 [main] INFO  c.b.m.d.pooled.PooledDataSource - Claimed overdue connection
1216590855.
com.mysql.jdbc.JDBC4Connection@4883b407
06:23:08.372 [main] INFO  c.b.m.d.pooled.PooledDataSource - Claimed overdue connection
87765719.
com.mysql.jdbc.JDBC4Connection@53b32d7
06:23:09.375 [main] INFO  c.b.m.d.pooled.PooledDataSource - Claimed overdue connection
446073433.
```

当把 connection.close(); 注释掉以后，每次都是从连接池中获取没有再使用的连接，当连接全部耗尽以后，就进入等待状态，之后再获取连接。所以，在使用连接池中的资源时，不要在一个连接下执行过长时间的操作，否则会存在把连接池中的资源耗尽，直至拖垮数据库。

6.5　总结

本章介绍了 MyBatis 数据源池化的设计和实现。采用这种分析、实现和验证的过程，可以帮助读者更好地理解平常使用的连接池所遇到的一些问题是如何发生的。

另外，读者可以在调试验证过程中了解连接池的实现重点，包括 synchronized 加锁、创建连接、活跃连接数的控制、休眠等待时长和抛出异常逻辑等，这些都与日常使用连接池时的配置息息相关。

本章的内容可以作为 MyBatis 核心功能的实现过程的重要分支。虽然读者可以使用 Druid 代替数据源处理，但是只有动手实现一遍数据源连接池，才能更好地理解池化技术的落地方案。

第 7 章

SQL 执行器的定义和实现

第 6 章介绍了数据源池化技术的实现，在 SqlSession 中直接调用 JDBC 连接数据库，执行 SQL 语句并返回结果。虽然这样也能串联起整个操作流程，但在 SqlSession 的实现中会显得特别臃肿，并且难以扩展数据库执行 SQL 语句过程中的各类配置信息，包括入参、出参和缓存等。

关于执行 SQL 语句的操作，在 MyBatis 中单独提供了执行器，而 SqlSession 作为会话，最终所有的 SQL 操作都是在执行器中完成的。这种设计也是对功能模块职责边界的划分，通过功能颗粒度的细化，整个框架的分层更加清晰，容易扩展迭代更多的功能逻辑。

- 本章难度：★★★☆☆
- 本章重点：划分功能模块职责边界，定义和实现 SQL 执行器，细化 SQL 语句的执行过程，满足各项功能的扩展。将执行器与会话两个操作功能模块连接，完成整条 SQL 执行链路流程。

7.1　会话执行 SQL 的分析

第 6 章介绍了有连接池和无连接池的数据源，在执行 SQL 语句时，通过池化技术完成数据库的操作。

关于池化数据源的调用、执行和结果封装，目前都只是在 DefaultSqlSession 中发起的，如图 7-1 所示。这种硬编码调用方式既不适合扩展，也不利于 SqlSession 中新增每个定义的方法对池化数据源的调用。

```
@Override
public <T> T selectOne(String statement, Object parameter) {
    try {
        MappedStatement mappedStatement = configuration.getMappedStatement(statement);
        Environment environment = configuration.getEnvironment();

        Connection connection = environment.getDataSource().getConnection();

        BoundSql boundSql = mappedStatement.getBoundSql();
        PreparedStatement preparedStatement = connection.prepareStatement(boundSql.getSql());
        preparedStatement.setLong( parameterIndex: 1, Long.parseLong(((Object[]) parameter)[0].toString()));
        ResultSet resultSet = preparedStatement.executeQuery();

        List<T> objList = resultSet2Obj(resultSet, Class.forName(boundSql.getResultType()));
        return objList.get(0);
    } catch (Exception e) {
        e.printStackTrace();
        return null;
    }
}
```
功能逻辑迁移

图 7-1

将 DefaultSqlSession#selectOne 方法中关于数据源的调用、执行和结果封装进行解耦，用新的功能模块代替硬编码方式。

只有提供单独的执行方法入口，才能更好地扩展和满足变化的需求，包括各类入参、结果封装、执行器类型和批处理等。而这些满足用户需求的各类配置，也就是 Mapper.xml 中配置的具体信息，包括 parameterType、resultType 和 SQL 语句等。

7.2 执行器模块的设计

在渐进式地开发 ORM 框架的过程中，执行动作包括解析配置、代理对象、映射方法等，直至对数据源的包装和使用。只不过是把数据源的操作"硬捆绑"到 DefaultSqlSession 的执行方法上。

为了解耦功能模块，需要单独提取出一部分执行器的服务功能，将执行器的功能在创建 DefaultSqlSession 时传入，之后就可以在 DefaultSqlSession 执行 selectOne 等方法时调用执行器来处理，如图 7-2 所示。

首先要提取执行器的接口，然后定义执行方法、事务获取，以及相应的提交、回滚、关闭等。由于执行器是一种标准的执行过程，因此可以由抽象类实现，对过程内容进行模板模式的包装。在包装过程中定义抽象方法 doQuery，由具体的子类来实现。这里的抽象方法 doQuery 会体现在 SimpleExecutor 实现中。

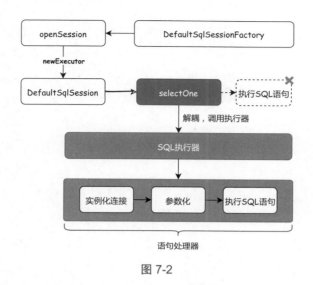

图 7-2

　　最后是对 SQL 进行处理。在使用 JDBC 执行 SQL 语句时，分为简单处理和预处理，其中预处理包括准备语句、传递参数、执行查询，以及封装和返回结果。这里也需要把 JDBC 这部分的步骤分为结构化的类过程来实现，以便扩展功能。具体的代码主要体现在语句处理器 StatementHandler 的接口实现中。

7.3　执行器模块的实现

1. 工程结构

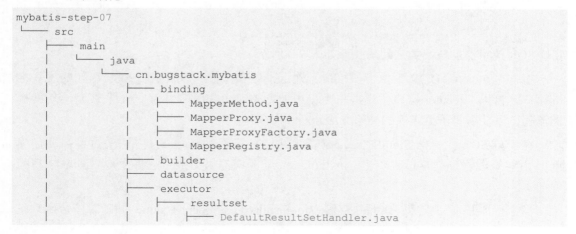

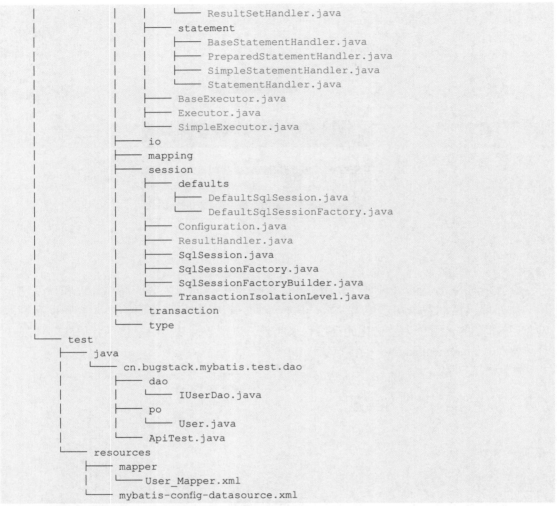

```
            │      │      └── ResultSetHandler.java
            │      │── statement
            │      │      │── BaseStatementHandler.java
            │      │      │── PreparedStatementHandler.java
            │      │      │── SimpleStatementHandler.java
            │      │      └── StatementHandler.java
            │      │── BaseExecutor.java
            │      │── Executor.java
            │      └── SimpleExecutor.java
            │── io
            │── mapping
            │── session
            │      │── defaults
            │      │      │── DefaultSqlSession.java
            │      │      └── DefaultSqlSessionFactory.java
            │      │── Configuration.java
            │      │── ResultHandler.java
            │      │── SqlSession.java
            │      │── SqlSessionFactory.java
            │      │── SqlSessionFactoryBuilder.java
            │      └── TransactionIsolationLevel.java
            │── transaction
            └── type
    └── test
        │── java
        │    └── cn.bugstack.mybatis.test.dao
        │          │── dao
        │          │    └── IUserDao.java
        │          │── po
        │          │    └── User.java
        │          └── ApiTest.java
        └── resources
             │── mapper
             │    └── User_Mapper.xml
             └── mybatis-config-datasource.xml
```

SQL 执行器的核心类之间的关系如图 7-3 所示。

将 Executor 接口定义为执行器接口，确定事务和操作，以及执行 SQL 语句的统一标准接口。再以 Executor 接口实现抽象类，用抽象类定义共用的事务、执行 SQL 语句的标准流程，以及需要子类实现的抽象方法 doQuery。

在简单 SQL 执行器 SimpleExecutor 的实现类中，处理 doQuery 方法的过程需要创建 SQL 语句处理器，创建过程仍由 Configuration 配置项提供（很多这种生成处理都来自配置项）。

当执行器开发完成后，DefaultSqlSessionFactory 开启 openSession，并随着构造函数将

参数传递给 DefaultSqlSession，这样在执行 DefaultSqlSession#selectOne 方法时就可以调用执行器进行处理，也就完成了解耦操作。

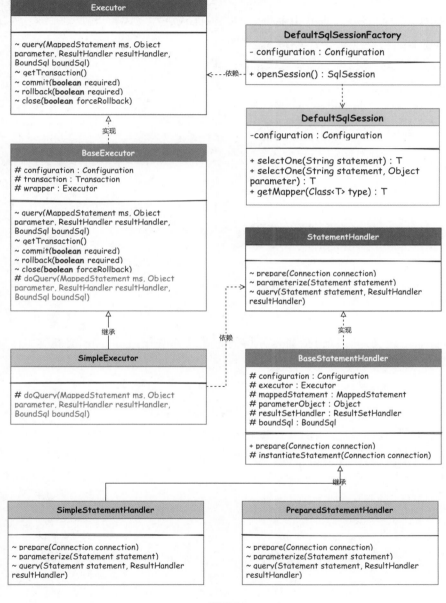

图 7-3

2. 执行器的定义和实现

执行器分为接口、抽象类和简单执行器实现类三部分。在框架的源码中，对一些标准流程的处理都由抽象类负责提供共性功能逻辑，以及定义和处理接口方法，并提取抽象接口交由子类实现。这种设计模式也被定义为模板模式。

1）Executor

源码详见 cn.bugstack.mybatis.executor.Executor。

```
public interface Executor {

    ResultHandler NO_RESULT_HANDLER = null;

    <E> List<E> query(MappedStatement ms, Object parameter, ResultHandler resultHandler,
BoundSql boundSql);

    Transaction getTransaction();

    void commit(boolean required) throws SQLException;

    void rollback(boolean required) throws SQLException;

    void close(boolean forceRollback);

}
```

在执行器中定义的接口包括与事务相关的处理方法和执行 SQL 查询的操作，随着后续功能的迭代，还会继续补充其他的方法。

2）BaseExecutor 抽象类

源码详见 cn.bugstack.mybatis.executor.BaseExecutor。

```
public abstract class BaseExecutor implements Executor {

    protected Configuration configuration;
    protected Transaction transaction;
    protected Executor wrapper;

    private boolean closed;

    protected BaseExecutor(Configuration configuration, Transaction transaction) {
        this.configuration = configuration;
        this.transaction = transaction;
        this.wrapper = this;
    }
```

```
    @Override
    public <E> List<E> query(MappedStatement ms, Object parameter, ResultHandler
resultHandler, BoundSql boundSql) {
        if (closed) {
            throw new RuntimeException("Executor was closed.");
        }
        return doQuery(ms, parameter, resultHandler, boundSql);
    }

    protected abstract <E> List<E> doQuery(MappedStatement ms, Object parameter,
ResultHandler resultHandler, BoundSql boundSql);

    @Override
    public void commit(boolean required) throws SQLException {
        if (closed) {
            throw new RuntimeException("Cannot commit, transaction is already closed");
        }
        if (required) {
            transaction.commit();
        }
    }

}
```

在抽象类中封装执行器的全部接口，这样子类继承抽象类以后，就不用再处理这些共性的方法。与此同时，在 query 查询方法中封装一些必要的流程，如检测关闭等。在 MyBatis 源码中还有一些缓存的操作，这里暂时剔除，先以核心流程为主，再扩展这部分内容。

3）SimpleExecutor 的实现

源码详见 cn.bugstack.mybatis.executor.SimpleExecutor。

```
public class SimpleExecutor extends BaseExecutor {

    public SimpleExecutor(Configuration configuration, Transaction transaction) {
        super(configuration, transaction);
    }

    @Override
    protected <E> List<E> doQuery(MappedStatement ms, Object parameter, ResultHandler
resultHandler, BoundSql boundSql) {
        try {
            Configuration configuration = ms.getConfiguration();
            StatementHandler handler = configuration.newStatementHandler(this, ms,
parameter, resultHandler, boundSql);
            Connection connection = transaction.getConnection();
            Statement stmt = handler.prepare(connection);
```

```
            handler.parameterize(stmt);
            return handler.query(stmt, resultHandler);
        } catch (SQLException e) {
            e.printStackTrace();
            return null;
        }
    }
}
```

SimpleExecutor 继承抽象类，实现抽象方法 doQuery。在 doQuery 方法中，包括数据源的获取、语句处理器的创建，以及对 Statement 的实例化和相关参数的设置。最后执行 SQL 语句的处理和返回结果的操作。

接下来介绍 StatementHandler 语句处理器的实现。

3. 语句处理器

语句处理器是 SQL 执行器依赖的部分，SQL 执行器封装事务、连接和检测环境等，而语句处理器则是对准备语句、传递参数、执行 SQL 语句、封装结果的处理。

1）StatementHandler

源码详见 cn.bugstack.mybatis.executor.statement.StatementHandler。

```
public interface StatementHandler {

    /** 准备语句 */
    Statement prepare(Connection connection) throws SQLException;

    /** 参数化 */
    void parameterize(Statement statement) throws SQLException;

    /** 执行查询 */
    <E> List<E> query(Statement statement, ResultHandler resultHandler) throws
SQLException;

}
```

语句处理器的核心包括准备语句、传递参数和执行查询等操作，MyBatis 源码中还包括 update、批处理和获取参数处理器等。

2）BaseStatementHandler 抽象类

源码详见 cn.bugstack.mybatis.executor.statement.BaseStatementHandler。

```
public abstract class BaseStatementHandler implements StatementHandler {

    protected final Configuration configuration;
    protected final Executor executor;
```

```
    protected final MappedStatement mappedStatement;

    protected final Object parameterObject;
    protected final ResultSetHandler resultSetHandler;

    protected BoundSql boundSql;

    public BaseStatementHandler(Executor executor, MappedStatement mappedStatement,
Object parameterObject, ResultHandler resultHandler, BoundSql boundSql) {
        this.configuration = mappedStatement.getConfiguration();
        this.executor = executor;
        this.mappedStatement = mappedStatement;
        this.boundSql = boundSql;

        // 参数和结果集
        this.parameterObject = parameterObject;
        this.resultSetHandler = configuration.newResultSetHandler(executor,
mappedStatement, boundSql);
    }

    @Override
    public Statement prepare(Connection connection) throws SQLException {
        Statement statement = null;
        try {
            // 实例化 Statement
            statement = instantiateStatement(connection);
            // 参数的设置，可以被抽取，提供配置
            statement.setQueryTimeout(350);
            statement.setFetchSize(10000);
            return statement;
        } catch (Exception e) {
            throw new RuntimeException("Error preparing statement.  Cause: " + e, e);
        }
    }

    protected abstract Statement instantiateStatement(Connection connection) throws
SQLException;

}
```

在语句处理器基类中，将参数信息、结果信息封装。这里暂时不会做过多的参数处理（包括 JDBC 字段类型转换等），这部分内容在构建执行器结构后再迭代开发。

之后是处理 BaseStatementHandler#prepare 方法，包括定义实例化抽象方法。这个方法交由各个具体的实现子类处理，包括 SimpleStatementHandler 和 PreparedStatementHandler。SimpleStatementHandler 只执行最基本的 SQL 语句，不设置参数。PreparedStatement

Handler 则是在 JDBC 中使用得最多的操作方式，PreparedStatement 设置 SQL 语句并传递参数。

3）PreparedStatementHandler

源码详见 cn.bugstack.mybatis.executor.statement.PreparedStatementHandler。

```java
public class PreparedStatementHandler extends BaseStatementHandler{

    @Override
    protected Statement instantiateStatement(Connection connection) throws SQLException {
        String sql = boundSql.getSql();
        return connection.prepareStatement(sql);
    }

    @Override
    public void parameterize(Statement statement) throws SQLException {
        PreparedStatement ps = (PreparedStatement) statement;
        ps.setLong(1, Long.parseLong(((Object[]) parameterObject)[0].toString()));
    }

    @Override
    public <E> List<E> query(Statement statement, ResultHandler resultHandler) throws
SQLException {
        PreparedStatement ps = (PreparedStatement) statement;
        ps.execute();
        return resultSetHandler.<E> handleResultSets(ps);
    }

}
```

PreparedStatementHandler 包括使用 instantiateStatement 方法对 SQL 进行预处理、使用 parameterize 方法设置参数，以及使用 query 方法执行查询操作。

需要注意的是，使用 parameterize 方法设置参数时还是采用硬编码处理，后续会对这部分进行完善。

query 方法用于执行查询操作和封装结果，封装结果是比较简单的操作，只是把前面章节中对象的内容抽取出来封装，这部分暂时没有改变，都在后续部分完善。

4. 执行器的创建和使用

完成执行器开发以后，需要串联到 DefaultSqlSession 中使用，这个串联过程需要在创建 DefaultSqlSession 时构建执行器并作为参数传递进去。这就涉及 DefaultSqlSessionFactory#openSession 方法的处理。

1）开启执行器

源码详见 cn.bugstack.mybatis.session.defaults.DefaultSqlSessionFactory。

```
public class DefaultSqlSessionFactory implements SqlSessionFactory {

    private final Configuration configuration;

    public DefaultSqlSessionFactory(Configuration configuration) {
        this.configuration = configuration;
    }

    @Override
    public SqlSession openSession() {
        Transaction tx = null;
        try {
            final Environment environment = configuration.getEnvironment();
            TransactionFactory transactionFactory = environment.getTransactionFactory();
            tx = transactionFactory.newTransaction(configuration.getEnvironment().
getDataSource(), TransactionIsolationLevel.READ_COMMITTED, false);
            // 创建执行器
            final Executor executor = configuration.newExecutor(tx);
            // 创建 DefaultSqlSession
            return new DefaultSqlSession(configuration, executor);
        } catch (Exception e) {
            try {
                assert tx != null;
                tx.close();
            } catch (SQLException ignore) {
            }
            throw new RuntimeException("Error opening session.  Cause: " + e);
        }
    }

}
```

在 openSession 方法中开启事务并传递给执行器。关于执行器的创建，可以参考 configuration.newExecutor，这部分代码不包含太多复杂的逻辑，读者可以参考源码学习。

在开启执行器后，可以把参数传递给 DefaultSqlSession，这样就可以把整个过程串联起来。

2）使用执行器

源码详见 cn.bugstack.mybatis.session.defaults.DefaultSqlSession。

```
public class DefaultSqlSession implements SqlSession {

    private Configuration configuration;
    private Executor executor;

    public DefaultSqlSession(Configuration configuration, Executor executor) {
```

```
        this.configuration = configuration;
        this.executor = executor;
    }

    @Override
    public <T> T selectOne(String statement, Object parameter) {
        MappedStatement ms = configuration.getMappedStatement(statement);
        List<T> list = executor.query(ms, parameter, Executor.NO_RESULT_HANDLER,
ms.getBoundSql());
        return list.get(0);
    }

}
```

当完成执行器的所有实现后，接下来就是解耦后的调用。在 DefaultSqlSession#selectOne 方法中获取 MappedStatement 类后，传递给执行器进行处理，这个类使用设计原则解耦后，就会变得更加简洁，也更易于维护和扩展。

7.4 功能流程的测试

1. 事先准备

1）创建库表

创建一个名为 mybatis 的数据库，在库中创建表 user，并添加测试数据，如下所示。

```
CREATE TABLE
    USER
    (
        id bigint NOT NULL AUTO_INCREMENT COMMENT '自增 ID',
        userId VARCHAR(9) COMMENT '用户 ID',
        userHead VARCHAR(16) COMMENT '用户头像',
        createTime TIMESTAMP NULL COMMENT '创建时间',
        updateTime TIMESTAMP NULL COMMENT '更新时间',
        userName VARCHAR(64),
        PRIMARY KEY (id)
    )
    ENGINE=InnoDB DEFAULT CHARSET=utf8;

INSERT INTO user (id, userId, userHead, createTime, updateTime, userName) VALUES (1,
'10001', '1_04', '2022-04-13 00:00:00', '2022-04-13 00:00:00', '小傅哥');
```

2）配置数据源

```
<environments default="development">
    <environment id="development">
        <transactionManager type="JDBC"/>
```

```xml
        <dataSource type="POOLED">
            <property name="driver" value="com.mysql.jdbc.Driver"/>
            <property name="url" value="jdbc:mysql://127.0.0.1:3306/mybatis?useUnicode =
true"/>
            <property name="username" value="root"/>
            <property name="password" value="123456"/>
        </dataSource>
    </environment>
</environments>
```

通过 mybatis-config-datasource.xml 配置数据源信息，包括 driver、url、username 和 password。

dataSource 可以按需配置成 DRUID、UNPOOLED 和 POOLED 进行测试验证。

3）配置 Mapper

```xml
<select id="queryUserInfoById" parameterType="java.lang.Long" resultType="cn.bugstack.
mybatis.test.po.User">
    SELECT id, userId, userName, userHead
    FROM user
    WHERE id = #{id}
</select>
```

这部分暂时不需要调整，目前只是一个 java.lang.Long 入参类型的参数 id，在完善这部分内容时会提供其他参数进行验证。

2. 单元测试

```java
@Test
public void test_SqlSessionFactory() throws IOException {
    // 1. 从 SqlSessionFactory 中获取 SqlSession
    SqlSessionFactory sqlSessionFactory = new SqlSessionFactoryBuilder().build
(Resources.getResourceAsReader("mybatis-config-datasource.xml"));
    SqlSession sqlSession = sqlSessionFactory.openSession();

    // 2. 获取映射器对象
    IUserDao userDao = sqlSession.getMapper(IUserDao.class);

    // 3. 测试验证
    User user = userDao.queryUserInfoById(1L);
    logger.info("测试结果: {}", JSON.toJSONString(user));
}
```

在单元测试中没有什么变化，这里仍传递一个 1L 的 long 类型的参数，用来调用方法。通过单元测试验证执行器的处理过程，读者在学习过程中可以进行断点测试，了解每个过程的内容。

```
06:16:25.770 [main] INFO  c.b.m.d.pooled.PooledDataSource - PooledDataSource
forcefully closed/removed all connections.
```

85 |

```
06:16:26.076 [main] INFO  c.b.m.d.pooled.PooledDataSource - Created connection
540642172.
06:16:26.198 [main] INFO  cn.bugstack.mybatis.test.ApiTest - 测试结果：
{"id":1,"userHead":"1_04","userId":"10001","userName":"小傅哥"}

Process finished with exit code 0
```

测试结果如图 7-4 所示。

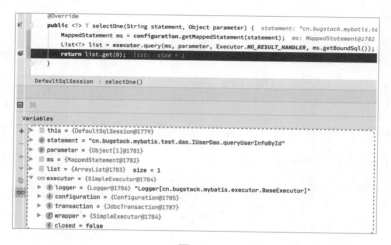

图 7-4

由测试结果可知，已经可以把 DefaultSqlSession#selectOne 方法中的调用换成执行器，解耦这部分的逻辑操作，以便后续扩展。

7.5 总结

本章都在处理流程解耦，包括 DefaultSqlSession#selectOne 方法对数据源的硬编码，使用设计模式解耦并在执行器中处理，在执行器中对 JDBC 进行拆解、连接、准备语句、封装参数和处理结果。解耦实现后的代码，都为后续扩展参数的处理、结果集的封装、语句处理器的选择等预留了扩展点，更加便于扩展迭代的功能。

第 8 章

元对象反射工具包

研发人员面对的业务功能开发，大部分是对已知方法的入参和出参的固定信息进行编码，通常直接采用硬编码即可设置或获取对象的属性信息。但如果面对的是框架类组件的开发，那么通常无法直接获取到对象的属性，这就需要采用 Java 提供的反射操作。因为反射操作大部分是组件中共用的部分，所以可以被提取为共性的组件来使用。

- 本章难度：★★★★★
- 本章重点：拆解对象的属性信息，封装对象方法和对象属性，采用 Java 提供的反射操作，解耦硬编码操作，调用对象方法和对象属性。最终提供元对象反射工具包，并嵌入 MyBatis 中，获取和设置对象属性。

8.1 反射工具包的用途

读者在渐进式手写实现的过程中，如果对照 MyBatis 源码一起学习，那么会发现在实现数据源池化时，获取属性信息采用的是硬编码的方式，如图 8-1 所示。

也就是说，props.getProperty("driver") 属性和 props.getProperty("url") 属性等都是采用手动编码的方式获取的。

driver、url、username 和 password 都是标准的固定字段，采用这样的获取方式是否存在不妥之处呢？虽然并无不妥之处，但除了这些字段，还会配置一些扩展字段，到时应该如何获取呢？总不能每次都采用硬编码的方式获取。

在阅读 MyBatis 源码时可以发现，使用 MyBatis 自身实现的元对象反射工具类，可以完成一个对象属性的反射填充。这种工具类叫作 MetaObject，可以提供相应的元对象、对象包装器、对象工厂、对象包装工厂及反射器。本章主要介绍反射工具包的相关内容。随着后续的开发，很多地方都会使用反射器处理属性信息。

```java
14    ⊕↓    public class UnpooledDataSourceFactory implements DataSourceFactory {
15
16           protected Properties props;
17
18           @Override
19    ⊕↑    public void setProperties(Properties props) {
20               this.props = props;
21           }
22
23           @Override
24    ⊕↑⊕↓   public DataSource getDataSource() {
25               UnpooledDataSource unpooledDataSource = new UnpooledDataSource();
26               unpooledDataSource.setDriver(props.getProperty("driver"));
27               unpooledDataSource.setUrl(props.getProperty("url"));
28               unpooledDataSource.setUsername(props.getProperty("username"));
29               unpooledDataSource.setPassword(props.getProperty("password"));
30               return unpooledDataSource;
31           }
32                采用硬编码的方式获取
33    }
```

图 8-1

8.2 反射工具包的设计

如果需要对一个对象提供的属性进行统一的设置和获取值，那么就需要解耦当前被处理的对象，提取出它所有的属性和方法，并按照不同的类型进行反射处理，从而包装成一个工具包，如图 8-2 所示。

其实整个设计过程都以如何拆解对象并提供反射操作为主。对于一个对象来说，它包括对象的构造函数、属性和方法。因为对象的方法都是获取和设置值的操作，所以基本上都采用 get/set 方法处理，需要把这些方法在对象拆解过程中提取出来保存。

当真正开始操作时，会依赖已经实例化的对象，并处理其属性，这些处理过程实际上是使用 JDK 提供的反射实现的。反射过程中的方法名称、入参类型都已经被拆解和处理了，在使用时直接调用即可。

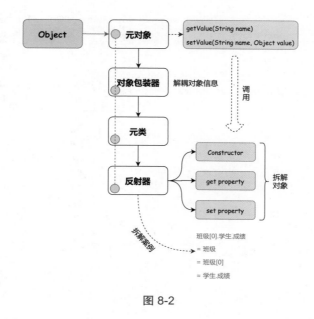

图 8-2

8.3　反射工具包的实现

1.　工程结构

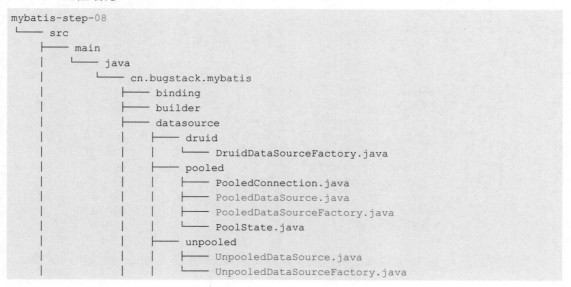

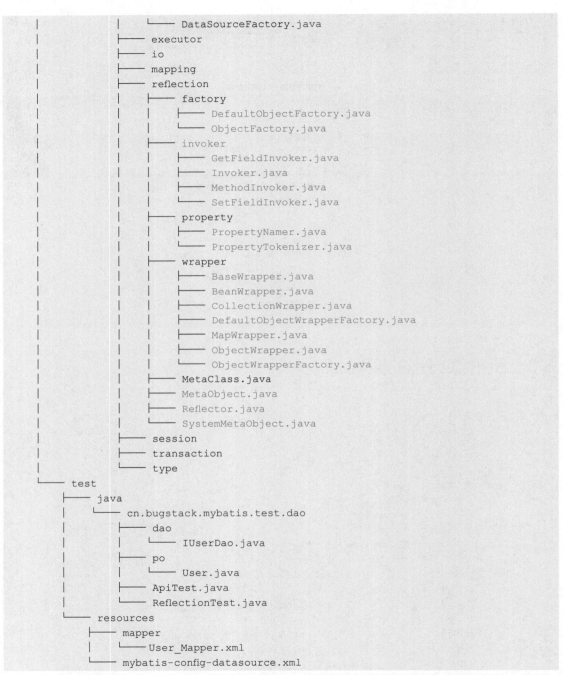

```
|               |               └────  DataSourceFactory.java
|               ├──── executor
|               ├──── io
|               ├──── mapping
|               ├──── reflection
|               |          ├──── factory
|               |          |       ├──── DefaultObjectFactory.java
|               |          |       └──── ObjectFactory.java
|               |          ├──── invoker
|               |          |       ├──── GetFieldInvoker.java
|               |          |       ├──── Invoker.java
|               |          |       ├──── MethodInvoker.java
|               |          |       └──── SetFieldInvoker.java
|               |          ├──── property
|               |          |       ├──── PropertyNamer.java
|               |          |       └──── PropertyTokenizer.java
|               |          ├──── wrapper
|               |          |       ├──── BaseWrapper.java
|               |          |       ├──── BeanWrapper.java
|               |          |       ├──── CollectionWrapper.java
|               |          |       ├──── DefaultObjectWrapperFactory.java
|               |          |       ├──── MapWrapper.java
|               |          |       ├──── ObjectWrapper.java
|               |          |       └──── ObjectWrapperFactory.java
|               |          ├──── MetaClass.java
|               |          ├──── MetaObject.java
|               |          ├──── Reflector.java
|               |          └──── SystemMetaObject.java
|               ├──── session
|               ├──── transaction
|               └──── type
└──── test
    ├──── java
    |      └──── cn.bugstack.mybatis.test.dao
    |             ├──── dao
    |             |       └──── IUserDao.java
    |             ├──── po
    |             |       └──── User.java
    |             ├──── ApiTest.java
    |             └──── ReflectionTest.java
    └──── resources
           ├──── mapper
           |      └──── User_Mapper.xml
           └──── mybatis-config-datasource.xml
```

元对象反射工具类、处理对象的属性设置和获取操作核心类之间的关系如图 8-3 所示。

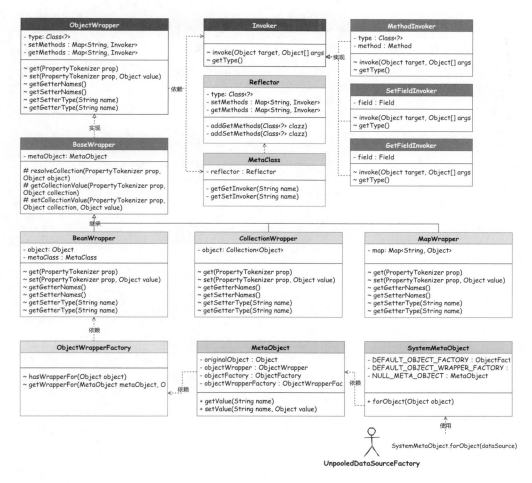

图 8-3

将 Reflector 类处理对象类中的 get/set 方法包装为可调用的 Invoker 反射类，这样在调用 get/set 方法反射时，使用方法名称获取对应的 Invoker 即可。

```
getGetInvoker(String propertyName)
```

有了反射器的处理，之后就是包装元对象，由 SystemMetaObject 提供创建 MetaObject 的方法，拆解需要处理的对象，并包装 ObjectWrapper 对象。一个对象的类型还需要处理细节，以及拆解属性信息。例如，"班级 [0]. 学生 . 成绩"类中关联类的属性需要采用递归方式拆解，这样才能设置和获取属性值。

在 MyBatis 其他的地方需要设定属性值时，就可以使用反射工具包。这里会对数据源池化中 Properties 使用的反射工具类进行改造。

2. 反射调用者

获取和设置对象类中的属性值，可以分为 Field 字段的 get/set 方法调用，以及普通的 Method 调用。为了减少使用 if…else 的次数，可以把集中调用者的实现包装成调用策略，统一接口的不同策略的实现类。

定义的接口如下所示。

```java
public interface Invoker {

    Object invoke(Object target, Object[] args) throws Exception;

    Class<?> getType();

}
```

任何类型的反射调用都离不开对象和入参，只要把这两个字段和返回的结果定义为通用方法，就可以包装不同策略的实现类。

1）MethodInvoker

源码详见 cn.bugstack.mybatis.reflection.invoker.MethodInvoker。

```java
public class MethodInvoker implements Invoker {

    private Class<?> type;
    private Method method;

    @Override
    public Object invoke(Object target, Object[] args) throws Exception {
        return method.invoke(target, args);
    }

}
```

提供方法反射调用，构造函数会传入对应的方法类型。

2）GetFieldInvoker

源码详见 cn.bugstack.mybatis.reflection.invoker.GetFieldInvoker。

```java
public class GetFieldInvoker implements Invoker {

    private Field field;

    @Override
    public Object invoke(Object target, Object[] args) throws Exception {
        return field.get(target);
    }

}
```

以上是 get 方法的调用者处理，因为 get 方法是有返回值的，所以对 Field 字段进行操作后直接返回结果。

3）SetFieldInvoker

源码详见 cn.bugstack.mybatis.reflection.invoker.SetFieldInvoker。

```
public class SetFieldInvoker implements Invoker {

    private Field field;

    @Override
    public Object invoke(Object target, Object[] args) throws Exception {
        field.set(target, args[0]);
        return null;
    }

}
```

以上是 set 方法的调用者处理，因为 set 方法只是设置值，所以只返回一个 null 就可以。

3．反射器解耦对象

Reflector 类专门用于解耦对象信息，只有把一个对象包含的属性、方法及关联的类都解析出来，才能满足后续设置和获取属性值的需求。

源码详见 cn.bugstack.mybatis.reflection.Reflector。

```
public class Reflector {

    private static boolean classCacheEnabled = true;

    private static final String[] EMPTY_STRING_ARRAY = new String[0];
    // 线程安全的缓存
    private static final Map<Class<?>, Reflector> REFLECTOR_MAP = new
ConcurrentHashMap<>();

    private Class<?> type;
    // get 属性列表
    private String[] readablePropertyNames = EMPTY_STRING_ARRAY;
    // set 属性列表
    private String[] writeablePropertyNames = EMPTY_STRING_ARRAY;
    // set 方法列表
    private Map<String, Invoker> setMethods = new HashMap<>();
    // get 方法列表
    private Map<String, Invoker> getMethods = new HashMap<>();
    // set 类型列表
    private Map<String, Class<?>> setTypes = new HashMap<>();
    // get 类型列表
    private Map<String, Class<?>> getTypes = new HashMap<>();
```

```
    // 构造函数
    private Constructor<?> defaultConstructor;

    private Map<String, String> caseInsensitivePropertyMap = new HashMap<>();

    public Reflector(Class<?> clazz) {
        this.type = clazz;
        // 加入构造函数
        addDefaultConstructor(clazz);
        // 加入 get 方法
        addGetMethods(clazz);
        // 加入 set 方法
        addSetMethods(clazz);
        // 加入字段
        addFields(clazz);
        readablePropertyNames = getMethods.keySet().toArray(new String[getMethods.
keySet().size()]);
        writeablePropertyNames = setMethods.keySet().toArray(new String[setMethods.
keySet().size()]);
        for (String propName : readablePropertyNames) {
            caseInsensitivePropertyMap.put(propName.toUpperCase(Locale.ENGLISH),
propName);
        }
        for (String propName : writeablePropertyNames) {
            caseInsensitivePropertyMap.put(propName.toUpperCase(Locale.ENGLISH),
propName);
        }
    }

    // 省略部分方法
}
```

Reflector 类提供了各类属性、方法、类型及构造函数的保存功能。当调用 Reflector 类时，会通过构造函数逐步从对象类中拆解出这些属性信息，以便后续反射使用。

读者在学习这部分源码时，可以参考对应的类和处理方法。这些方法都是一些对反射的操作，包括获取基本的类型、方法信息，并进行整理和存放。

4. 元类包装反射器

Reflector 类提供的是最基础的核心功能，很多方法都是私有的，为了便于使用，还需要做一层元类的包装。在 MetaClass 中创建反射器，并使用反射器获取 get/set 的 Invoker 反射方法。

源码详见 cn.bugstack.mybatis.reflection.MetaClass。

```
public class MetaClass {
```

```
private Reflector reflector;

private MetaClass(Class<?> type) {
    this.reflector = Reflector.forClass(type);
}

public static MetaClass forClass(Class<?> type) {
    return new MetaClass(type);
}

public String[] getGetterNames() {
    return reflector.getGetablePropertyNames();
}

public String[] getSetterNames() {
    return reflector.getSetablePropertyNames();
}

public Invoker getGetInvoker(String name) {
    return reflector.getGetInvoker(name);
}

public Invoker getSetInvoker(String name) {
    return reflector.getSetInvoker(name);
}

// 省略方法包装
}
```

　　MetaClass 相当于包装要处理的对象，解耦一个元对象，包装出一个元类。再把这些元类、对象包装器及对象工厂等组合成一个元对象（相当于这些元类和元对象都是对需要操作的元对象解耦后的封装）。有了这些操作，就可以处理每个属性或方法。

　　5．对象包装器

　　对象包装器相当于进一步处理反射调用包装，同时为不同的对象类型提供不同的包装策略。

　　在 ObjectWrapper 接口中明确地定义了需要使用的方法，包括定义 get/set 方法标准的通用方法、获取 get\set 方法的名称和类型，以及添加属性等操作。

　　ObjectWrapper 接口如下所示。

```
public interface ObjectWrapper {

    // get
    Object get(PropertyTokenizer prop);
```

```
// set
void set(PropertyTokenizer prop, Object value);

// 查找属性
String findProperty(String name, boolean useCamelCaseMapping);

// 获取 Getter 的名字列表
String[] getGetterNames();

// 获取 Setter 的名字列表
String[] getSetterNames();

// 获取 Setter 的类型
Class<?> getSetterType(String name);

// 获取 Getter 的类型
Class<?> getGetterType(String name);

// ……

}
```

所有 ObjectWrapper 接口的实现类都需要提供这些方法来实现，有了这些方法就能非常容易地处理一个对象的反射操作。

无论是设置属性、获取属性、获取对应的字段列表，还是获取类型，都是可以满足的。

6. 元对象的封装

在有了反射器、元类、对象包装器以后，再使用对象工厂和包装工厂就可以组合出一个完整的元对象操作类。因为包装器策略、包装工程、统一的方法处理等，都需要统一的处理方，也就是用元对象管理。

源码详见 cn.bugstack.mybatis.reflection.MetaObject。

```
public class MetaObject {
    // 元对象
    private Object originalObject;
    // 对象包装器
    private ObjectWrapper objectWrapper;
    // 对象工厂
    private ObjectFactory objectFactory;
    // 对象包装工厂
    private ObjectWrapperFactory objectWrapperFactory;

    private MetaObject(Object object, ObjectFactory objectFactory, ObjectWrapperFactory
```

```
objectWrapperFactory) {
        this.originalObject = object;
        this.objectFactory = objectFactory;
        this.objectWrapperFactory = objectWrapperFactory;

        if (object instanceof ObjectWrapper) {
            // 如果对象本身已经是 ObjectWrapper 类型，则直接赋给 objectWrapper
            this.objectWrapper = (ObjectWrapper) object;
        } else if (objectWrapperFactory.hasWrapperFor(object)) {
            // 如果有包装器，则调用 objectWrapperFactory.getWrapperFor
            this.objectWrapper = objectWrapperFactory.getWrapperFor(this, object);
        } else if (object instanceof Map) {
            // 如果是 Map 类型，则返回 MapWrapper
            this.objectWrapper = new MapWrapper(this, (Map) object);
        } else if (object instanceof Collection) {
            // 如果是 Collection 类型，则返回 CollectionWrapper
            this.objectWrapper = new CollectionWrapper(this, (Collection) object);
        } else {
            // 除此以外，返回 BeanWrapper
            this.objectWrapper = new BeanWrapper(this, object);
        }
    }


    public static MetaObject forObject(Object object, ObjectFactory objectFactory,
ObjectWrapperFactory objectWrapperFactory) {
        if (object == null) {
            // 处理 null，将 null 包装起来
            return SystemMetaObject.NULL_META_OBJECT;
        } else {
            return new MetaObject(object, objectFactory, objectWrapperFactory);
        }
    }


    // 取得值
    // 如"班级 [0]. 学生 . 成绩"
    public Object getValue(String name) {
        PropertyTokenizer prop = new PropertyTokenizer(name);
        if (prop.hasNext()) {
            MetaObject metaValue = metaObjectForProperty(prop.getIndexedName());
            if (metaValue == SystemMetaObject.NULL_META_OBJECT) {
                // 如果上一层就是 null，则结束，返回 null
                return null;
            } else {
                // 否则继续看下一层，递归调用 getValue
                return metaValue.getValue(prop.getChildren());
            }
```

```
        } else {
            return objectWrapper.get(prop);
        }
    }

    // 设置值
    // 如"班级[0].学生.成绩"
    public void setValue(String name, Object value) {
        PropertyTokenizer prop = new PropertyTokenizer(name);
        if (prop.hasNext()) {
            MetaObject metaValue = metaObjectForProperty(prop.getIndexedName());
            if (metaValue == SystemMetaObject.NULL_META_OBJECT) {
                if (value == null && prop.getChildren() != null) {
                    // don't instantiate child path if value is null
                    // 如果上一层就是 null，还得看有没有儿子，没有就结束
                    return;
                } else {
                    // 否则还得创建一个，委派给 objectWrapper.instantiatePropertyValue
                    metaValue = objectWrapper.instantiatePropertyValue(name, prop,
objectFactory);
                }
            }
            // 递归调用 setValue
            metaValue.setValue(prop.getChildren(), value);
        } else {
            // 到了最后一层，所以委派给 objectWrapper.set
            objectWrapper.set(prop, value);
        }
    }

    // ......
}
```

MetaObject 是包装整个服务，先在构造函数中创建各类对象的包装器类型，然后提供一些基本的封装，封装后就更贴近实际的使用。

MetaObject 包括 getValue(String name)、setValue(String name, Object value) 等，其中有一些对象中的属性信息不是一个层次，而是"班级[0].学生.成绩"，需要拆解后才能获取到对应的对象和属性值。

当所有的这些内容提供完成以后，就可以使用 SystemMetaObject#forObject 获取元对象。

7. 数据源属性的设置

一旦有了属性反射操作工具包，就可以更加优雅地设置数据源中的属性信息。

源码详见 cn.bugstack.mybatis.datasource.unpooled.UnpooledDataSourceFactory。

```java
public class UnpooledDataSourceFactory implements DataSourceFactory {

    protected DataSource dataSource;

    public UnpooledDataSourceFactory() {
        this.dataSource = new UnpooledDataSource();
    }

    @Override
    public void setProperties(Properties props) {
        MetaObject metaObject = SystemMetaObject.forObject(dataSource);
        for (Object key : props.keySet()) {
            String propertyName = (String) key;
            if (metaObject.hasSetter(propertyName)) {
                String value = (String) props.get(propertyName);
                Object convertedValue = convertValue(metaObject, propertyName,
value);
                metaObject.setValue(propertyName, convertedValue);
            }
        }
    }

    @Override
    public DataSource getDataSource() {
        return dataSource;
    }

}
```

前面在获取数据源中的属性信息时采用的是硬编码方式，这里在 setProperties 方法中使用 SystemMetaObject.forObject(dataSource) 获取 DataSource 的元对象，也就是通过反射设置为所需要的属性值。

这样，在数据源 UnpooledDataSource 和 PooledDataSource 中就可以获取对应的属性值信息，而不是采用硬编码方式实现这两个数据源。

8.4　反射工具包的测试

本章的测试分为两部分：一部分是测试本章实现的反射工具类；另一部分是把反射工具类接入数据源中，验证使用是否顺利。

1．事先准备

1）创建库表

创建一个名为 mybatis 的数据库，在库中创建表 user，并添加测试数据，如下所示。

```
CREATE TABLE
    USER
    (
        id bigint NOT NULL AUTO_INCREMENT COMMENT '自增 ID',
        userId VARCHAR(9) COMMENT '用户 ID',
        userHead VARCHAR(16) COMMENT '用户头像 ',
        createTime TIMESTAMP NULL COMMENT '创建时间 ',
        updateTime TIMESTAMP NULL COMMENT '更新时间 ',
        userName VARCHAR(64),
        PRIMARY KEY (id)
    )
    ENGINE=InnoDB DEFAULT CHARSET=utf8;

INSERT INTO user (id, userId, userHead, createTime, updateTime, userName) VALUES (1,
'10001', '1_04', '2022-04-13 00:00:00', '2022-04-13 00:00:00', ' 小傅哥 ');
```

2）配置数据源

```
<environments default="development">
    <environment id="development">
        <transactionManager type="JDBC"/>
        <dataSource type="POOLED">
            <property name="driver" value="com.mysql.jdbc.Driver"/>
            <property name="url" value="jdbc:mysql://127.0.0.1:3306/mybatis?useUnicode =
true"/>
            <property name="username" value="root"/>
            <property name="password" value="123456"/>
        </dataSource>
    </environment>
</environments>
```

通过 mybatis-config-datasource.xml 配置数据源信息，包括 driver、url、username 和 password。

这里使用 dataSource 测试并验证 UNPOOLED 和 POOLED，因为 UNPOOLED 和 POOLED 都属于被反射工具类。

3）配置 Mapper

```
<select id="queryUserInfoById" parameterType="java.lang.Long" resultType="cn.bugstack.
mybatis.test.po.User">
    SELECT id, userId, userName, userHead
```

```
   FROM user
   WHERE id = #{id}
</select>
```

这部分暂时不需要调整，目前还只是一个 java.lang.Long 入参类型的参数 id，后续会完善这部分内容，并提供更多的参数进行验证。

2. 单元测试

1）测试反射类

```
@Test
public void test_reflection() {
    Teacher teacher = new Teacher();
    List<Teacher.Student> list = new ArrayList<>();
    list.add(new Teacher.Student());
    teacher.setName(" 小傅哥 ");
    teacher.setStudents(list);

    MetaObject metaObject = SystemMetaObject.forObject(teacher);

    logger.info("getGetterNames: {}", JSON.toJSONString(metaObject.getGetterNames()));
    logger.info("getSetterNames: {}", JSON.toJSONString(metaObject.getSetterNames()));
    logger.info("name 的 get 方法返回值: {}", JSON.toJSONString(metaObject.
getGetterType("name")));
    logger.info("students 的 set 方法参数值: {}", JSON.toJSONString(metaObject.getGetterType
("students")));
    logger.info("name 的 hasGetter: {}", metaObject.hasGetter("name"));
    logger.info("student.id（属性为对象）的 hasGetter: {}", metaObject.hasGetter("student.
id"));
    logger.info(" 获取 name 的属性值: {}", metaObject.getValue("name"));
    // 重新设置属性值
    metaObject.setValue("name", " 小白 ");
    logger.info(" 设置 name 的属性值: {}", metaObject.getValue("name"));
    // 设置属性（集合）的元素值
    metaObject.setValue("students[0].id", "001");
    logger.info(" 获取 students 集合中的第 1 个元素的属性值: {}", JSON.toJSONString(metaObject.
getValue("students[0].id")));
    logger.info(" 对象的序列化: {}", JSON.toJSONString(teacher));
}
```

这是一组比较常见的用于测试 MyBatis 源码中 MetaObject 的测试类，读者可以把这个单元测试用到自己实现的反射工具类上，以验证是否可以正常运行。

测试结果如下。

```
07:44:23.601 [main] INFO  c.b.mybatis.test.ReflectionTest - getGetterNames: ["student",
"price","name","students"]
07:44:23.608 [main] INFO  c.b.mybatis.test.ReflectionTest - getSetterNames: ["student",
```

```
"price","name","students"]
07:44:23.609 [main] INFO  c.b.mybatis.test.ReflectionTest - name 的 get 方法返回值："java.
lang.String"
07:44:23.609 [main] INFO  c.b.mybatis.test.ReflectionTest - students 的 set 方法参数值：
"java.util.List"
07:44:23.609 [main] INFO  c.b.mybatis.test.ReflectionTest - name 的 hasGetter: true
07:44:23.609 [main] INFO  c.b.mybatis.test.ReflectionTest - student.id（属性为对象）的
hasGetter: true
07:44:23.610 [main] INFO  c.b.mybatis.test.ReflectionTest - 获取 name 的属性值：小傅哥
07:44:23.610 [main] INFO  c.b.mybatis.test.ReflectionTest - 设置 name 的属性值：小白
07:44:23.610 [main] INFO  c.b.mybatis.test.ReflectionTest - 获取 students 集合中的第 1 个元
素的属性值："001"
07:44:23.665 [main] INFO  c.b.mybatis.test.ReflectionTest - 对象的序列化：{"name":"小白
","price":0.0,"students":[{"id":"001"}]}

Process finished with exit code 0
```

从这个测试结果中可以看到，获取了对应的属性信息，并且可以设置及修改属性值，无论是单个属性还是对象属性都可以操作。

2）测试数据源

```
@Test
public void test_SqlSessionFactory() throws IOException {
    // 1. 从 SqlSessionFactory 中获取 SqlSession
    SqlSessionFactory sqlSessionFactory = new SqlSessionFactoryBuilder().build
(Resources.getResourceAsReader("mybatis-config-datasource.xml"));
    SqlSession sqlSession = sqlSessionFactory.openSession();

    // 2. 获取映射器对象
    IUserDao userDao = sqlSession.getMapper(IUserDao.class);

    // 3. 测试验证
    User user = userDao.queryUserInfoById(1L);
    logger.info("测试结果：{}", JSON.toJSONString(user));
}
```

对于这里的调用，手写框架的测试类不需要修改，只要数据源配置使用type="POOLED/UNPOOLED" 即可，这样就能测试使用反射器设置属性的数据源类。

测试结果如下。

```
07:51:54.898 [main] INFO  c.b.m.d.pooled.PooledDataSource - Created connection 212683148.
07:51:55.006 [main] INFO  cn.bugstack.mybatis.test.ApiTest - 测试结果：{"id":1,"userHead":
"1_04","userId":"10001","userName":"小傅哥"}
```

由测试结果和图 8-4 可知，属性值通过反射的方式设置到对象中，满足在创建数据源时的使用需求，这样就可以顺利地调用数据源，完成数据的查询操作。

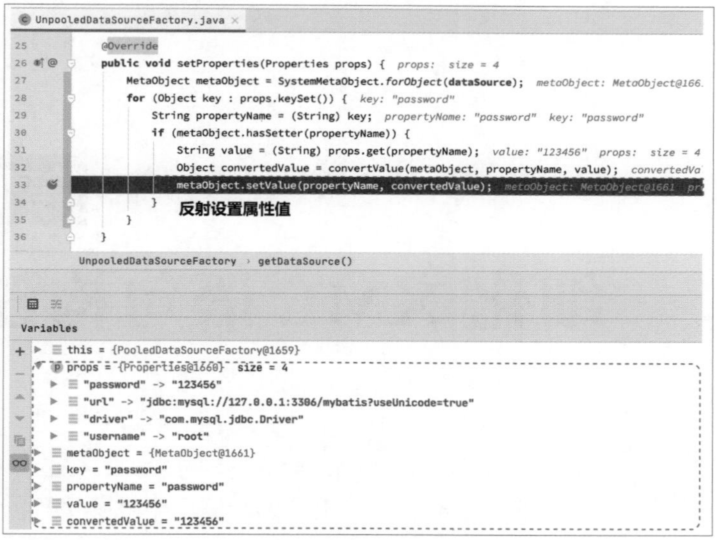

图 8-4

8.5　总结

本章关于反射工具类的实现涉及 JDK 提供的关于反射操作的内容，也包括获取一个类中的属性、字段和方法等信息。有了这些信息，就可以按照功能流程解耦，把属性、反射和包装都依次拆分出来，并按照设计原则逐步包装，调用方知道的反射工具类内部的逻辑处理就更少。

本章封装的工具类在日常工作场景中可以直接使用。因为整个工具类并没有太多额外的关联，直接封装成一个工具包，处理平常的业务逻辑中组件化的部分也是非常不错的。

由于整个工具包涉及的类比较多，因此读者在学习过程中要尽可能地多验证和调试，对不清楚的方法进行单独的开发和测试，这样才能厘清整个结构是如何实现的。

第 9 章

细化 XML 语句构建器

在渐进式实现 MyBatis 时，通过逐步拆解流程，将不同职责的功能分配到不同的包中实现。只有把职责边界区分清楚，才能扩展出更多的功能。本章要实现的 XML 解析细化处理，也是对职责边界的处理。对大的职责用类区分，对一个类下的职责的不同模块用方法区分。

- 本章难度：★★★★☆
- 本章重点：添加映射构建器、语句构建器等功能类，拆解 XML 对 Mapper 语句配置的解析过程，提供更加标准的流程处理解析逻辑。通过这个实现过程，读者可以了解区分职责边界的重要性。

9.1 XML 解析过度耦合

至此，关于 MyBatis ORM 框架的大部分核心结构已经逐步体现出来，包括解析、绑定、映射、事务、执行和数据源等。随着更多功能的逐步完善，我们需要对模块内的功能进行细化，而不是只完成功能逻辑。这就如同把 CRUD 使用设计原则进行拆分并解耦，满足代码的易维护性和可扩展性。这里需要先着手处理的就是关于 XML 解析的问题，把之前粗糙的解析进行细化，满足对 Mapper XML 文件进行解析时一些参数的整合和处理需求，如图 9-1 所示。

这部分解析就是 XMLConfigBuilder#mapperElement 方法中的操作，虽然能实现功能，但看上去不够规整。就像将平常开发的 CRUD 罗列到一起的逻辑一样，虽然什么流程都能处理，但会越来越混乱。

```java
private void mapperElement(Element mappers) throws Exception {
    List<Element> mapperList = mappers.elements( s: "mapper");
    for (Element e : mapperList) {
        String resource = e.attributeValue( s: "resource");
        Reader reader = Resources.getResourceAsReader(resource);
        SAXReader saxReader = new SAXReader();
        Document document = saxReader.read(new InputSource(reader));
        Element root = document.getRootElement();
        //命名空间
        String namespace = root.attributeValue( s: "namespace");

        // SELECT
        List<Element> selectNodes = root.elements( s: "select");
        for (Element node : selectNodes) {
            String id = node.attributeValue( s: "id");
            String parameterType = node.attributeValue( s: "parameterType");      粗糙的解析
            String resultType = node.attributeValue( s: "resultType");
            String sql = node.getText();

            // ? 匹配
            Map<Integer, String> parameter = new HashMap<>();
            Pattern pattern = Pattern.compile("(#\\{(.*?)})");
            Matcher matcher = pattern.matcher(sql);
            for (int i = 1; matcher.find(); i++) {
                String g1 = matcher.group(1);
                String g2 = matcher.group(2);
                parameter.put(i, g2);
                sql = sql.replace(g1,  replacement: "?");
            }

            String msId = namespace + "." + id;
            String nodeName = node.getName();
            SqlCommandType sqlCommandType = SqlCommandType.valueOf(nodeName.toUpperCase(Locale.ENGLISH));

            BoundSql boundSql = new BoundSql(sql, parameter, parameterType, resultType);

            MappedStatement mappedStatement = new MappedStatement.Builder(configuration, msId, sqlCommandType, boundSql).build();
            // 添加解析 SQL
            configuration.addMappedStatement(mappedStatement);
        }

        // 注册Mapper映射器
        configuration.addMapper(Resources.classForName(namespace));
    }
}
```

图 9-1

在 ORM 框架的 DefaultSqlSession 中调用具体执行数据库操作的方法时，需要调用 PreparedStatementHandler#parameterize 方法设置参数，但其实并没有准确地定位到参数的类型，以及 jdbcType 和 javaType 的转换关系，所以后续的属性填充显得比较混乱且不容易扩展。

接下来使用设计原则将流程和职责进行解耦，并结合当前诉求，优先处理静态 SQL 内容。待框架结构逐步完善后，再处理一些动态 SQL 和更多的参数类型，为读者阅读 MyBatis 源码及开发 X-ORM 框架积累经验。

9.2　XML 语句解析的设计

参照设计原则，在读取 XML 信息时，各个功能模块的流程应符合单一职责，且每个具体的实现又要满足迪米特法则，这样实现的功能才能具有良好的扩展性。基于这种诉求，需要在解析过程中根据所属解析的内容不同，按照各自的职责类对各功能模块进行拆解和串联调用。整体设计如图 9-2 所示。

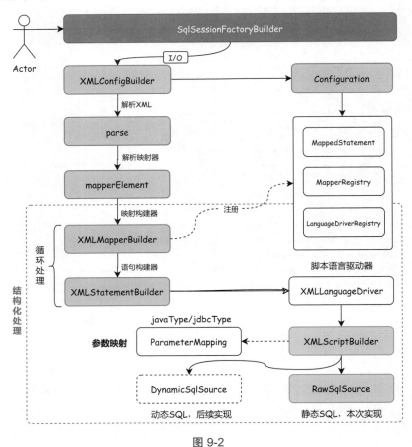

图 9-2

对照之前的解析代码，不再把所有的解析都放在一个循环中处理，而是在整个解析过程中引入 XMLMapperBuilder 和 XMLStatementBuilder，分别处理映射构建器和语句构建器，按照不同的职责分别解析。

与此同时，在语句构建器中引入脚本语言驱动器，默认实现的是 XMLLanguageDriver，解析静态 SQL 语句和动态 SQL 语句的节点。这部分解析处理的实现方式很多，如使用正则表达式或在 String 中截取字符串。为了与 MyBatis 保持统一，直接参照源码 Ognl 的方式处理，对应的类是 DynamicContext。

这里所有的解析铺垫通过解耦的方式实现，是为了在 Executor 执行器中更加方便地设置 setParameters 参数。参数也会根据元对象反射工具类的使用进行设置。

9.3　XML 语句解析的实现

1．工程结构

```
mybatis-step-09
└── src
    └── main
        └── java
            └── cn.bugstack.mybatis
                ├── binding
                ├── builder
                │   ├── xml
                │   │   ├── XMLConfigBuilder.java
                │   │   ├── XMLMapperBuilder.java
                │   │   └── XMLStatementBuilder.java
                │   ├── BaseBuilder.java
                │   ├── ParameterExpression.java
                │   ├── SqlSourceBuilder.java
                │   └── StaticSqlSource.java
                ├── datasource
                ├── executor
                │   ├── resultset
                │   │   ├── DefaultResultSetHandler.java
                │   │   └── ResultSetHandler.java
                │   ├── statement
                │   │   ├── BaseStatementHandler.java
                │   │   ├── PreparedStatementHandler.java
                │   │   ├── SimpleStatementHandler.java
                │   │   └── StatementHandler.java
                │   ├── BaseExecutor.java
                │   ├── Executor.java
                │   └── SimpleExecutor.java
                ├── io
                ├── mapping
                │   ├── BoundSql.java
                │   ├── Environment.java
                │   ├── MappedStatement.java
                │   ├── ParameterMapping.java
                │   ├── SqlCommandType.java
                │   └── SqlSource.java
                ├── parsing
                │   ├── GenericTokenParser.java
                │   └── TokenHandler.java
                ├── reflection
                ├── scripting
                │   ├── defaults
```

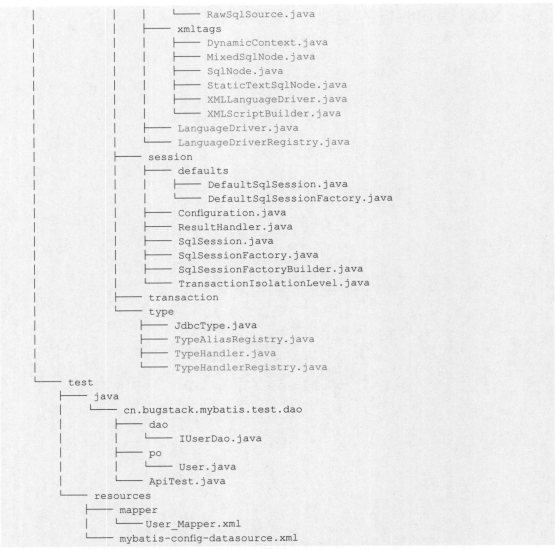

```
│           │       │       └── RawSqlSource.java
│           │       ├── xmltags
│           │       │       ├── DynamicContext.java
│           │       │       ├── MixedSqlNode.java
│           │       │       ├── SqlNode.java
│           │       │       ├── StaticTextSqlNode.java
│           │       │       ├── XMLLanguageDriver.java
│           │       │       └── XMLScriptBuilder.java
│           │       ├── LanguageDriver.java
│           │       └── LanguageDriverRegistry.java
│           ├── session
│           │       ├── defaults
│           │       │       ├── DefaultSqlSession.java
│           │       │       └── DefaultSqlSessionFactory.java
│           │       ├── Configuration.java
│           │       ├── ResultHandler.java
│           │       ├── SqlSession.java
│           │       ├── SqlSessionFactory.java
│           │       ├── SqlSessionFactoryBuilder.java
│           │       └── TransactionIsolationLevel.java
│           ├── transaction
│           └── type
│                   ├── JdbcType.java
│                   ├── TypeAliasRegistry.java
│                   ├── TypeHandler.java
│                   └── TypeHandlerRegistry.java
└── test
    ├── java
    │   └── cn.bugstack.mybatis.test.dao
    │           ├── dao
    │           │   └── IUserDao.java
    │           ├── po
    │           │   └── User.java
    │           └── ApiTest.java
    └── resources
            ├── mapper
            │   └── User_Mapper.xml
            └── mybatis-config-datasource.xml
```

XML 语句解析构建器的核心逻辑类之间的关系如图 9-3 所示。

对原 XMLConfigBuilder 中的 XML 解析进行解耦，扩展映射构建器、语句构建器，用于 SQL 的提取和参数的包装，整个核心流程以 XMLConfigBuilder#mapperElement() 为入口进行串联调用。

在 XMLStatementBuilder#parseStatementNode 方法中解析 <select id="queryUserInfoById" parameterType="java.lang.Long" resultType="cn.bugstack.mybatis.test.po.User">...</select> 配

置语句,提取参数类型、结果类型。这里的语句解析流程比较长,因为需要使用脚本语言驱动器创建 SqlSource 语句。SqlSource 语句中包含 BoundSql,同时扩展 ParameterMapping 作为参数包装传递类,而不仅仅作为 Map 结构包装。采用这种方式可以封装解析后的 javaType/jdbcType 信息。

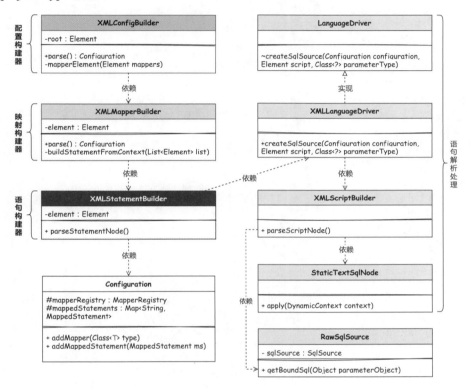

图 9-3

2. 解耦映射解析

提供单独的 XML 映射构建器 XMLMapperBuilder 类,对关于 Mapper 内的 SQL 进行解析处理。提供这个类以后,就可以把对这个类的操作放到 XML 配置构建器 XMLConfig Builder#mapperElement 中。

源码详见 cn.bugstack.mybatis.builder.xml.XMLMapperBuilder。

```
public class XMLMapperBuilder extends BaseBuilder {

    /**
     * 解析
```

```
        */
    public void parse() throws Exception {
        // 确认当前资源没有加载过，防止重复加载
        if (!configuration.isResourceLoaded(resource)) {
            configurationElement(element);
            // 标记一下，已经加载过
            configuration.addLoadedResource(resource);
            // 将映射器绑定到 namespace 中
            configuration.addMapper(Resources.classForName(currentNamespace));
        }
    }


    // 配置 mapper 元素
    // <mapper namespace="org.mybatis.example.BlogMapper">
    //   <select id="selectBlog" parameterType="int" resultType="Blog">
    //     SELECT * FROM Blog WHERE id = #{id}
    //   </select>
    // </mapper>
    private void configurationElement(Element element) {
        // 1. 配置 namespace
        currentNamespace = element.attributeValue("namespace");
        if (currentNamespace.equals("")) {
            throw new RuntimeException("Mapper's namespace cannot be empty");
        }

        // 2. 配置 select、insert、update 和 delete
        buildStatementFromContext(element.elements("select"));
    }

    // 配置 select、insert、update 和 delete
    private void buildStatementFromContext(List<Element> list) {
        for (Element element : list) {
            final XMLStatementBuilder statementParser = new
XMLStatementBuilder(configuration, element, currentNamespace);
            statementParser.parseStatementNode();
        }
    }
}
```

在 XMLMapperBuilder#parse 的解析中，主要涉及资源解析判断、Mapper 解析和绑定映射器。

- configuration.isResourceLoaded 用于资源加载判断，避免重复加载。

- configuration.addMapper 用于把 namespace cn.bugstack.mybatis.test.dao.IUserDao 绑

定到 Mapper 上，也就是注册到映射器注册机中。

- configurationElement 方法调用的 buildStatementFromContext 用于处理 XML 语句构建器，将在 XMLStatementBuilder 中展开讲解。

配置构建器，并调用映射构建器，源码详见 cn.bugstack.mybatis.builder.xml.XMLMapperBuilder。

```
public class XMLConfigBuilder extends BaseBuilder {

    /*
     * <mappers>
     *     <mapper resource="org/mybatis/builder/AuthorMapper.xml"/>
     *     <mapper resource="org/mybatis/builder/BlogMapper.xml"/>
     *     <mapper resource="org/mybatis/builder/PostMapper.xml"/>
     * </mappers>
     */
    private void mapperElement(Element mappers) throws Exception {
        List<Element> mapperList = mappers.elements("mapper");
        for (Element e : mapperList) {
            String resource = e.attributeValue("resource");
            InputStream inputStream = Resources.getResourceAsStream(resource);

            // 在 for 循环中，每个 mapper 都重新新建一个 XMLMapperBuilder 进行解析
            XMLMapperBuilder mapperParser = new XMLMapperBuilder(inputStream,
configuration, resource);
            mapperParser.parse();
        }
    }

}
```

在 XMLConfigBuilder#mapperElement 中，把原来流程化的操作解耦，调用 XMLMapperBuilder#parse 方法进行解析。

3. 语句构建器

XMLStatementBuilder 主要解析 XML 文件中的 select、insert、update 和 delete 语句。下面以 select 解析为例展开介绍，后续再介绍其他的解析流程。

源码详见 cn.bugstack.mybatis.builder.xml.XMLStatementBuilder。

```
public class XMLStatementBuilder extends BaseBuilder {

    //解析语句（select、insert、update 和 delete）
    //<select
    //   id="selectPerson"
    //   parameterType="int"
```

```
//    parameterMap="deprecated"
//    resultType="hashmap"
//    resultMap="personResultMap"
//    flushCache="false"
//    useCache="true"
//    timeout="10000"
//    fetchSize="256"
//    statementType="PREPARED"
//    resultSetType="FORWARD_ONLY">
//    SELECT * FROM PERSON WHERE ID = #{id}
//</select>
public void parseStatementNode() {
    String id = element.attributeValue("id");
    // 参数类型
    String parameterType = element.attributeValue("parameterType");
    Class<?> parameterTypeClass = resolveAlias(parameterType);
    // 结果类型
    String resultType = element.attributeValue("resultType");
    Class<?> resultTypeClass = resolveAlias(resultType);
    // 命令类型（select、insert、update 和 delete）
    String nodeName = element.getName();
    SqlCommandType sqlCommandType = SqlCommandType.valueOf(nodeName.toUpperCase
(Locale.ENGLISH));

    // 获取默认语言驱动器
    Class<?> langClass = configuration.getLanguageRegistry().getDefaultDriverClass();
    LanguageDriver langDriver = configuration.getLanguageRegistry().getDriver
(langClass);

    SqlSource sqlSource = langDriver.createSqlSource(configuration, element,
parameterTypeClass);

    MappedStatement mappedStatement = new MappedStatement.Builder(configuration,
currentNamespace + "." + id, sqlCommandType, sqlSource, resultTypeClass).build();

    // 添加 SQL 解析
    configuration.addMappedStatement(mappedStatement);
    }

}
```

这部分内容就是从 XMLConfigBuilder 中拆解出来的关于 Mapper 语句的解析，通过这种解耦设计，整个流程会更加清晰。

XMLStatementBuilder#parseStatementNode 方法用于解析 SQL 语句节点，包括语句的 ID、参数类型、结果类型、命令类型（select、insert、update 和 delete），以及使用语

言驱动器处理和封装的 SQL 信息，当解析完成后，将它们写入 Configuration 配置文件的 Map<String, MappedStatement> 映射语句中。

4．脚本语言驱动

在 XMLStatementBuilder#parseStatementNode 语句构建器的解析中，可以看到获取默认语言驱动器并解析 SQL 的操作。这部分就是 XML 脚本语言驱动器实现的功能，在 XMLScriptBuilder 中处理静态 SQL 和动态 SQL。目前只是实现了其中的一部分，为了避免一次引入过多的代码，后续这部分框架都完善之后再扩展。

1）定义接口

源码详见 cn.bugstack.mybatis.scripting.LanguageDriver。

```
public interface LanguageDriver {

    SqlSource createSqlSource(Configuration configuration, Element script, Class<?>
parameterType);

}
```

定义 LanguageDriver 接口，提供创建 SQL 信息的方法，入参包括配置、元素和参数类型。LanguageDriver 接口的实现类一共有 3 个，分别为 XMLLanguageDriver、RawLanguageDriver 和 VelocityLanguageDriver，这里只是实现了默认的第 1 个。

2）XML 语言驱动器的实现

源码详见 cn.bugstack.mybatis.scripting.xmltags.XMLLanguageDriver。

```
public class XMLLanguageDriver implements LanguageDriver {

    @Override
    public SqlSource createSqlSource(Configuration configuration, Element script, Class<?>
parameterType) {
        XMLScriptBuilder builder = new XMLScriptBuilder(configuration, script,
parameterType);
        return builder.parseScriptNode();
    }

}
```

在 XML 语言驱动器的实现中，只是封装了对 XMLScriptBuilder 的调用。

3）XML 脚本构建器的解析

源码详见 cn.bugstack.mybatis.scripting.xmltags.XMLScriptBuilder

```
public class XMLScriptBuilder extends BaseBuilder {
```

```
public SqlSource parseScriptNode() {
    List<SqlNode> contents = parseDynamicTags(element);
    MixedSqlNode rootSqlNode = new MixedSqlNode(contents);
    return new RawSqlSource(configuration, rootSqlNode, parameterType);
}


List<SqlNode> parseDynamicTags(Element element) {
    List<SqlNode> contents = new ArrayList<>();
    // element.getText 用于获取 SQL 语句
    String data = element.getText();
    contents.add(new StaticTextSqlNode(data));
    return contents;
}

}
```

XMLScriptBuilder#parseScriptNode 解析 SQL 节点，主要是对 RawSqlSource 进行包装。

4）SQL 源码构建器

源码详见 cn.bugstack.mybatis.builder.SqlSourceBuilder。

```
public class SqlSourceBuilder extends BaseBuilder {

    private static final String parameterProperties = "javaType,jdbcType,mode,
numericScale,resultMap,typeHandler,jdbcTypeName";

    public SqlSourceBuilder(Configuration configuration) {
        super(configuration);
    }

    public SqlSource parse(String originalSql, Class<?> parameterType, Map<String,
Object> additionalParameters) {
        ParameterMappingTokenHandler handler = new
ParameterMappingTokenHandler(configuration, parameterType, additionalParameters);
        GenericTokenParser parser = new GenericTokenParser("#{", "}", handler);
        String sql = parser.parse(originalSql);
        // 返回静态 SQL
        return new StaticSqlSource(configuration, sql, handler.getParameterMappings());
    }

    private static class ParameterMappingTokenHandler extends BaseBuilder implements
TokenHandler {

        @Override
        public String handleToken(String content) {
            parameterMappings.add(buildParameterMapping(content));
            return "?";
```

```
    }

    // 构建参数映射
    private ParameterMapping buildParameterMapping(String content) {
        // 先解析参数映射,即转化成一个 HashMap | #{favouriteSection,jdbcType=VARCHAR}
        Map<String, String> propertiesMap = new ParameterExpression(content);
        String property = propertiesMap.get("property");
        Class<?> propertyType = parameterType;
        ParameterMapping.Builder builder = new ParameterMapping.Builder(configuration,
property, propertyType);
        return builder.build();
    }

}
```

BoundSql.parameterMappings 的 参 数 是 用 ParameterMappingTokenHandler#buildParameter Mapping 方法构建的。

javaType、jdbcType 在 ParameterExpression 参数表达式中完成解析,这个解析过程就是 MyBatis 源码,整个过程的功能比较单一,读者对照学习即可。

5. DefaultSqlSession 调用调整

上述流程的设计和实现调整了解析过程,细化了 SQL 的处理。在 MappedStatement 中,需要使用 SqlSource 替换 BoundSql,所以在 DefaultSqlSession 中也会进行相应的调整。

源码详见 cn.bugstack.mybatis.session.defaults.DefaultSqlSession。

```
public class DefaultSqlSession implements SqlSession {

    private Configuration configuration;
    private Executor executor;

    @Override
    public <T> T selectOne(String statement, Object parameter) {
        MappedStatement ms = configuration.getMappedStatement(statement);
        List<T> list = executor.query(ms, parameter, Executor.NO_RESULT_HANDLER, ms.
getSqlSource().getBoundSql(parameter));
        return list.get(0);
    }

}
```

这里的调整幅度主要体现在获取 SQL 的操作上——ms.getSqlSource().getBoundSql (parameter)。这样后面的流程就没有多少变化了。在逐步完善整个解析框架后,下面开始对各个字段的属性信息进行设置。

9.4　XML 语句解析的测试

1．事先准备

1）创建库表

创建一个名为 mybatis 的数据库，在数据库中创建表 user，并添加测试数据，如下所示。

```sql
CREATE TABLE
    USER
    (
        id bigint NOT NULL AUTO_INCREMENT COMMENT '自增 ID',
        userId VARCHAR(9) COMMENT '用户 ID',
        userHead VARCHAR(16) COMMENT '用户头像',
        createTime TIMESTAMP NULL COMMENT '创建时间',
        updateTime TIMESTAMP NULL COMMENT '更新时间',
        userName VARCHAR(64),
        PRIMARY KEY (id)
    )
    ENGINE=InnoDB DEFAULT CHARSET=utf8;

INSERT INTO user (id, userId, userHead, createTime, updateTime, userName) VALUES (1,
'10001', '1_04', '2022-04-13 00:00:00', '2022-04-13 00:00:00', '小傅哥');
```

2）配置数据源

```xml
<environments default="development">
    <environment id="development">
        <transactionManager type="JDBC"/>
        <dataSource type="POOLED">
            <property name="driver" value="com.mysql.jdbc.Driver"/>
            <property name="url" value="jdbc:mysql://127.0.0.1:3306/
mybatis?useUnicode=true"/>
            <property name="username" value="root"/>
            <property name="password" value="123456"/>
        </dataSource>
    </environment>
</environments>
```

通过 mybatis-config-datasource.xml 配置数据源信息，包括 driver、url、username 和 password。

dataSource 可以按需配置成 DRUID、UNPOOLED 和 POOLED，以便进行测试验证。

3）配置 Mapper

```
<select id="queryUserInfoById" parameterType="java.lang.Long" resultType="cn.bugstack.
mybatis.test.po.User">
    SELECT id, userId, userName, userHead
    FROM user
    WHERE id = #{id}
</select>
```

这部分内容暂时不需要调整，目前还只是一个 java.lang.Long 入参类型的参数 id，后续全部完善后，再提供其他参数进行验证。

2．单元测试

```
@Test
public void test_SqlSessionFactory() throws IOException {
    // 1. 从 SqlSessionFactory 中获取 SqlSession
    SqlSessionFactory sqlSessionFactory = new SqlSessionFactoryBuilder().build
(Resources.getResourceAsReader("mybatis-config-datasource.xml"));
    SqlSession sqlSession = sqlSessionFactory.openSession();

    // 2. 获取映射器对象
    IUserDao userDao = sqlSession.getMapper(IUserDao.class);

    // 3. 测试验证
    User user = userDao.queryUserInfoById(1L);
    logger.info(" 测试结果: {}", JSON.toJSONString(user));
}
```

这里的测试内容不需要调整，本章的开发内容主要是对 XML 解析进行解耦，只要能保持和之前的章节一样，正常输出结果即可。

测试结果如下。

```
07:26:15.049 [main] INFO  c.b.m.d.pooled.PooledDataSource - Created connection
1138410383.
07:26:15.192 [main] INFO  cn.bugstack.mybatis.test.ApiTest - 测试结果: {"id":1,"userHead":
"1_04","userId":"10001","userName":" 小傅哥 "}
Disconnected from the target VM, address: ‘127.0.0.1:54797’, transport: ‘socket’

Process finished with exit code 0
```

由测试结果和图 9-4 可知，对 XML 解析进行解耦后，可以支撑 ORM 框架对 SQL 配置进行解析。

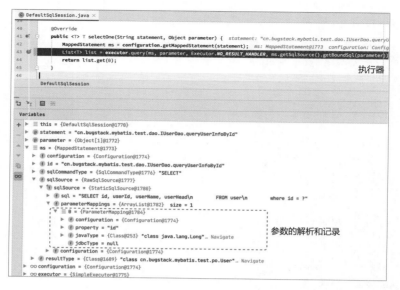

图 9-4

9.5　总结

本章根据设计原则对原本 CRUD 的代码进行拆分和解耦，运用不同的类承担不同的职责，实现整个功能（包括映射构建器、语句构建器、源码构建器的综合使用，以及对应的引用）。此外，脚本语言驱动和脚本构建器用于解析及处理 XML 中的 SQL 语句。

通过重构代码，读者对平常的业务开发中面向过程的流程代码会有新的感悟。当把职责功能拆解到不同的类中以后，代码会更加清晰且易于维护。

构建了这些基础内容以后，后续先继续按照现在的扩展结构完成其他模块的功能逻辑开发，再补充功能就会比较容易。读者在学习过程中可以尝试断点调试，了解每个步骤可以完成哪些工作。

第 10 章
封装参数设置处理器

业务功能逻辑的实现与第 9 章拆分结构并划分职责边界一样，好比搭建一栋房子，要先挖地基、建框架，等搭建好房子的主体后再完善细节。本章是在 XML 解析拆分后对细节的填充处理，最终完善整个功能逻辑。

- 本章难度：★ ★ ★ ★ ☆
- 本章重点：使用策略模式封装不同类型的参数，包括 Long、String 和 Integer 等，在执行 JDBC 操作时，预先对不同类型的参数进行设置。使用策略模式可以大幅减少 if…else 语句，提高代码的可维护性。

10.1　参数处理的分析

第 9 章对 XML 语句构建器进行细化分析，对 Mapper 配置文件进行解析，包括 SQL、入参、出参、类型，并将这些信息记录到 ParameterMapping 类中。本章将结合这部分参数，对执行的 SQL 进行参数自动化设置，而不是像之前那样把参数写成固定形式，如图 10-1 所示。

在流程上，通过 DefaultSqlSession#selectOne 方法调用执行器，并通过 PreparedStatement Handler 设置参数和查询结果。

在 parameterize 方法中，设置 SQL 语句的参数，也就是将 Mapper 配置文件中每条 SQL 语句中的 "#{}" 占位符被替换成对应入参值。目前，这些入参值是通过硬编码的方式进行设置的。这就是本章要解决的问题，如果只是通过硬编码设置参数，那么无法操作所有不同类型的参数。

```
public class PreparedStatementHandler extends BaseStatementHandler{

    public PreparedStatementHandler(Executor executor, MappedStatement mappedStatement, Object parameterObject,

    @Override
    protected Statement instantiateStatement(Connection connection) throws SQLException {...}

    @Override
    public void parameterize(Statement statement) throws SQLException {
        PreparedStatement ps = (PreparedStatement) statement;
        ps.setLong( parameterIndex: 1, Long.parseLong(((Object[]) parameterObject)[0].toString()));
    }
                                                                        硬编码设置参数
    @Override
    public <E> List<E> query(Statement statement, ResultHandler resultHandler) throws SQLException {...}

}
```

图 10-1

本章需要结合第 9 章完成的语句构建器对 SQL 参数信息进行拆解，按照这些参数的解析，将硬编码设置为自动化类型。

10.2　参数处理的设计

参数处理通常使用 JDBC 直接操作数据库，并且使用 ps.setXxx(i, parameter); 设置各类参数。在自动化解析 XML 文件的 SQL，拆分出所有的参数类型后，应该根据不同的参数设置不同的类型，如 Long 类型调用 ps.setLong、String 类型调用 ps.setString 。所以，这里需要使用策略模式，在解析 SQL 时按照不同的执行策略封装类型处理器（也就是实现 TypeHandler 接口的过程）。整体设计如图 10-2 所示。

因为参数有很多类型（如 Long、String 和 Object 等），所以参数处理的重点是对策略模式的使用。

这里一方面包括构建参数时根据参数类型选择对应的策略类型处理器，填充到参数映射集合中；另一方面是当使用和设置参数时，在执行 DefaultSqlSession#selectOne 的链路中，按照参数的类型选择对应的处理器及入参值。

> 注意：由于入参值可能是一个对象中的属性，因此这里使用反射类工具 MetaObject 来获取值，避免遇到动态的对象时无法硬编码获取其属性值。

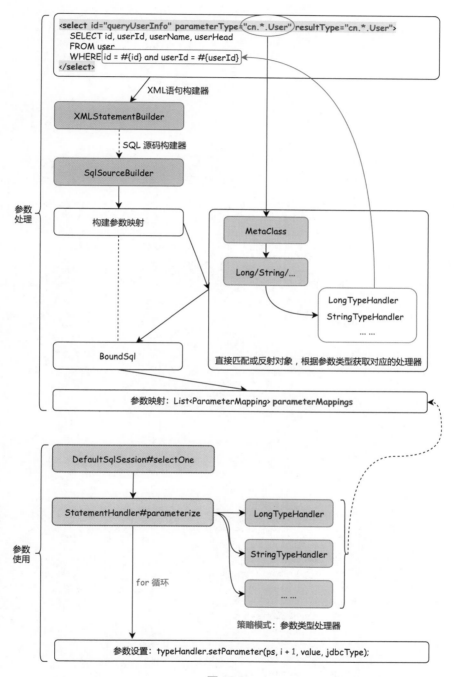

图 10-2

10.3　参数处理的实现

1.　工程结构

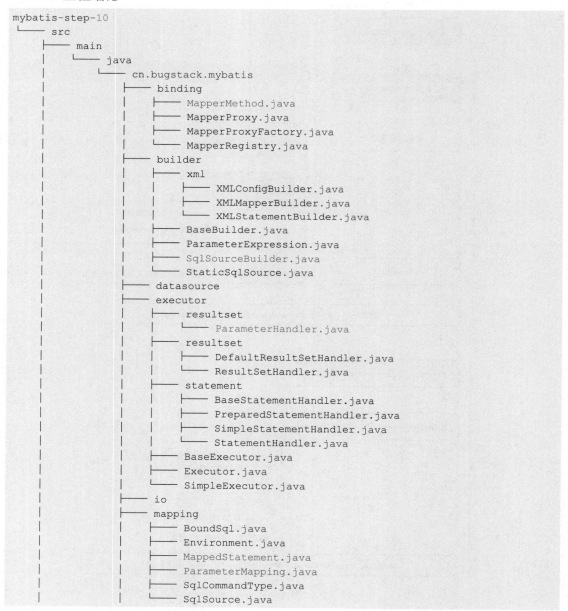

```
mybatis-step-10
└── src
    └── main
        └── java
            └── cn.bugstack.mybatis
                ├── binding
                │   ├── MapperMethod.java
                │   ├── MapperProxy.java
                │   ├── MapperProxyFactory.java
                │   └── MapperRegistry.java
                ├── builder
                │   ├── xml
                │   │   ├── XMLConfigBuilder.java
                │   │   ├── XMLMapperBuilder.java
                │   │   └── XMLStatementBuilder.java
                │   ├── BaseBuilder.java
                │   ├── ParameterExpression.java
                │   ├── SqlSourceBuilder.java
                │   └── StaticSqlSource.java
                ├── datasource
                ├── executor
                │   ├── resultset
                │   │   └── ParameterHandler.java
                │   ├── resultset
                │   │   ├── DefaultResultSetHandler.java
                │   │   └── ResultSetHandler.java
                │   ├── statement
                │   │   ├── BaseStatementHandler.java
                │   │   ├── PreparedStatementHandler.java
                │   │   ├── SimpleStatementHandler.java
                │   │   └── StatementHandler.java
                │   ├── BaseExecutor.java
                │   ├── Executor.java
                │   └── SimpleExecutor.java
                ├── io
                ├── mapping
                │   ├── BoundSql.java
                │   ├── Environment.java
                │   ├── MappedStatement.java
                │   ├── ParameterMapping.java
                │   ├── SqlCommandType.java
                │   └── SqlSource.java
```

```
|               ├─── parsing
|               ├─── reflection
|               ├─── scripting
|               |     ├─── defaults
|               |     |     ├─── DefaultParameterHandler.java
|               |     |     └─── RawSqlSource.java
|               |     ├─── xmltags
|               |     |     ├─── DynamicContext.java
|               |     |     ├─── MixedSqlNode.java
|               |     |     ├─── SqlNode.java
|               |     |     ├─── StaticTextSqlNode.java
|               |     |     ├─── XMLLanguageDriver.java
|               |     |     └─── XMLScriptBuilder.java
|               |     ├─── LanguageDriver.java
|               |     └─── LanguageDriverRegistry.java
|               ├─── session
|               |     ├─── defaults
|               |     |     ├─── DefaultSqlSession.java
|               |     |     └─── DefaultSqlSessionFactory.java
|               |     ├─── Configuration.java
|               |     ├─── ResultHandler.java
|               |     ├─── SqlSession.java
|               |     ├─── SqlSessionFactory.java
|               |     ├─── SqlSessionFactoryBuilder.java
|               |     └─── TransactionIsolationLevel.java
|               ├─── transaction
|               └─── type
|                     ├─── BaseTypeHandler.java
|                     ├─── JdbcType.java
|                     ├─── LongTypeHandler.java
|                     ├─── StringTypeHandler.java
|                     ├─── TypeAliasRegistry.java
|                     ├─── TypeHandler.java
|                     └─── TypeHandlerRegistry.java
└─── test
      ├─── java
      |     └─── cn.bugstack.mybatis.test.dao
      |           ├─── dao
      |           |     └─── IUserDao.java
      |           ├─── po
      |           |     └─── User.java
      |           └─── ApiTest.java
      └─── resources
            ├─── mapper
            |     └─── User_Mapper.xml
            └─── mybatis-config-datasource.xml
```

使用策略模式处理参数处理器核心类之间的关系，如图 10-3 所示。

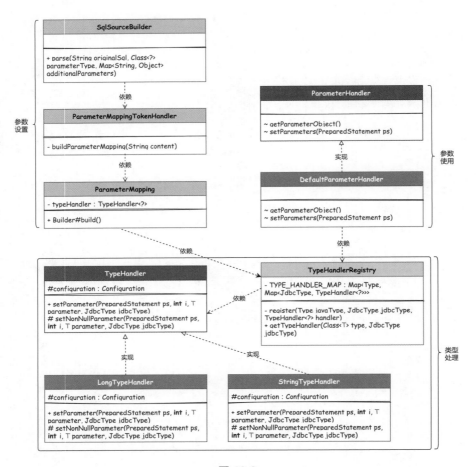

图 10-3

核心内容主要分为类型处理、参数设置和参数使用。

定义 TypeHandler 策略接口，用于实现不同的处理策略，包括 Long、String、Integer 等。这里只实现两种类型，读者在学习过程中可以按照这个结构添加其他类型。

实现类型策略处理器后，需要将其注册到处理器注册机中，后续其他模块参数的设置仍然从 Configuration 中获取，但在 TypeHandlerRegistry 中使用。

有了类型策略处理器以后，再解析 SQL 时，就可以按照不同的类型把对应的策略处理器设置到 BoundSql#parameterMappings 参数中，后续使用时也是从这里获取的。

2. 入参校准

这里需要先解决一个小问题，读者在实现的源码中是否注意到传递了一个参数，如

图 10-4 所示。

```java
@Override
public void parameterize(Statement statement) throws SQLException {
    PreparedStatement ps = (PreparedStatement) statement;
    ps.setLong( parameterIndex: 1, Long.parseLong(((Object[]) parameterObject)[0].toString()));
}
```
　　　　　　　　　　　　　　　　　　　　　　　　　　　　　　　　　　　　获取第0个参数

图 10-4

　　这里的参数被传递之后，需要获取第 0 个参数，并且是采用硬编码方式实现的。这是为什么呢？第 0 个参数是哪来的？接口中调用的方法不是只有一个参数吗？就像 User queryUserInfoById(Long id);。

　　其实，parameterObject 参数来自调用 MapperProxy#invoke 方法时的入参。因为 invoke 反射调用的方法的入参是 Object[] args 数组，而 DAO 测试类是一个已知的固定参数，因此可以采用硬编码方式把 parameterObject 转换成 Object[] 获取第 0 个参数，如图 10-5 所示。

```java
public class MapperProxy<T> implements InvocationHandler, Serializable {

    public MapperProxy(SqlSession sqlSession, Class<T> mapperInterface, Map<Method, MapperMethod> methodCache) {...}

    @Override
    public Object invoke(Object proxy, Method method, Object[] args) throws Throwable {
        if (Object.class.equals(method.getDeclaringClass())) {
            return method.invoke( obj: this, args);
        } else {
            final MapperMethod mapperMethod = cachedMapperMethod(method);
            return mapperMethod.execute(sqlSession, args);
        }
    }
}
```

图 10-5

通过 JDK 提供的反射调用方法操作固定方法入参。

　　结合固定入参硬编码的问题，需要根据方法的信息为方法执行签名操作，以便将入参信息转换为方法的信息，如将数组转换为对应的对象。

　　源码详见 cn.bugstack.mybatis.binding.MapperMethod。

```java
public class MapperMethod {

    public Object execute(SqlSession sqlSession, Object[] args) {
        Object result = null;
        switch (command.getType()) {
            case SELECT:
                Object param = method.convertArgsToSqlCommandParam(args);
                result = sqlSession.selectOne(command.getName(), param);
```

```
            break;
        default:
            throw new RuntimeException("Unknown execution method for: " + command.
getName());
    }
    return result;
}


/**
 * 方法签名
 */
public static class MethodSignature {

    public Object convertArgsToSqlCommandParam(Object[] args) {
        final int paramCount = params.size();
        if (args == null || paramCount == 0) {
            // 如果没有参数
            return null;
        } else if (paramCount == 1) {
            return args[params.keySet().iterator().next().intValue()];
        } else {
            // 否则返回一个 ParamMap, 修改参数名, 参数名就是其位置
            final Map<String, Object> param = new ParamMap<Object>();
            int i = 0;
            for (Map.Entry<Integer, String> entry : params.entrySet()) {
                // 分别添加 #{0},#{1},#{2}... 对应点位符参数
                param.put(entry.getValue(), args[entry.getKey().intValue()]);
                // ...
            }
            return param;
        }
    }
}
}
```

在 MapperMethod 类中，execute 方法将参数 args 传递给 SqlSession#selectOne 方法，调整为转换后的参数再传递对象。

这里的转换操作来自 Method#getParameterType 对参数的获取和处理，与 args 参数进行比对。如果是单个参数，则直接返回参数 Tree 结构下的对应节点值。如果不是单个参数，则需要进行循环处理，转换后的参数才能直接使用。

3. 参数策略处理器

在 MyBatis 源码包中有一个 type 包，这个包中提供了一套处理参数的策略集合。先在 type 包下定义类型处理器接口 TypeHandler，再由抽象类实现此接口并定义标准流程，

同时提供抽象方法交给子类实现，这些子类就是各个类型处理器的具体实现。

1）策略接口

源码详见 cn.bugstack.mybatis.type.TypeHandler。

```
public interface TypeHandler<T> {

    /**
     * 设置参数
     */
    void setParameter(PreparedStatement ps, int i, T parameter, JdbcType jdbcType)
throws SQLException;

}
```

定义一个类型处理器的接口，这与日常的业务开发类似，如果某种商品需要发货，则定义一个统一的标准接口，之后根据接口给出不同的发货策略。

同理，所有不同类型的参数都可以提取标准的参数字段和异常，后续的子类按照这个标准实现即可。

2）模板模式

源码详见 cn.bugstack.mybatis.type.BaseTypeHandler。

```
public abstract class BaseTypeHandler<T> implements TypeHandler<T> {

    @Override
    public void setParameter(PreparedStatement ps, int i, T parameter, JdbcType jdbcType)
throws SQLException {
        // 定义抽象方法，由子类实现不同类型的属性设置
        setNonNullParameter(ps, i, parameter, jdbcType);
    }

    protected abstract void setNonNullParameter(PreparedStatement ps, int i, T parameter,
JdbcType jdbcType) throws SQLException;

}
```

通过定义抽象类的流程模板，可以非常方便地判断和处理一些参数。但是目前还不需要那么多的校验流程，因此这里只定义和调用了一个基本的抽象方法——setNonNullParameter。

3）子类实现

源码详见 cn.bugstack.mybatis.type.*。

```
/**
 * @description Long 类型处理器
 */
public class LongTypeHandler extends BaseTypeHandler<Long> {
```

```
    @Override
    protected void setNonNullParameter(PreparedStatement ps, int i, Long parameter,
JdbcType jdbcType) throws SQLException {
        ps.setLong(i, parameter);
    }

}

/**
 * @description String 类型处理器
 */
public class StringTypeHandler extends BaseTypeHandler<String>{

    @Override
    protected void setNonNullParameter(PreparedStatement ps, int i, String parameter,
JdbcType jdbcType) throws SQLException {
        ps.setString(i, parameter);
    }

}
```

这里针对接口实现进行举例说明，分别是 LongTypeHandler 和 StringTypeHandler。MyBatis 源码中还有很多其他的类型，这里暂时不实现那么多种，读者只要清楚上述处理过程和编码方式即可，也可以尝试添加其他类型。

4）类型处理器注册机

前面介绍了 TypeHandlerRegistry 类，这里只是在这个类的结构下注册新的类型。

源码详见 cn.bugstack.mybatis.type.TypeHandlerRegistry。

```
public final class TypeHandlerRegistry {

    private final Map<JdbcType, TypeHandler<?>> JDBC_TYPE_HANDLER_MAP = new EnumMap<>
(JdbcType.class);
    private final Map<Type, Map<JdbcType, TypeHandler<?>>> TYPE_HANDLER_MAP = new
HashMap<>();
    private final Map<Class<?>, TypeHandler<?>> ALL_TYPE_HANDLERS_MAP = new HashMap<>();

    public TypeHandlerRegistry() {
        register(Long.class, new LongTypeHandler());
        register(long.class, new LongTypeHandler());

        register(String.class, new StringTypeHandler());
        register(String.class, JdbcType.CHAR, new StringTypeHandler());
        register(String.class, JdbcType.VARCHAR, new StringTypeHandler());
    }
```

```
//...
}
```

在构造函数中，将 LongTypeHandler 和 StringTypeHandler 两种类型的处理器增加到类型处理器注册机中。

另外，无论是对象类型，还是基本类型，都使用同一个类型的处理器，只不过是多注册了一个处理器。这种操作方式和平常的业务开发是一样的。

4．参数的构建

相对于前面几章介绍的内容，本章只是在 SqlSourceBuilder 中创建 ParameterMapping 需要添加的参数处理器，只有这样才能非常方便地从参数映射中获取到对应类型的处理器并使用。

因此，需要完善 ParameterMapping 并添加 TypeHandler 属性的信息。在使用 Parameter MappingTokenHandler#buildParameterMapping 方法处理参数映射时，构建参数映射。这部分是在第 9 章的实现过程中进行细化，如图 10-6 所示。

```
// 构建参数映射
private ParameterMapping buildParameterMapping(String content) {
    // 先解析参数映射，就是转化为一个 HashMap | #{favouriteSection,jdbcType=VARCHAR}
    Map<String, String> propertiesMap = new ParameterExpression(content);
    String property = propertiesMap.get("property");      这部分是第9章的处理，
    Class<?> propertyType = parameterType;                 本章需要进行细化
    ParameterMapping.Builder builder = new ParameterMapping.Builder(configuration, property, propertyType);
    return builder.build();
}
```

图 10-6

结合第 9 章的内容，下面开始扩展类型（需要注意 MetaClass 反射工具类的使用方法）。

源码详见 cn.bugstack.mybatis.builder.SqlSourceBuilder。

```
// 构建参数映射
private ParameterMapping buildParameterMapping(String content) {
    // 先解析参数映射，就是转化为一个 HashMap | #{favouriteSection,jdbcType=VARCHAR}
    Map<String, String> propertiesMap = new ParameterExpression(content);
    String property = propertiesMap.get("property");
    Class<?> propertyType;
    if (typeHandlerRegistry.hasTypeHandler(parameterType)) {
        propertyType = parameterType;
    } else if (property != null) {
        MetaClass metaClass = MetaClass.forClass(parameterType);
        if (metaClass.hasGetter(property)) {
            propertyType = metaClass.getGetterType(property);
        } else {
            propertyType = Object.class;
        }
    } else {
```

```
        propertyType = Object.class;
    }
    logger.info(" 构建参数映射 property: {} propertyType: {}", property, propertyType);
    ParameterMapping.Builder builder = new ParameterMapping.Builder(configuration,
property, propertyType);
    return builder.build();
}
```

这部分是对参数的细化处理，构建参数的映射关系。首先使用 if 语句判断对应的参数类型是否在 TypeHandlerRegistry 中，如果不在则拆解对象，按属性获取 propertyType。

然后使用 MetaClass 反射工具类，这样通过 Metaclass 提供的方法 getGetterType 获取属性名称更加方便，否则还需要再写反射工具类来获取对象属性。

5. 参数的使用

在构建参数以后，就可以在调用 DefaultSqlSession#selectOne 方法时设置参数。由链路关系 Executor#query → SimpleExecutor#doQuery → StatementHandler#parameterize → Prepared StatementHandler#parameterize → ParameterHandler#setParameters → ParameterHandler# setParameters 可知，由于参数不同，处理器采用循环的方式设置参数。

源码详见 cn.bugstack.mybatis.scripting.defaults.DefaultParameterHandler。

```
public class DefaultParameterHandler implements ParameterHandler {

    @Override
    public void setParameters(PreparedStatement ps) throws SQLException {
        List<ParameterMapping> parameterMappings = boundSql.getParameterMappings();
        if (null != parameterMappings) {
            for (int i = 0; i < parameterMappings.size(); i++) {
                ParameterMapping parameterMapping = parameterMappings.get(i);
                String propertyName = parameterMapping.getProperty();
                Object value;
                if (typeHandlerRegistry.hasTypeHandler(parameterObject.getClass())) {
                    value = parameterObject;
                } else {
                    // 通过 MetaObject.getValue 反射取得值
                    MetaObject metaObject = configuration.newMetaObject(parameterObject);
                    value = metaObject.getValue(propertyName);
                }
                JdbcType jdbcType = parameterMapping.getJdbcType();

                // 设置参数
                logger.info(" 根据每个 ParameterMapping 中的 TypeHandler 设置对应的参数信息
value: {}", JSON.toJSONString(value));
                TypeHandler typeHandler = parameterMapping.getTypeHandler();
                typeHandler.setParameter(ps, i + 1, value, jdbcType);
            }
```

```
        }
    }
}
```

循环设置的每个参数都是从 BoundSql 中获取 ParameterMapping 集合操作的，而这个集合参数就是在使用 ParameterMappingTokenHandler#buildParameterMapping 方法构建参数映射时处理的。

在设置参数时，根据参数的 parameterObject 入参的信息，判断其是否为基本类型，如果不是，则从对象中拆解获取（也就是对象 A 中包括属性 b）对应的入参值。因为在 MapperMethod 中已经处理了一遍方法签名，所以这里的入参就更便于使用。

完成基本信息的获取后，就可以根据参数类型获取到对应的 TypeHandler，也就是找到 LongTypeHandler 和 StringTypeHandler 等。在找到 LongTypeHandler 和 StringTypeHandler 以后，就可以设置对应的参数——typeHandler.setParameter(ps, i + 1, value, jdbcType)，通过这种方式可以把之前硬编码的操作进行解耦。

10.4　参数功能的测试

1. 事先准备

1）创建库表

创建一个名为 mybatis 的数据库，在库中创建表 user，并添加测试数据，如下所示。

```
CREATE TABLE
    USER
    (
        id bigint NOT NULL AUTO_INCREMENT COMMENT '自增 ID',
        userId VARCHAR(9) COMMENT '用户 ID',
        userHead VARCHAR(16) COMMENT '用户头像',
        createTime TIMESTAMP NULL COMMENT '创建时间',
        updateTime TIMESTAMP NULL COMMENT '更新时间',
        userName VARCHAR(64),
        PRIMARY KEY (id)
    )
    ENGINE=InnoDB DEFAULT CHARSET=utf8;

INSERT INTO user (id, userId, userHead, createTime, updateTime, userName) VALUES (1,
'10001', '1_04', '2022-04-13 00:00:00', '2022-04-13 00:00:00', '小傅哥');
```

2）配置数据源

```
<environments default="development">
```

```
    <environment id="development">
        <transactionManager type="JDBC"/>
        <dataSource type="POOLED">
            <property name="driver" value="com.mysql.jdbc.Driver"/>
            <property name="url" value="jdbc:mysql://127.0.0.1:3306/mybatis?useUnicode =
true"/>
            <property name="username" value="root"/>
            <property name="password" value="123456"/>
        </dataSource>
    </environment>
</environments>
```

通过 mybatis-config-datasource.xml 配置数据源信息，包括 driver、url、username 和 password。

dataSource 可以按需配置成 DRUID、UNPOOLED 和 POOLED 进行测试及验证。

3）配置 Mapper

```
<select id="queryUserInfoById" parameterType="java.lang.Long" resultType="cn.bugstack.
mybatis.test.po.User">
    SELECT id, userId, userName, userHead
    FROM user
    WHERE id = #{id}
</select>

<select id="queryUserInfo" parameterType="cn.bugstack.mybatis.test.po.User"
resultType="cn.bugstack.mybatis.test.po.User">
    SELECT id, userId, userName, userHead
    FROM user
    WHERE id = #{id} and userId = #{userId}
</select>
```

Mapper 的配置提供了两个查询方法，分别是 queryUserInfoById 和 queryUserInfo，入参的 parameterType 分别是 java.lang.Long 和 cn.bugstack.mybatis.test.po.User。在 queryUserInfo 查询方法中，WHERE 的入参条件也多了一个 userId 字段。

2. 单元测试

源码详见 cn.bugstack.mybatis.test.ApiTest。

```
@Before
public void init() throws IOException {
    // 1. 从 SqlSessionFactory 中获取 SqlSession
    SqlSessionFactory sqlSessionFactory = new SqlSessionFactoryBuilder().build
(Resources.getResourceAsReader("mybatis-config-datasource.xml"));
    sqlSession = sqlSessionFactory.openSession();
}
```

接下来需要验证两种不同入参的单元测试，分别测试基本类型参数和对象类型参数。

1）基本类型参数

```
@Test
public void test_queryUserInfoById() {
    // 1. 获取映射器对象
    IUserDao userDao = sqlSession.getMapper(IUserDao.class);
    // 2. 测试并验证：基本类型参数
    User user = userDao.queryUserInfoById(1L);
    logger.info(" 测试结果：{}", JSON.toJSONString(user));
}
```

测试过程的验证如图 10-7 所示。

```
51          @Override
52 ●     public void setParameters(PreparedStatement ps) throws SQLException {  ps: "com.mysql.jdbc.JDBC42PreparedStatement@15
53          List<ParameterMapping> parameterMappings = boundSql.getParameterMappings();  parameterMappings: size = 1  boundS
54          if (null != parameterMappings) {
55              for (int i = 0; i < parameterMappings.size(); i++) {  i: 0
56                  ParameterMapping parameterMapping = parameterMappings.get(i);  parameterMapping: ParameterMapping@2057  p
57                  String propertyName = parameterMapping.getProperty();  propertyName: "id"
58                  Object value;  value: 1
59                  if (typeHandlerRegistry.hasTypeHandler(parameterObject.getClass())) {  typeHandlerRegistry: TypeHandlerRe
60                      value = parameterObject;
61                  } else {
62                      // 通过 MetaObject.getValue 反射取得值
63                      MetaObject metaObject = configuration.newMetaObject(parameterObject);  configuration: Configuration@2
64                      value = metaObject.getValue(propertyName);  propertyName: "id"
65                  }
66                  JdbcType jdbcType = parameterMapping.getJdbcType();  jdbcType: null
67
68                  // 设置参数
69                  logger.info("根据每个ParameterMapping中的TypeHandler设置对应的参数信息 value: {}", JSON.toJSONString(value));
70                  TypeHandler typeHandler = parameterMapping.getTypeHandler();  typeHandler: LongTypeHandler@2060  paramete
71 ●             typeHandler.setParameter(ps,     i + 1, value, jdbcType);  typeHandler: LongTypeHandler@2060  ps: "com.my
72                  }
73              }
```

```
DefaultParameterHandler ▸ setParameters()
```

```
Variables
+  ▶  ▸ ≡ this = {DefaultParameterHandler@2054}
-  ▶ ⓟ ps = {JDBC42PreparedStatement@2055} "com.mysql.jdbc.JDBC42PreparedStatement@15043a2f: SELECT id, userId, userName, userHe
   ▼ ≡ parameterMappings = {ArrayList@2056}  size = 1
      ▼ ≡ 0 = {ParameterMapping@2057}
         ▶ ⓕ configuration = {Configuration@2066}
         ▶ ⓕ property = "id"
         ▶ ⓕ javaType = {Class@253} "class java.lang.Long"... Navigate
           ⓕ jdbcType = null
         ▶ ⓕ typeHandler = {LongTypeHandler@2060}
```

图 10-7

```
07:40:08.531 [main] INFO  c.b.mybatis.builder.SqlSourceBuilder - 构建参数映射 property:
id propertyType: class java.lang.Long
07:40:08.598 [main] INFO  c.b.m.s.defaults.DefaultSqlSession - 执行查询 statement:
cn.bugstack.mybatis.test.dao.IUserDao.queryUserInfoById parameter: 1
07:40:08.875 [main] INFO  c.b.m.d.pooled.PooledDataSource - Created connection 183284570.
07:40:08.894 [main] INFO  c.b.m.s.d.DefaultParameterHandler - 根据每个 ParameterMapping
中的 TypeHandler 设置对应的参数信息 value: 1
07:40:08.961 [main] INFO  cn.bugstack.mybatis.test.ApiTest - 测试结果：
{"id":1,"userHead":"1_04","userId":"10001","userName":" 小傅哥 "}
```

在测试过程中，可以在 DefaultParameterHandler#setParameters 中设置断点，验证方法

参数及获得的类型处理器，如果验证通过，则该参数满足基本类型对象的入参信息。

2）对象类型参数

```
@Test
public void test_queryUserInfo() {
    // 1. 获取映射器对象
    IUserDao userDao = sqlSession.getMapper(IUserDao.class);
    // 2. 测试并验证：对象类型参数
    User user = userDao.queryUserInfo(new User(1L, "10001"));
    logger.info(" 测试结果: {}", JSON.toJSONString(user));
}
```

测试过程如图 10-8 所示。

图 10-8

```
07:41:11.025 [main] INFO  c.b.mybatis.builder.SqlSourceBuilder - 构建参数映射 property:
userId propertyType: class java.lang.String
07:41:11.232 [main] INFO  c.b.m.s.defaults.DefaultSqlSession - 执行查询 statement:
cn.bugstack.mybatis.test.dao.IUserDao.queryUserInfo parameter: {"id":1,"userId":"10001"}
07:41:11.638 [main] INFO  c.b.m.d.pooled.PooledDataSource - Created connection
402405659.
07:41:11.661 [main] INFO  c.b.m.s.d.DefaultParameterHandler - 根据每个 ParameterMapping
中的 TypeHandler 设置对应的参数信息 value: 1
```

```
07:43:28.516 [main] INFO  c.b.m.s.d.DefaultParameterHandler - 根据每个 ParameterMapping
中的 TypeHandler 设置对应的参数信息 value: "10001"
07:43:30.820 [main] INFO  cn.bugstack.mybatis.test.ApiTest - 测试结果:
{"id":1,"userHead":"1_04","userId":"10001","userName":"小傅哥"}
```

此案例主要测试当对象参数 User 中包含两个属性时，ORM 框架对这部分逻辑的解析过程，以及是否可以正确获取两个类型处理器，同时分别设置参数。

由结果可知，测试顺利通过，并打印了相关参数的构建和使用过程。

10.5　总结

至此，我们已经把 ORM 框架的基本流程串联起来，不采用硬编码方式也能实现对简单 SQL 的处理。读者可以仔细阅读当前框架中包含的分包结构，如构建、绑定、映射、反射、执行、类型、事务和数据源等，并尝试绘制它们之间的连接关系，这样有助于理解现在的代码解耦结构。

本章比较重要的内容是参数类型的策略化设计。通过策略解耦，模板定义流程，整个参数设置会变得更加清晰，也就不需要采用硬编码方式。

除此之外，本章还介绍了在 MapperMethod 中添加方法签名、类型处理器的创建和使用（都使用 MetaObject 反射工具类进行处理）。读者需要在学习过程中进行调试和验证才能更好地了解此类编码设计的技巧。

第 11 章

封装结果集处理器

在手写 MyBatis 的过程中，刚开始只是以满足基本功能、打通流程为目的。随着工程内容的迭代，再不断地拆分、细化和解耦，各个功能流程逐步丰富起来。

到本章为止，基本上完整地定义了整个 MyBatis 中大的结构化的内容，后续内容也是基于目前的这些分层结构来扩展实现的。

- 本章难度：★ ★ ★ ☆ ☆
- 本章重点：结合第 10 章的内容，使用策略模式调用参数，本章继续解耦执行 SQL 操作阶段中对结果集的封装处理。这两部分功能的实现都会被调用到类型处理器的实现类中，如 LongTypeHandler 和 StringTypeHandler 等。

11.1 参数处理的分析

第 10 章使用策略模式对参数的封装和调用进行解耦。本章将对查询结果进行封装，而不是粗放地判断封装，这种方式既不能满足不同类型的优雅扩展，也不易于维护迭代，如图 11-1 所示。

对结果集进行封装的核心在于获取 Mapper XML 中配置的返回类型，将其解析以后，将从数据库中查询的结果反射到类型实例化的对象上。

这个过程需要满足处理不同返回类型的要求，如 Long、Double、String、Date 等，都要与数据库的类型一一匹配。与此同时，返回的结果既可能是一个普通的基本类型，也可能是封装后的对象类型。这个查询结果也不一定只是一条记录，还可能是多条记录。为了更好地处理不同的情况，需要对流程进行分治和实现，并且进行抽象化的解耦，这样才能将不同的返回信息封装到对象中。

```
⊕ DefaultResultSetHandler.java ×
29          @Override
30  ⊡ ⊕   public <E> List<E> handleResultSets(Statement stmt) throws SQLException {
31            ResultSet resultSet = stmt.getResultSet();
32            return resultSet2Obj(resultSet, mappedStatement.getResultType());
33        }
34
35  ⊕       private <T> List<T> resultSet2Obj(ResultSet resultSet, Class<?> clazz) {
36            List<T> list = new ArrayList<>();
37            try {
38                ResultSetMetaData metaData = resultSet.getMetaData();
39                int columnCount = metaData.getColumnCount();
40                // 每次遍历行值
41                while (resultSet.next()) {
42                    T obj = (T) clazz.newInstance();
43                    for (int i = 1; i <= columnCount; i++) {
44                        Object value = resultSet.getObject(i);           获取Object对象类型值
45                        String columnName = metaData.getColumnName(i);
46                        String setMethod = "set" + columnName.substring(0, 1).toUpperCase() + columnName.substring(1);
47                        Method method;
48                        if (value instanceof Timestamp) {
49                            method = clazz.getMethod(setMethod, Date.class);        1. 判断类型
50                        } else {                                                    2. 获取方法
51                            method = clazz.getMethod(setMethod, value.getClass());   3. 填充属性
52                        }
53                        method.invoke(obj, value);
54                    }
55                    list.add(obj);
56                }
57            } catch (Exception e) {
58                e.printStackTrace();
59            }
60            return list;
61        }
62    }
```

图 11-1

11.2　参数处理的设计

使用 JDBC 获取到查询结果 ResultSet#getObject 以后，就可以获取返回的属性值，但其实 ResultSet 可以按照不同的属性类型返回结果，而不是只返回 Object 对象，如图 11-2 所示。第 10 章在处理属性信息时，开发的 TypeHandler 接口的实现类就可以扩充返回结果的方法，如 LongTypeHandler#getResult 和 StringTypeHandler#getResult 等。这样就可以使用策略模式非常准确地定位返回结果，而不需要使用 if 语句判断。

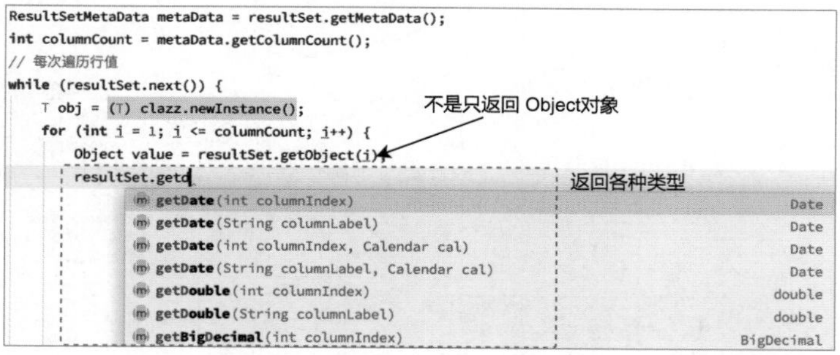

```
ResultSetMetaData metaData = resultSet.getMetaData();
int columnCount = metaData.getColumnCount();
// 每次遍历行值
while (resultSet.next()) {
    T obj = (T) clazz.newInstance();              不是只返回 Object对象
    for (int i = 1; i <= columnCount; i++) {
        Object value = resultSet.getObject(i)
        resultSet.getO                                        返回各种类型
              m getDate(int columnIndex)                                  Date
              m getDate(String columnLabel)                              Date
              m getDate(int columnIndex, Calendar cal)                   Date
              m getDate(String columnLabel, Calendar cal)                Date
              m getDouble(int columnIndex)                               double
              m getDouble(String columnLabel)                            double
              m getBigDecimal(int columnIndex)                           BigDecimal
```

图 11-2

有了这个目标，就可以在解析 XML 文件时将返回类型封装到映射器语句类中。
MappedStatement#resultMaps 直到执行完 SQL 语句，才按照返回结果的参数类型创建对象，
并使用 MetaObject 反射工具类填充属性信息。详细设计如图 11-3 所示。

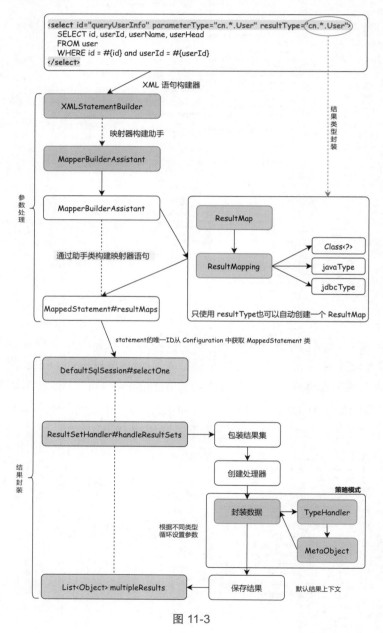

图 11-3

首先，在解析 XML 语句构建器中添加 MapperBuilderAssistant 类，方便对参数进行统一包装，按照职责归属的方式细分解耦。通过这种方式，在 MapperBuilderAssistant# setStatementResultMap 中封装返回的结果，一般来说，当使用 MyBatis 配置返回对象时，ResultType 就能解决大部分问题，不需要都配置 ResultMap。但这里的设计其实是把 ResultType 也按照 ResultMap 的方式进行封装处理，这样统一进行包装，达到适配的效果，便于后面统一使用这种参数。

然后，在执行 JDBC 操作查询到数据后，对结果进行封装。在处理 DefaultResultSet Handler 的返回结果时，先按照已经解析得到的 ResultType 将对象实例化，再根据解析出来的对象中参数的名称获取对应的类型，并根据类型找到 TypeHandler 接口实现类，也就是 LongTypeHandler 和 StringTypeHandler。采用这种方式可以避免使用 if…else，而是直接用 $O(1)$ 的时间复杂度定位到对应的类型处理器，在不同的类型处理器中返回结果。

最终获取结果，并通过前面开发的 MetaObject 反射工具类设置属性信息。metaObject. setValue(property, value) 最终填充实例化，并将属性内容的结果对象设置到上下文中，直至返回最终的结果数据，至此处理完成。

11.3 参数处理的实现

1. 工程结构

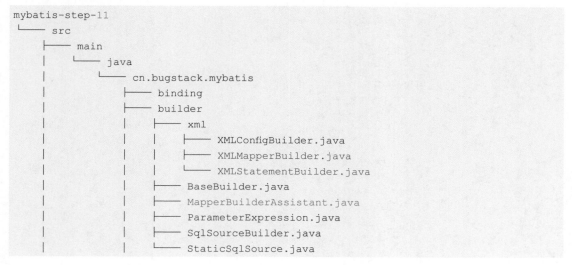

```
mybatis-step-11
└── src
    ├── main
    │   └── java
    │       └── cn.bugstack.mybatis
    │           ├── binding
    │           ├── builder
    │           │   ├── xml
    │           │   │   ├── XMLConfigBuilder.java
    │           │   │   ├── XMLMapperBuilder.java
    │           │   │   └── XMLStatementBuilder.java
    │           │   ├── BaseBuilder.java
    │           │   ├── MapperBuilderAssistant.java
    │           │   ├── ParameterExpression.java
    │           │   ├── SqlSourceBuilder.java
    │           │   └── StaticSqlSource.java
```

```
|           ├──── datasource
|           ├──── executor
|           |       ├──── parameter
|           |       |       └──── ParameterHandler.java
|           |       ├──── result
|           |       |       ├──── DefaultResultContext.java
|           |       |       └──── DefaultResultHandler.java
|           |       ├──── resultset
|           |       |       ├──── DefaultResultSetHandler.java
|           |       |       └──── ResultSetHandler.java
|           |       |       └──── ResultSetWrapper.java
|           |       ├──── statement
|           |       |       ├──── BaseStatementHandler.java
|           |       |       ├──── PreparedStatementHandler.java
|           |       |       ├──── SimpleStatementHandler.java
|           |       |       └──── StatementHandler.java
|           |       ├──── BaseExecutor.java
|           |       ├──── Executor.java
|           |       └──── SimpleExecutor.java
|           ├──── io
|           ├──── mapping
|           |       ├──── BoundSql.java
|           |       ├──── Environment.java
|           |       ├──── MappedStatement.java
|           |       ├──── ParameterMapping.java
|           |       ├──── ResultMap.java
|           |       ├──── ResultMapping.java
|           |       ├──── SqlCommandType.java
|           |       └──── SqlSource.java
|           ├──── parsing
|           ├──── reflection
|           ├──── scripting
|           ├──── session
|           |       ├──── defaults
|           |       |       ├──── DefaultSqlSession.java
|           |       |       └──── DefaultSqlSessionFactory.java
|           |       ├──── Configuration.java
|           |       ├──── ResultContext.java
|           |       ├──── ResultHandler.java
|           |       ├──── RowBounds.java
|           |       ├──── SqlSession.java
|           |       ├──── SqlSessionFactory.java
|           |       ├──── SqlSessionFactoryBuilder.java
|           |       └──── TransactionIsolationLevel.java
```

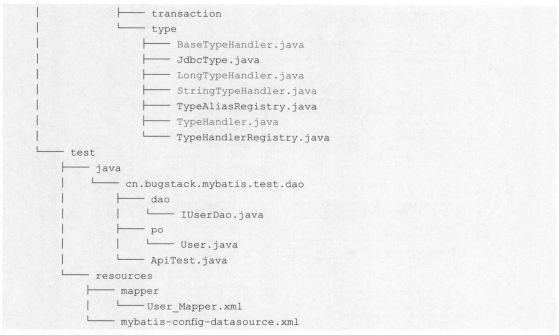

```
|                    ├──── transaction
|                    └──── type
|                           ├──── BaseTypeHandler.java
|                           ├──── JdbcType.java
|                           ├──── LongTypeHandler.java
|                           ├──── StringTypeHandler.java
|                           ├──── TypeAliasRegistry.java
|                           ├──── TypeHandler.java
|                           └──── TypeHandlerRegistry.java
└──── test
      ├──── java
      |      └──── cn.bugstack.mybatis.test.dao
      |             ├──── dao
      |             |      └──── IUserDao.java
      |             ├──── po
      |             |      └──── User.java
      |             └──── ApiTest.java
      └──── resources
             ├──── mapper
             |      └──── User_Mapper.xml
             └──── mybatis-config-datasource.xml
```

对流程进行解耦，封装结果集处理器核心类之间的关系，如图 11-4 所示。

在 XML 语句构建器中，使用映射构建器助手，对映射器语句类的属性信息进行封装。通过切割此处的功能职责，可以满足不同逻辑单元的扩展。使用 MapperBuilderAssistant#setStatementResultMap 处理 ResultType/ResultMap 的封装信息。

入参信息被解析之后会保存到 MappedStatement 类中，随着执行 DefaultSqlSession#selectOne 方法，就可以通过 statement 从配置项中获取对应的 MappedStatement 信息，所以这里的设计符合一个充血模型结构的领域功能聚合要求。

使用 ResultSetHandler 接口的 DefaultResultSetHandler 实现类对查询结果进行封装。这里主要是按照解析出来的 resultType 类型对对象实例化之后，根据对象的属性信息寻找对应的处理策略，避免使用 if…else 获取对应的结果。对象和属性都准备完毕，就可以使用 MetaObject 反射工具类填充属性，形成一个完整的结果对象，并写入结果上下文 DefaultResultContext 中。

2. 出参参数的处理

在 XMLStatementBuilder 中，因为会逐步增加解析语句后的信息封装，所以需要引入映射构建器助手，对类中方法的职责进行划分，降低一个方法块内的逻辑复杂度。采用这种方式有利于维护和扩展代码。

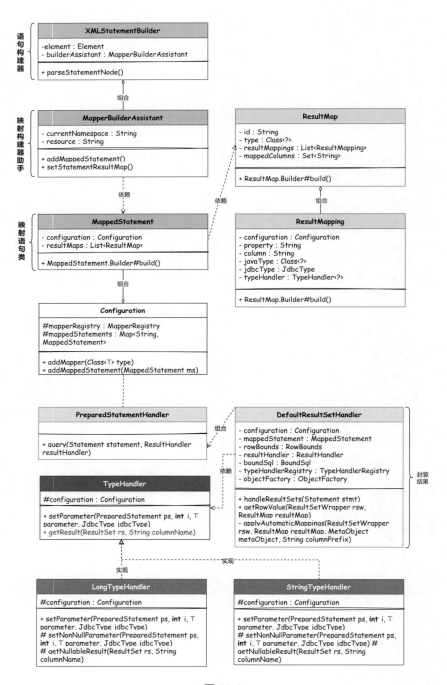

图 11-4

1）结果映射封装

在一条语句中需要配置一个返回类型，这个返回类型既可以通过 resultType 配置，也可以通过 resultMap 处理。无论使用哪种方式，最终都会被封装成统一的 ResultMap 类。

一般来说，配置 ResultMap 类都是配置字段的映射，所以在实际的项目开发中，ResultMap 类还包含 ResultMapping，也就是每个字段的映射信息，包括 column、javaType、jdbcType 等。由于本章还未涉及 ResultMap 类的使用，因此这里先构建基本结构。

源码详见 cn.bugstack.mybatis.mapping.ResultMap。

```
public class ResultMap {

    private String id;
    private Class<?> type;
    private List<ResultMapping> resultMappings;
    private Set<String> mappedColumns;

    //...
}
```

ResultMap 就是一个简单的返回结果信息映射的类，提供了建造者方法，方便在外部使用。上述代码的逻辑比较简单，读者可以参照源码进行学习。

2）映射构建器助手

MapperBuilderAssistant 是专门为创建 MappedStatement 类而服务的，这个类封装了入参和出参的映射，并把这些配置信息写入 Configuration 中。

源码详见 cn.bugstack.mybatis.builder.MapperBuilderAssistant。

```
public class MapperBuilderAssistant extends BaseBuilder {

    /**
     * 添加映射器语句
     */
    public MappedStatement addMappedStatement(
            String id,
            SqlSource sqlSource,
            SqlCommandType sqlCommandType,
            Class<?> parameterType,
            String resultMap,
            Class<?> resultType,
            LanguageDriver lang
    ) {
        // 为id加上namespace前缀: cn.bugstack.mybatis.test.dao.IUserDao.queryUserInfoById
        id = applyCurrentNamespace(id, false);
        MappedStatement.Builder statementBuilder = new MappedStatement.Builder
(configuration, id, sqlCommandType, sqlSource, resultType);
```

```
        // 结果映射，给 MappedStatement#resultMaps
        setStatementResultMap(resultMap, resultType, statementBuilder);

        MappedStatement statement = statementBuilder.build();
        // 映射语句信息，建造完之后保存到配置项中
        configuration.addMappedStatement(statement);

        return statement;
    }

    private void setStatementResultMap(
            String resultMap,
            Class<?> resultType,
            MappedStatement.Builder statementBuilder) {
        List<ResultMap> resultMaps = new ArrayList<>();
        /*
         * 通常使用 resultType 即可满足大部分场景
         * <select id="queryUserInfoById" resultType="cn.bugstack.mybatis.test.po.User">
         * 在使用 resultType 的情况下，MyBatis 会自动创建一个 ResultMap，基于属性名称将列映射到
JavaBean 的属性上
         */
        ResultMap.Builder inlineResultMapBuilder = new ResultMap.Builder(
                configuration,
                statementBuilder.id() + "-Inline",
                resultType,
                new ArrayList<>());
        resultMaps.add(inlineResultMapBuilder.build());
        statementBuilder.resultMaps(resultMaps);
    }

}
```

MapperBuilderAssistant 中提供了添加映射器语句的方法，其中更加标准地封装了入参和出参的信息。如果将这些内容全部堆砌到 XMLStatementBuilder 解析中，就会显得非常臃肿且不易维护。

在 MapperBuilderAssistant#setStatementResultMap 方法中建立了结果映射类，无论是否为 ResultMap 类都会被封装，并且最终把创建的信息写入 MappedStatement 类中。

3）调用助手类

在执行 XMLStatementBuilder 之后，构建完成映射器语句类后，调用 ResultMap.Builder 助手类统一封装参数信息，如图 11-5 所示。

与第 10 章相比，这部分解析后的结果的职责内容被划分到新增的助手类中。这种实现方式在 MyBatis 源码中非常多，大部分内容都会提供一个助手类进行处理。

```
public void parseStatementNode() {
    String id = element.attributeValue( s: "id");
    // 参数类型
    String parameterType = element.attributeValue( s: "parameterType");
    Class<?> parameterTypeClass = resolveAlias(parameterType);
    // 外部应用 resultMap
    String resultMap = element.attributeValue( s: "resultMap");
    // 结果类型
    String resultType = element.attributeValue( s: "resultType");
    Class<?> resultTypeClass = resolveAlias(resultType);
    // 获取命令类型(select|insert|update|delete)
    String nodeName = element.getName();
    SqlCommandType sqlCommandType = SqlCommandType.valueOf(nodeName.toUpperCase(Locale.ENGLISH));

    // 获取默认语言驱动器
    Class<?> langClass = configuration.getLanguageRegistry().getDefaultDriverClass();
    LanguageDriver langDriver = configuration.getLanguageRegistry().getDriver(langClass);

    // 解析成SqlSource，DynamicSqlSource/RawSqlSource
    SqlSource sqlSource = langDriver.createSqlSource(configuration, element, parameterTypeClass);

    // 调用助手类【本节新添加，便于统一处理参数的包装】          调用助手类，统一封装结果
    builderAssistant.addMappedStatement(id,
            sqlSource,
            sqlCommandType,
            parameterTypeClass,
            resultMap,
            resultTypeClass,
            langDriver);
}
```

图 11-5

3. 查询结果的封装

从 DefaultSqlSession 调用 Executor 语句执行器，一直到 PreparedStatementHandler，最后是对 DefaultResultSetHandler 结果信息进行封装。

前面对此处的封装处理并没有涉及解耦操作，只是简单地通过 JDBC 查询结果，反射处理返回的信息后就结束。如果使用 if…else，采用面向过程的方式进行开发，那么需要满足 MyBatis 对所有类型对象的封装，这部分功能实现起来会变得特别困难，方法块也会越来越大。

所以，需要对这部分的内容处理进行解耦，分为对象的实例化、结果信息的封装、策略模式的处理、上下文的返回等，从而更方便地扩展流程中不同节点的各类需求，如图 11-6 所示。

```
private void handleResultSet(ResultSetWrapper rsw, ResultMap resultMap, List<Object> multipleResults, ResultMapping parentMapping) {
    if (resultHandler == null) {
        // 1. 创建结果处理器
        DefaultResultHandler defaultResultHandler = new DefaultResultHandler(objectFactory);
        // 2. 封装数据
        handleRowValuesForSimpleResultMap(rsw, resultMap, defaultResultHandler, rowBounds, parentMapping: null);
        // 3. 保存结果
        multipleResults.add(defaultResultHandler.getResultList());
    }
}
```

图 11-6

图 11-6 是一套结果封装的核心处理流程，主要包括创建结果处理器、封装数据和保存结果，接下来介绍创建结果处理器、封装数据，以及封装数据中的属性填充操作。

1）创建结果处理器

源码详见 cn.bugstack.mybatis.executor.result.DefaultResultHandler。

```java
public class DefaultResultHandler implements ResultHandler {

    private final List<Object> list;
    /**
     * 通过 ObjectFactory 反射工具类产生特定的 List
     */
    @SuppressWarnings("unchecked")
    public DefaultResultHandler(ObjectFactory objectFactory) {
        this.list = objectFactory.create(List.class);
    }

    @Override
    public void handleResult(ResultContext context) {
        list.add(context.getResultObject());
    }

}
```

这里封装了一个非常简单的结果集对象，在默认情况下，结果都会被写入这个对象的 list 集合中。

2）封装数据

在封装数据的过程中，包括根据 resultType 使用反射工具类的 ObjectFactory# create 方法创建 Bean 对象。虽然可以根据不同的类型进行创建，但是因为这里只是普通对象，所以不会填充太多的代码，避免扰乱核心内容。

调用的链路为 handleResultSet→handleRowValuesForSimpleResultMap→getRowValue→createResultObject。

源码详见：cn.bugstack.mybatis.executor.resultset.DefaultResultSetHandler#createResultObject。

```java
private Object createResultObject(ResultSetWrapper rsw, ResultMap resultMap,
List<Class<?>> constructorArgTypes, List<Object> constructorArgs, String columnPrefix)
throws SQLException {
    final Class<?> resultType = resultMap.getType();
    final MetaClass metaType = MetaClass.forClass(resultType);
    if (resultType.isInterface() || metaType.hasDefaultConstructor()) {
        // 普通的 Bean 对象类型
        return objectFactory.create(resultType);
    }
    throw new RuntimeException("Do not know how to create an instance of " + resultType);
}
```

对于这种普通对象，只需要使用反射工具类就可以对对象进行实例化，但这时还没有填充属性信息。

3）填充属性信息

完成对象的实例化以后，应根据 ResultSet 获取对应的值并填充到对象的属性中，如图 11-7 所示。需要注意的是，这个结果的获取来自 TypeHandler#getResult 接口新增的方法，由不同的类型处理器实现，采用这种策略模式的设计方法就可以巧妙地避免使用 if⋯else。

```java
public class LongTypeHandler extends BaseTypeHandler<Long> {

    @Override
    protected void setNonNullParameter(PreparedStatement ps, int i, Long parameter, JdbcType jdbcType) throws SQLException {
        ps.setLong(i, parameter);          设置参数
    }

    @Override
    protected Long getNullableResult(ResultSet rs, String columnName) throws SQLException {
        return rs.getLong(columnName);     获取结果
    }

}
```

图 11-7

源码详见 cn.bugstack.mybatis.executor.resultset.DefaultResultSetHandler#applyAutomaticMappings，如图 11-8 所示。

```java
private boolean applyAutomaticMappings(ResultSetWrapper rsw, ResultMap resultMap, MetaObject metaObject, String columnPrefix) throws SQLException {
    final List<String> unmappedColumnNames = rsw.getUnmappedColumnNames(resultMap, columnPrefix);
    boolean foundValues = false;
    for (String columnName : unmappedColumnNames) {
        String propertyName = columnName;
        if (columnPrefix != null && !columnPrefix.isEmpty()) {
            // When columnPrefix is specified,ignore columns without the prefix.
            if (columnName.toUpperCase(Locale.ENGLISH).startsWith(columnPrefix)) {
                propertyName = columnName.substring(columnPrefix.length());
            } else {
                continue;
            }
        }
        final String property = metaObject.findProperty(propertyName, useCamelCaseMapping: false);
        if (property != null && metaObject.hasSetter(property)) {
            final Class<?> propertyType = metaObject.getSetterType(property);
            if (typeHandlerRegistry.hasTypeHandler(propertyType)) {
                final TypeHandler<?> typeHandler = rsw.getTypeHandler(propertyType, columnName);
                // 使用 TypeHandler 取得结果
                final Object value = typeHandler.getResult(rsw.getResultSet(), columnName);
                if (value != null) {
                    foundValues = true;
                }
                if (value != null || !propertyType.isPrimitive()) {
                    // 通过反射工具类设置属性值
                    metaObject.setValue(property, value);          通过反射工具类，给对象属性设置值
                }
            }
        }
    }
    return foundValues;
}
```

图 11-8

columnName 是属性名称，先根据属性名称按照反射工具类从对象中获取对应的属性类型，再根据属性类型获取 TypeHandler。有了具体的类型处理器，获取每个类型处理器

下的内容就会更方便。

在获取属性值以后，使用 MetaObject 反射工具类设置属性值。完成一次循环设置以后，就可以返回一个完整的结果信息——Bean 对象。返回的 Bean 对象被写入 DefaultResultContext#nextResultObject 上下文中。

11.4　功能流程的测试

1．事先准备

1）创建库表

创建一个名为 mybatis 的数据库，在库中创建表 user，并添加测试数据，如下所示。

```
CREATE TABLE
    USER
    (
        id bigint NOT NULL AUTO_INCREMENT COMMENT '自增 ID',
        userId VARCHAR(9) COMMENT '用户 ID',
        userHead VARCHAR(16) COMMENT '用户头像',
        createTime TIMESTAMP NULL COMMENT '创建时间',
        updateTime TIMESTAMP NULL COMMENT '更新时间',
        userName VARCHAR(64),
        PRIMARY KEY (id)
    )
    ENGINE=InnoDB DEFAULT CHARSET=utf8;

INSERT INTO user (id, userId, userHead, createTime, updateTime, userName) VALUES (1,
'10001', '1_04', '2022-04-13 00:00:00', '2022-04-13 00:00:00', '小傅哥');
```

2）配置数据源

```
<environments default="development">
    <environment id="development">
        <transactionManager type="JDBC"/>
        <dataSource type="POOLED">
            <property name="driver" value="com.mysql.jdbc.Driver"/>
            <property name="url" value="jdbc:mysql://127.0.0.1:3306/
mybatis?useUnicode=true"/>
            <property name="username" value="root"/>
            <property name="password" value="123456"/>
        </dataSource>
    </environment>
</environments>
```

通过 mybatis-config-datasource.xml 配置数据源信息，包括 driver、url、username 和

password。

dataSource 的类型可以按需配置成 DRUID、UNPOOLED 和 POOLED，并进行测试验证。

3）配置 Mapper

```
<select id="queryUserInfoById" parameterType="java.lang.Long" resultType="cn.bugstack.
mybatis.test.po.User">
    SELECT id, userId, userName, userHead
    FROM user
    WHERE id = #{id}
</select>
```

这部分暂时不需要调整，目前还只是一个 java.lang.Long 入参类型的参数 id，待全部完善后再提供其他参数进行验证。

2．单元测试

```
@Before
public void init() throws IOException {
    // 1. 从 SqlSessionFactory 中获取 SqlSession
    SqlSessionFactory sqlSessionFactory = new SqlSessionFactoryBuilder().build
(Resources.getResourceAsReader("mybatis-config-datasource.xml"));
    sqlSession = sqlSessionFactory.openSession();
}

@Test
public void test_queryUserInfoById() {
    // 1. 获取映射器对象
    IUserDao userDao = sqlSession.getMapper(IUserDao.class);
    // 2. 测试验证：基本参数
    User user = userDao.queryUserInfoById(1L);
    logger.info("测试结果: {}", JSON.toJSONString(user));
}
```

这里只测试一个查询结果即可，返回一个自定义的对象类型。

测试过程如图 11-9 所示，测试结果如下。

```
12:39:17.321 [main] INFO  c.b.mybatis.builder.SqlSourceBuilder - 构建参数映射 property:
id propertyType: class java.lang.Long
12:39:17.321 [main] INFO  c.b.mybatis.builder.SqlSourceBuilder - 构建参数映射 property:
userId propertyType: class java.lang.String
12:39:17.382 [main] INFO  c.b.m.s.defaults.DefaultSqlSession - 执行查询 statement: cn.
bugstack.mybatis.test.dao.IUserDao.queryUserInfoById parameter: 1
12:39:17.684 [main] INFO  c.b.m.s.d.DefaultParameterHandler - 根据每个 ParameterMapping
中的 TypeHandler 设置对应的参数信息 value: 1
12:39:17.728 [main] INFO  cn.bugstack.mybatis.test.ApiTest - 测试结果:
{"id":1,"userHead":"1_04","userId":"10001","userName":" 小傅哥 "}

Process finished with exit code 0
```

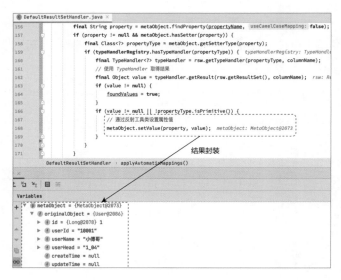

图 11-9

通过对 DefaultResultSetHandler 结果处理器的功能进行解耦和实现，可以正常查询和返回对应的对象信息，后续的其他内容也可以基于这个结构进行扩展。

11.5 总结

本章围绕流程的解耦进行介绍，对对象的参数解析和结果封装进行拆解，通过这种方式分配各个模块的单一职责，不让一个类的方法承担过多的交叉功能。

结合这种思想和设计进行反复阅读及动手实践，能为开发业务代码提供帮助，避免总是把所有的流程都写到一个类或方法中。

至此，全部的核心流程基本上串联完毕，对于一些功能的拓展，如支持更多的参数类型，以及添加 Select 以外的其他操作和一些缓存数据的使用等，后面几章会选取一些核心内容进行讲解。

第 12 章

完善框架的增、删、改、查操作

在系统架构设计中，即使花费再多的时间，也不可能一次性做完所有的事情，但可以花时间尽力做好一件事情。对于开发一个系统框架来说，只有不断地迭代、维护、重构，才能让这些功能越来越完善，越来越易用。

- 本章难度：★★★☆☆
- 本章重点：新增框架对 Mapper XML 增、删、改、查类语句的解析和存放，补全 SqlSession 接口的定义和实现，支持整个框架的增、删、改、查操作。

12.1 会话功能的分析

前面的章节中渐进式地实现了一个基本的框架，它不仅可以满足对 DAO 方法的查询操作，还可以处理对应的参数和返回结果。

目前，这个框架中提供的 SQL 处理仅有一个 select 操作，没有其他常用的 insert、update 和 delete 操作，以及使用 select 返回集合类型数据。

本章新增 SQL 类型的内容，对应 SqlSession 接口定义的新方法，如图 12-1 所示。

结合目前框架的开发结构，扩展 insert、update 和 delete 并不会太复杂。因为从 XML 对方法的解析、参数的处理、结果的封装来看，都已经是完整的结构。只要把新增的逻辑从前到后串联到 ORM 框架中，就可以实现对数据库的新增、修改和删除。

在阅读这部分代码时，读者可以从 XMLMapperBuilder 新增的 insert、update、delete 解析中为入口，以及 SqlSession 接口新增方法进行代码断点调试，这样可以串联整个功能链路。

```java
public interface SqlSession {

    /**
     * Retrieve a single row mapped from the statement key
     * 根据指定的SqlID获取一条记录的封装对象
     *
     * @param <T>         the returned object type 封装之后的对象类型
     * @param statement   sqlID
     * @return Mapped object 封装之后的对象
     */
    <T> T selectOne(String statement);

    /**
     * Retrieve a single row mapped from the statement key and parameter.
     * 根据指定的SqlID获取一条记录的封装对象，这个方法允许我们给sql传递一些参数
     * 一般在实际使用中，这个参数传递的是pojo、Map或者ImmutableMap
     *
     * @param <T>         the returned object type
     * @param statement   Unique identifier matching the statement to use.
     * @param parameter   A parameter object to pass to the statement.
     * @return Mapped object
     */
    <T> T selectOne(String statement, Object parameter);

                    insert、update和delete          添加新的执行方法
```

图 12-1

12.2　会话功能的设计

假定正在承接的业务开发需求是在现有的框架中完成对方法 insert、update 和 delete 的扩展，我们应该先思考流程是从哪里开始的，然后从流程的开始位置进行梳理。

显然，首先要解析 XML 文件，由于之前在 ORM 框架的开发中仅处理了 select 的 SQL 信息，因此需要按照解析 select 方法的方式处理 insert、update 和 delete。图 12-2 所示为新增的解析类型。

在新增解析类型的前提下，后续在 DefaultSqlSession 中新增执行 SQL 语句的方法 insert、update 和 delete，就可以通过 Configuration 配置项获取对应的映射器语句，并执行后续的流程。如图 12-3 所示，解析 XML 文件并处理 SQL 语句。

```java
    c XMLMapperBuilder.java ×
60 @     private void configurationElement(Element element) {
61           // 1.配置namespace
62           String namespace = element.attributeValue( s: "namespace");
63           if (namespace.equals("")) {
64               throw new RuntimeException("Mapper's namespace cannot be empty");
65           }
66           builderAssistant.setCurrentNamespace(namespace);
67
68           // 2.配置select|insert|update|delete
69           buildStatementFromContext(element.elements( s: "select"),
70                   element.elements( s: "insert"),
71                   element.elements( s: "update"),    新增的解析类型
72                   element.elements( s: "delete")
73           );
74       }
```

图 12-2

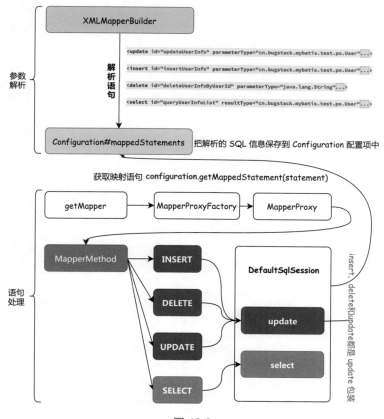

图 12-3

在执行 sqlSession.getMapper(IUserDao.class) 且获取 Mapper 以后，后续的流程会依次串联起映射器工厂、映射器，并获取对应的 MapperMethod。从 MapperMethod 开始，调用的是 DefaultSqlSession。

需要注意的是，除了已经开发完的 DefaultSqlSession#select 方法，定义 insert 方法、delete 方法和 update 方法时都调用了内部的 update 方法，这也是 MyBatis 的 ORM 框架对此类语句处理的一个包装。因为 select 方法、insert 方法、delete 方法和 update 方法都有相同的处理过程，所以可以被包装成一个逻辑来处理。

12.3 会话功能的实现

1. 工程结构

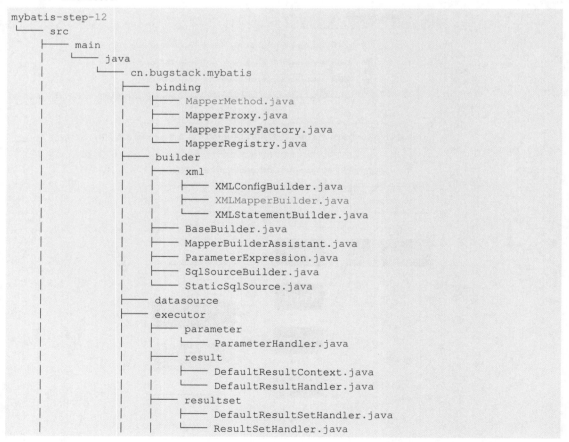

```
mybatis-step-12
└── src
    ├── main
    │   └── java
    │       └── cn.bugstack.mybatis
    │           ├── binding
    │           │   ├── MapperMethod.java
    │           │   ├── MapperProxy.java
    │           │   ├── MapperProxyFactory.java
    │           │   └── MapperRegistry.java
    │           ├── builder
    │           │   ├── xml
    │           │   │   ├── XMLConfigBuilder.java
    │           │   │   ├── XMLMapperBuilder.java
    │           │   │   └── XMLStatementBuilder.java
    │           │   ├── BaseBuilder.java
    │           │   ├── MapperBuilderAssistant.java
    │           │   ├── ParameterExpression.java
    │           │   ├── SqlSourceBuilder.java
    │           │   └── StaticSqlSource.java
    │           ├── datasource
    │           ├── executor
    │           │   ├── parameter
    │           │   │   └── ParameterHandler.java
    │           │   ├── result
    │           │   │   ├── DefaultResultContext.java
    │           │   │   └── DefaultResultHandler.java
    │           │   ├── resultset
    │           │   │   ├── DefaultResultSetHandler.java
    │           │   │   └── ResultSetHandler.java
```

```
|                   |         |     └──── ResultSetWrapper.java
|                   |         ├──── statement
|                   |         |     ├──── BaseStatementHandler.java
|                   |         |     ├──── PreparedStatementHandler.java
|                   |         |     ├──── SimpleStatementHandler.java
|                   |         |     └──── StatementHandler.java
|                   |         ├──── BaseExecutor.java
|                   |         ├──── Executor.java
|                   |         └──── SimpleExecutor.java
|                   ├──── io
|                   ├──── mapping
|                   |     ├──── BoundSql.java
|                   |     ├──── Environment.java
|                   |     ├──── MappedStatement.java
|                   |     ├──── ParameterMapping.java
|                   |     ├──── ResultMap.java
|                   |     ├──── ResultMapping.java
|                   |     ├──── SqlCommandType.java
|                   |     └──── SqlSource.java
|                   ├──── parsing
|                   ├──── reflection
|                   ├──── scripting
|                   ├──── session
|                   |     ├──── defaults
|                   |     |     ├──── DefaultSqlSession.java
|                   |     |     └──── DefaultSqlSessionFactory.java
|                   |     ├──── Configuration.java
|                   |     ├──── ResultContext.java
|                   |     ├──── ResultHandler.java
|                   |     ├──── RowBounds.java
|                   |     ├──── SqlSession.java
|                   |     ├──── SqlSessionFactory.java
|                   |     ├──── SqlSessionFactoryBuilder.java
|                   |     └──── TransactionIsolationLevel.java
|                   ├──── transaction
|                   └──── type
|       └──── test
|           ├──── java
|           |     └──── cn.bugstack.mybatis.test.dao
|           |           ├──── dao
|           |           |     └──── IUserDao.java
|           |           ├──── po
|           |           |     └──── User.java
|           |           └──── ApiTest.java
|           └──── resources
|                 ├──── mapper
|                 |     └──── User_Mapper.xml
|                 └──── mybatis-config-datasource.xml
```

完善 ORM 框架之后的增、删、改、查操作的核心类之间的关系如图 12-4 所示。

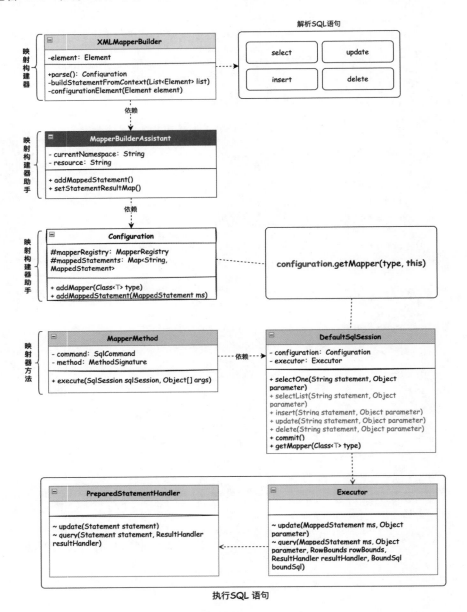

图 12-4

首先在 XML 映射构建器中扩展 XMLMapperBuilder#configurationElement 方法，在已

经解析 select 的基础上额外添加对 insert、update 和 delete 的解析操作。这部分不需要太多的处理，只要添加解析类型，就能满足本章的需求。同样，这里的解析信息会被保存到 Configuration 配置项的映射语句 Map 集合 mappedStatements 中，供后续 DefaultSqlSession 执行 SQL 语句获取配置信息时使用。

然后对 MapperMethod 进行改造。前面只介绍了 MapperMethod#execute 方法中 SELECT 类型的语句，本章需要扩展 INSERT、DELETE 和 UPDATE，同时对 SELECT 类型的语句进行扩展，补充查询多个结果集的方法。

需要扩展的这些信息都是由 DefaultSqlSession 调用 Executor 处理的。之所以这里看到的 Executor 中只有 update 方法，而没有 insert 方法和 delete 方法，是因为这两个方法是通过调用 update 方法进行处理的。

完成以上内容后，增、删、改会按照前面实现的语句执行、参数处理、结果封装等来调用 update 方法，把流程执行完毕，并返回最终的结果。

2. 扩展解析元素

首先新增 SQL 类型的 XML 语句，把 insert、update、delete 类型的 SQL 语句解析完成后，保存到 Configuration 配置项的映射器语句中。

源码详见 cn.bugstack.mybatis.builder.xml.XMLMapperBuilder。

```java
public class XMLMapperBuilder extends BaseBuilder {

    // 省略部分未改变的代码，可参考对应的源码

    // 配置 mapper 元素
    // <mapper namespace="org.mybatis.example.BlogMapper">
    //   <select id="selectBlog" parameterType="int" resultType="Blog">
    //     SELECT * FROM Blog WHERE id = #{id}
    //   </select>
    // </mapper>
    private void configurationElement(Element element) {
        // 1. 配置 namespace
        String namespace = element.attributeValue("namespace");
        if (namespace.equals("")) {
            throw new RuntimeException("Mapper's namespace cannot be empty");
        }
        builderAssistant.setCurrentNamespace(namespace);

        // 2. 配置 select、insert、update 和 delete
        buildStatementFromContext(element.elements("select"),
                element.elements("insert"),
                element.elements("update"),
                element.elements("delete")
```

```
        );
    }

    // 配置 select、insert、update 和 delete
    @SafeVarargs
    private final void buildStatementFromContext(List<Element>... lists) {
        for (List<Element> list : lists) {
            for (Element element : list) {
                final XMLStatementBuilder statementParser = new XMLStatementBuilder
(configuration, builderAssistant, element);
                statementParser.parseStatementNode();
            }
        }
    }

}
```

与第 11 章相比，将 buildStatementFromContext 方法的入参类型改造为 list 集合，也就是传递到方法中的所有语句的集合。

之后，在 XMLMapperBuilder#configurationElement 中传递 element.elements("select")、element.elements("insert")、element.elements("update") 和 element.elements("delete") 这 4 个类型的方法，从而把配置到 Mapper XML 中的不同 SQL 解析保存起来。

3. 新增执行方法

在 MyBatis 的 ORM 框架中，DefaultSqlSession 最终的 SQL 执行都会调用 Executor 接口，所以下面先介绍 Executor 接口中新增方法的变化。

1）update 方法的定义

源码详见 cn.bugstack.mybatis.executor.Executor。

```
public interface Executor {

    ResultHandler NO_RESULT_HANDLER = null;

    int update(MappedStatement ms, Object parameter) throws SQLException;

    <E> List<E> query(MappedStatement ms, Object parameter, RowBounds rowBounds,
ResultHandler resultHandler, BoundSql boundSql) throws SQLException;

    // 省略部分代码

}
```

update 是 Executor 接口新增的方法，在这次功能扩展中，Executor 接口只增加了 update 方法。因为如果要调用 insert 方法和 delete 方法，只需要调用 update 方法即可，所以这里的 MyBatis 并没有在 Ececutor 接口中定义新的方法。

2）update 方法的实现

源码详见 cn.bugstack.mybatis.executor.SimpleExecutor。

```java
public class SimpleExecutor extends BaseExecutor {

    public SimpleExecutor(Configuration configuration, Transaction transaction) {
        super(configuration, transaction);
    }

    @Override
    protected int doUpdate(MappedStatement ms, Object parameter) throws SQLException {
        Statement stmt = null;
        try {
            Configuration configuration = ms.getConfiguration();
            // 新建一个 StatementHandler
            StatementHandler handler = configuration.newStatementHandler(this, ms,
parameter, RowBounds.DEFAULT, null, null);
            // 准备语句
            stmt = prepareStatement(handler);
            // StatementHandler.update
            return handler.update(stmt);
        } finally {
            closeStatement(stmt);
        }
    }

    @Override
    protected <E> List<E> doQuery(MappedStatement ms, Object parameter, RowBounds
rowBounds, ResultHandler resultHandler, BoundSql boundSql) throws SQLException {
        Statement stmt = null;
        try {
            Configuration configuration = ms.getConfiguration();
            // 新建一个 StatementHandler
            StatementHandler handler = configuration.newStatementHandler(this, ms,
parameter, rowBounds, resultHandler, boundSql);
            // 准备语句
            stmt = prepareStatement(handler);
            // 返回结果
            return handler.query(stmt, resultHandler);
        } finally {
            closeStatement(stmt);
        }
    }

}
```

SimpleExecutor#doUpdate 是 BaseExecutor 抽象类实现 Executor#update 方法后定义的抽象方法。

和 doQuery 方法类似，doUpdate 方法也是先创建新的 StatementHandler，然后准备语句，最后执行处理。

需要注意的是，使用 doUpdate 方法创建 StatementHandler 时没有参数 resultHandler 和 boundSql，所以在创建过程中，需要对是否有必要使用参数 boundSql 进行判断。这部分内容主要体现在 BaseStatementHandler 的构造函数中，也就是关于参数 boundSql 的判断和实例化。

3）语句处理器的实现

语句处理器的实现的主要变化在于 BaseStatementHandler 的构造函数中添加了 boundSql 的初始化，代码如下。

```java
public abstract class BaseStatementHandler implements StatementHandler {

    // 省略部分代码
    protected BoundSql boundSql;

    public BaseStatementHandler(Executor executor, MappedStatement mappedStatement,
Object parameterObject, RowBounds rowBounds, ResultHandler resultHandler, BoundSql
boundSql) {

        // 新增判断，因为 update 方法不会传入 boundSql 参数，所以这里要进行初始化
        if (boundSql == null) {
            boundSql = mappedStatement.getBoundSql(parameterObject);
        }

    }

}
```

只有获取了 boundSql 参数，才便于对 SQL 语句进行处理。所以，在执行 update 方法且没有传入 boundSql 参数时，需要判断并执行获取 boundSql 参数的操作。接下来介绍抽象类的实现（具体在 update 方法中实现）。

源码详见 cn.bugstack.mybatis.executor.statement.PreparedStatementHandler。

```java
public class PreparedStatementHandler extends BaseStatementHandler{

    @Override
    public int update(Statement statement) throws SQLException {
        PreparedStatement ps = (PreparedStatement) statement;
        ps.execute();
        return ps.getUpdateCount();
```

```
    }

    @Override
    public <E> List<E> query(Statement statement, ResultHandler resultHandler) throws
SQLException {
        PreparedStatement ps = (PreparedStatement) statement;
        ps.execute();
        return resultSetHandler.<E> handleResultSets(ps);
    }

    // 省略部分代码

}
```

与 query 方法内的逻辑相比，PreparedStatementHandler 的 update 方法只相当于 JDBC 操作数据库返回结果集的变化，返回执行 SQL 语句后影响了多少条数据的总量。

4. SqlSession 接口的定义和 CRUD 接口的实现

在 SqlSession 接口中需要新增处理数据库的方法，包括 selectList、insert、update 和 delete，并使用 DefaultSqlSession 实现 SqlSession 接口的方法。

源码详见 cn.bugstack.mybatis.session.defaults.DefaultSqlSession。

```
public class DefaultSqlSession implements SqlSession {

    private Logger logger = LoggerFactory.getLogger(DefaultSqlSession.class);

    private Configuration configuration;
    private Executor executor;

    public DefaultSqlSession(Configuration configuration, Executor executor) {
        this.configuration = configuration;
        this.executor = executor;
    }

    @Override
    public <T> T selectOne(String statement) {
        return this.selectOne(statement, null);
    }

    @Override
    public <T> T selectOne(String statement, Object parameter) {
        List<T> list = this.<T>selectList(statement, parameter);
        if (list.size() == 1) {
            return list.get(0);
        } else if (list.size() > 1) {
            throw new RuntimeException("Expected one result (or null) to be returned
by selectOne(), but found: " + list.size());
```

```
        } else {
            return null;
        }
    }

    @Override
    public <E> List<E> selectList(String statement, Object parameter) {
        logger.info(" 执行查询 statement: {} parameter: {}", statement, JSON.
toJSONString(parameter));
        MappedStatement ms = configuration.getMappedStatement(statement);
        try {
            return executor.query(ms, parameter, RowBounds.DEFAULT, Executor.NO_
RESULT_HANDLER, ms.getSqlSource().getBoundSql(parameter));
        } catch (SQLException e) {
            throw new RuntimeException("Error querying database. Cause: " + e);
        }
    }

    @Override
    public int insert(String statement, Object parameter) {
        // 在 MyBatis 中, insert 方法调用的是 update 方法
        return update(statement, parameter);
    }

    @Override
    public int update(String statement, Object parameter) {
        MappedStatement ms = configuration.getMappedStatement(statement);
        try {
            return executor.update(ms, parameter);
        } catch (SQLException e) {
            throw new RuntimeException("Error updating database. Cause: " + e);
        }
    }

    @Override
    public Object delete(String statement, Object parameter) {
        return update(statement, parameter);
    }

    // 省略部分代码

}
```

在 DefaultSqlSession 的实现中，update 方法调用执行器并封装成方法以后，insert 方法和 delete 方法都是通过调用 update 方法实现的。接口定义的是单一执行，接口实现做了适配封装。

这里单独介绍了 selectList 方法，先把之前在 selectOne 方法中关于 executor.query 的

处理都迁移到 selectList 方法中，然后在 selectOne 方法中调用 selectList 方法，并给出相应的判断。

5．映射器命令的执行

对于上面实现的语句执行器、SqlSession 包装，最终都会交给 MapperMethod，并根据不同的 SQL 命令调用 SqlSession 接口中不同的方法。

```java
public class MapperMethod {

    private final SqlCommand command;
    private final MethodSignature method;

    public MapperMethod(Class<?> mapperInterface, Method method, Configuration
configuration) {
        this.command = new SqlCommand(configuration, mapperInterface, method);
        this.method = new MethodSignature(configuration, method);
    }

    public Object execute(SqlSession sqlSession, Object[] args) {
        Object result = null;
        switch (command.getType()) {
            case INSERT: {
                Object param = method.convertArgsToSqlCommandParam(args);
                result = sqlSession.insert(command.getName(), param);
                break;
            }
            case DELETE: {
                Object param = method.convertArgsToSqlCommandParam(args);
                result = sqlSession.delete(command.getName(), param);
                break;
            }
            case UPDATE: {
                Object param = method.convertArgsToSqlCommandParam(args);
                result = sqlSession.update(command.getName(), param);
                break;
            }
            case SELECT: {
                Object param = method.convertArgsToSqlCommandParam(args);
                if (method.returnsMany) {
                    result = sqlSession.selectList(command.getName(), param);
                } else {
                    result = sqlSession.selectOne(command.getName(), param);
                }
                break;
            }
            default:
                throw new RuntimeException("Unknown execution method for: " + command.
```

```
getName());
        }
        return result;
    }

    // 省略 SQL 指令和方法前面的代码块，可以参考 MyBatis 源码
}
```

MapperMethod#execute 会根据不同的 SqlCommand 调用不同的方法，INSERT、DELETE 和 UPDATE 分别按照对应的方法调用即可。这里对 SELECT 进行了扩展，因为需要按照不同方法的出参类型调用对应的 selectList 方法和 selectOne 方法。

另外，method.returnsMany 的属性值来自 MapperMethod.MethodSignature 方法签名中通过对方法返回结果是否为集合进行判断设置的值，代码如图 12-5 所示。

```java
public static class MethodSignature {

    private final boolean returnsMany;
    private final Class<?> returnType;
    private final SortedMap<Integer, String> params;

    public MethodSignature(Configuration configuration, Method method) {
        this.returnType = method.getReturnType();
        this.returnsMany = (configuration.getObjectFactory().isCollection(this.returnType) || this.returnType.isArray());
        this.params = Collections.unmodifiableSortedMap(getParams(method));
    }
}
```

图 12-5

12.4　会话功能的测试

1. 事先准备

1）创建库表

创建一个名为 mybatis 的数据库，在库中创建表 user，并添加测试数据，如下所示。

```
CREATE TABLE
    USER
    (
        id bigint NOT NULL AUTO_INCREMENT COMMENT '自增 ID',
        userId VARCHAR(9) COMMENT '用户 ID',
        userHead VARCHAR(16) COMMENT '用户头像',
        createTime TIMESTAMP NULL COMMENT '创建时间',
        updateTime TIMESTAMP NULL COMMENT '更新时间',
        userName VARCHAR(64),
        PRIMARY KEY (id)
```

```
    )
    ENGINE=InnoDB DEFAULT CHARSET=utf8;

INSERT INTO user (id, userId, userHead, createTime, updateTime, userName) VALUES (1,
'10001', '1_04', '2022-04-13 00:00:00', '2022-04-13 00:00:00', ' 小傅哥 ');
```

2）配置数据源

```
<environments default="development">
    <environment id="development">
        <transactionManager type="JDBC"/>
        <dataSource type="POOLED">
            <property name="driver" value="com.mysql.jdbc.Driver"/>
            <property name="url" value="jdbc:mysql://127.0.0.1:3306/mybatis?useUnicode=
true&characterEncoding=utf8"/>
            <property name="username" value="root"/>
            <property name="password" value="123456"/>
        </dataSource>
    </environment>
</environments>
```

通过 mybatis-config-datasource.xml 配置数据源信息，包括 driver、url、username 和
password。

dataSource 的类型可以按需配置成 DRUID、UNPOOLED 和 POOLED，并进行测试与
验证。

3）配置 Mapper

```
<select id="queryUserInfoById" parameterType="java.lang.Long" resultType="cn.bugstack.
mybatis.test.po.User">
    SELECT id, userId, userName, userHead
    FROM user
    WHERE id = #{id}
</select>

<select id="queryUserInfo" parameterType="cn.bugstack.mybatis.test.po.User"
resultType="cn.bugstack.mybatis.test.po.User">
    SELECT id, userId, userName, userHead
    FROM user
    WHERE id = #{id} and userId = #{userId}
</select>

<select id="queryUserInfoList" resultType="cn.bugstack.mybatis.test.po.User">
    SELECT id, userId, userName, userHead
    FROM user
</select>

<update id="updateUserInfo" parameterType="cn.bugstack.mybatis.test.po.User">
```

```
    UPDATE user
    SET userName = #{userName}
    WHERE id = #{id}
</update>

<insert id="insertUserInfo" parameterType="cn.bugstack.mybatis.test.po.User">
    INSERT INTO user
    (userId, userName, userHead, createTime, updateTime)
    VALUES (#{userId}, #{userName}, #{userHead}, now(), now())
</insert>

<delete id="deleteUserInfoByUserId" parameterType="java.lang.String">
    DELETE FROM user WHERE userId = #{userId}
</delete>
```

    本章已经完成 ORM 框架的基本功能的开发，所以这里可以分别配置测试不同类型的 SQL 语句，包括 insert 方法、delete 方法、update 方法和 select 方法。

    2. 单元测试

    为 IUserDao 接口配置相应的方法，并且与 Mapper XML 匹配。

```
public interface IUserDao {

    User queryUserInfoById(Long id);

    User queryUserInfo(User req);

    List<User> queryUserInfoList();

    int updateUserInfo(User req);

    void insertUserInfo(User req);

    int deleteUserInfoByUserId(String userId);

}
```

    1）插入测试

```
@Test
public void test_insertUserInfo() {
    // 1. 获取映射器对象
    IUserDao userDao = sqlSession.getMapper(IUserDao.class);

    // 2. 测试验证
    User user = new User();
    user.setUserId("10002");
```

```
user.setUserName(" 小白 ");
user.setUserHead("1_05");
userDao.insertUserInfo(user);
logger.info(" 测试结果: {}", "Insert OK");

// 3. 提交事务
sqlSession.commit();
}
```

测试结果如下。

```
14:45:25.166 [main] INFO  c.b.m.s.d.DefaultParameterHandler - 根据每个 ParameterMapping
中的 TypeHandler 设置对应的参数信息 value: "10002"
14:45:25.166 [main] INFO  c.b.m.s.d.DefaultParameterHandler - 根据每个 ParameterMapping
中的 TypeHandler 设置对应的参数信息 value: " 小白 "
14:45:25.166 [main] INFO  c.b.m.s.d.DefaultParameterHandler - 根据每个 ParameterMapping
中的 TypeHandler 设置对应的参数信息 value: "1_05"
14:45:25.171 [main] INFO  cn.bugstack.mybatis.test.ApiTest - 测试结果: Insert OK

Process finished with exit code 0
```

数据库表如图 12-6 所示。

id	userId	userHead	createTime	updateTime	userName
1	10001	1_04	2022-04-13 00:00:00	2022-04-13 00:00:00	小傅哥
4	10002	1_05	2022-06-12 14:45:25	2022-06-12 14:45:25	小白

图 12-6

由测试结果和图 12-6 可知，数据已经插入数据库中，并且验证通过。

需要注意的是，在执行完 SQL 语句之后，还执行了一次 sqlSession.commit();，这是因为在 DefaultSqlSessionFactory#openSession 开启会话创建事务工厂时，需要确认传给事务工厂构造函数的事务是否自动提交为 false，所以需要手动提交事务，否则不会插入数据库中。下面几个测试采用的也是同样的方式。

2）查询测试（多条数据）

```
@Test
public void test_queryUserInfoList() {
    // 1. 获取映射器对象
    IUserDao userDao = sqlSession.getMapper(IUserDao.class);
    // 2. 测试验证: 对象参数
    List<User> users = userDao.queryUserInfoList();
    logger.info(" 测试结果: {}", JSON.toJSONString(users));
}
```

测试结果如下。

```
14:50:19.063 [main] INFO  cn.bugstack.mybatis.test.ApiTest - 测试结
果: [{"id":1,"userHead":"1_04","userId":"10001","userName":"小傅哥
"},{"id":4,"userHead":"1_05","userId":"10002","userName":"小白"}]

Process finished with exit code 0
```

此时可以查询到两条记录的集合，这说明添加的 MapperMethod#execute 调用 sqlSession.
selectList(command.getName(), param); 能通过测试。读者也可以根据上述测试代码进行断
点调试。

3）修改测试

```
@Test
public void test_updateUserInfo() {
    // 1. 获取映射器对象
    IUserDao userDao = sqlSession.getMapper(IUserDao.class);
    // 2. 测试验证
    int count = userDao.updateUserInfo(new User(1L, "10001", "叮当猫"));
    logger.info("测试结果: {}", count);
    // 3. 提交事务
    sqlSession.commit();
}
```

测试结果如下。

```
14:52:09.550 [main] INFO  c.b.m.s.d.DefaultParameterHandler - 根据每个 ParameterMapping
中的 TypeHandler 设置对应的参数信息 value: "叮当猫"
14:52:09.550 [main] INFO  c.b.m.s.d.DefaultParameterHandler - 根据每个 ParameterMapping
中的 TypeHandler 设置对应的参数信息 value: 1
14:52:09.553 [main] INFO  cn.bugstack.mybatis.test.ApiTest - 测试结果: 1
```

数据库表如图 12-7 所示。

id	userId	userHead	createTime	updateTime	userName
1	10001	1_04	2022-04-13 00:00:00	2022-04-13 00:00:00	叮当猫
4	10002	1_05	2022-06-12 14:45:25	2022-06-12 14:45:25	小白

图 12-7

这里测试并验证 ID=1 的用户，userName 修改为叮当猫。由测试结果和图 12-7 可知，
测试已经通过。

4）删除测试

```
@Test
public void test_deleteUserInfoByUserId() {
    // 1. 获取映射器对象
    IUserDao userDao = sqlSession.getMapper(IUserDao.class);
```

```
    // 2. 测试验证
    int count = userDao.deleteUserInfoByUserId("10002");
    logger.info(" 测试结果: {}", count == 1);
    // 3. 提交事务
    sqlSession.commit();
}
```

测试结果如下。

```
14:57:39.536 [main] INFO  c.b.m.s.d.DefaultParameterHandler - 根据每个 ParameterMapping
中的 TypeHandler 设置对应的参数信息 value: "10002"
14:57:39.539 [main] INFO  cn.bugstack.mybatis.test.ApiTest - 测试结果: true

Process finished with exit code 0
```

数据库表如图 12-8 所示。

id	userId	userHead	createTime	updateTime	userName
1	10001	1_04	2022-04-13 00:00:00	2022-04-13 00:00:00	叮当猫

图 12-8

这里把数据库表中 userId 为 10002 的用户删除，由测试结果和图 12-8 可知，测试已经通过。

12.5　总结

至此，已经把 MyBatis 的全部主干流程串联起来，实现对数据库执行的增、删、改、查操作。读者会发现，在原有内容的基础上进行扩展也非常方便，甚至不需要改动太多的代码。这主要得益于在设计实现过程中，合理地运用了设计原则和设计模式。

读者在学习过程中可以调试源码中的一些参数，如事务是否自动提交、查询出来的参数是否可以添加其他类型。在增、删、改、查操作中，是否还要处理其他的情况。读者如果能够正确地添加并完成流程且验证通过，那么说明已经真正学会了这些知识点。

在串联本章的基础功能后，MyBatis 还要扩展一些额外的知识点，如插入时返回当前 ID、Map 类型映射、一级缓存、二级缓存和插件模块等，接下来继续讲解。

第 13 章

通过注解配置执行 SQL 语句

Java 注解（Annotation）又称为 Java 标注，是 JDK 5.0 引入的一种注释机制。

注解是各类技术框架在配置信息时的常用方式，与 XML 配置相比，在某些简单标记配置类的场景中，使用注解配置信息会更加容易。在 Spring、Spring Boot 和 MyBatis 中，都会使用注解。

- 本章难度：★★★☆☆
- 本章重点：通过引入执行 SQL 语句的注解，代替 Mapper XML 配置 SQL 语句的信息。学习构建 Mapper 对象的解析方式和使用方式。

13.1　注解配置的思考

在日常业务开发中，当研发人员使用 MyBatis 时，除了可以基于 Mapper XML 配置执行 SQL 语句的信息，还可以采用注解的方式在 DAO 接口上配置执行 SQL 语句的信息。

大部分研发规范都倾向于将 SQL 语句维护在 XML 中，因为这样不仅可以统一管理，还能在发包后对一些修改 SQL 配置进行测试和验证时，基于 XML 的配置改变 SQL 语句。如果基于方法注解，则需要重新打包，只有上传部分文件或全部文件才能进行这种验证。

在一些简单的场景下，在对应的 DAO 接口上，使用注解直接维护 SQL 语句还是非常方便的。本章基于前面开发的框架结构扩展 ORM 框架的功能，用配置方法注解的方式处理增、删、改、查操作。图 13-1 所示为通过注解配置执行 SQL 语句。

MyBatis 对于 XML 和注解配置也可以共用，主要是看在 XML 配置文件 mappers 中引入的是哪类资源。在本章之前，只实现了 mapper 中 resource="mapper/User_Mapper.xml"

的配置类型，因为本章需要支持注解配置 SQL 语句，所以还需要支持 class="cn.bugstack. mybatis.test.dao.IUserDao" 配置到 DAO 接口上的方式，解析 SQL 语句。

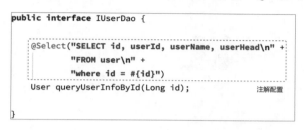

图 13-1

当阅读到这里时，读者可以思考 MyBatis 中的 XML 配置和注解配置使用方式有哪些共同点。无论使用哪种方式，都需要基于这些信息获取 SQL 语句、入参和出参等，并把这些信息包装成整体的映射语句，串联整个流程。

13.2 注解配置的设计

对于采用引入注解方式处理 SQL 语句的信息，主要在于将注解的解析部分与 Mapper XML 的解析部分进行策略模式的包装处理，对于不同类型的使用方式做到解析结果一致。在处理 SQL 语句的执行和结果的封装等流程时，就可以正常执行。

这部分代码的逻辑有变动，主要从 XMLConfigBuilder 的 Mapper 解析开始。因为只有从这里开始，才能判断一个 Mapper 使用的是 XML 配置还是注解配置。图 13-2 所示为两种不同类型的配置方式。

基于不同的 Mapper 引入的类型信息，需要在 XMLConfigBuilder 解析 mapper 元素信息时进行判断，按照不同的获取类型（如 resource、class）进行不同的解析。只要在解析处理时把这两部分差异进行适配处理，后

```
<mappers>
    <!-- XML 配置 -->
    <mapper resource="mapper/User_Mapper.xml"/>
    <!--注解配置-->
    <mapper class="cn.bugstack.mybatis.test.dao.IUserDao"/>
</mappers>
```

图 13-2

续的流程就可以正常进行。图 13-3 所示为注解配置 SQL 解析的流程。

以加载和解析 XML 文件为入口，解析不同的 SQL 配置方式，这里结合原有的解析 Mapper XML 配置方式扩展注解 SQL 配置。

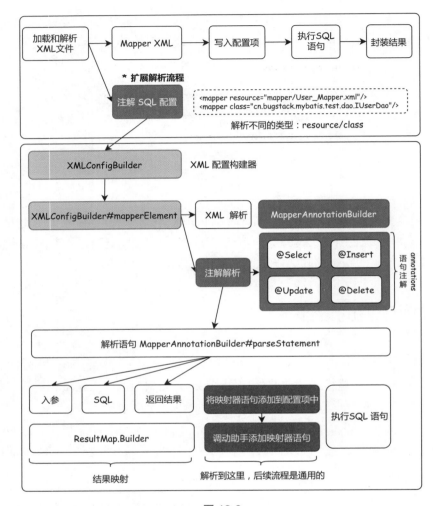

图 13-3

具体的处理过程主要是在 XMLConfigBuilder#mapperElement 配置构建器解析 Mapper 配置时，处理注解的解析部分。这些注解目前添加了 @Select、@Insert、@Update 和 @Delete，处理解析注解会向 Configuration 配置项中添加 ResultMap、MappedStatement 信息，这样当获取 Mapper 调用 DefaultSqlSession 对应的执行方法时，便于获取映射器语句配置并执行 SQL 语句和封装结果。

从这个处理过程中可以看到，只要把解析部分做策略模式处理，后续的执行流程就能保持一致。

13.3　注解配置的实现

1. 工程结构

```
mybatis-step-13
└── src
    ├── main
    │   └── java
    │       └── cn.bugstack.mybatis
    │           ├── annotations
    │           │   ├── Delete.java
    │           │   ├── Insert.java
    │           │   ├── Select.java
    │           │   └── Update.java
    │           ├── binding
    │           │   ├── MapperMethod.java
    │           │   ├── MapperProxy.java
    │           │   ├── MapperProxyFactory.java
    │           │   └── MapperRegistry.java
    │           ├── builder
    │           │   ├── annotation
    │           │   │   └── MapperAnnotationBuilder.java
    │           │   ├── xml
    │           │   │   ├── XMLConfigBuilder.java
    │           │   │   ├── XMLMapperBuilder.java
    │           │   │   └── XMLStatementBuilder.java
    │           │   ├── BaseBuilder.java
    │           │   ├── MapperBuilderAssistant.java
    │           │   ├── ParameterExpression.java
    │           │   ├── SqlSourceBuilder.java
    │           │   └── StaticSqlSource.java
    │           ├── datasource
    │           ├── executor
    │           ├── io
    │           ├── mapping
    │           ├── parsing
    │           ├── reflection
    │           ├── scripting
    │           │   ├── defaults
    │           │   │   ├── DefaultParameterHandler.java
    │           │   │   └── RawSqlSource.java
    │           │   ├── xmltags
    │           │   │   ├── DynamicContext.java
    │           │   │   ├── MixedSqlNode.java
    │           │   │   ├── SqlNode.java
```

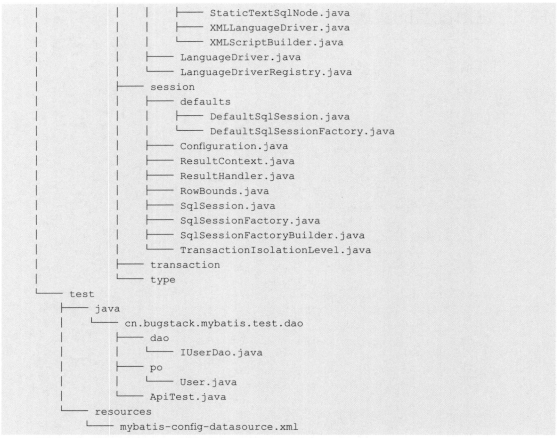

```
        |           |   |       ├──── StaticTextSqlNode.java
        |           |   |       ├──── XMLLanguageDriver.java
        |           |   |       └──── XMLScriptBuilder.java
        |           |   ├──── LanguageDriver.java
        |           |   └──── LanguageDriverRegistry.java
        |           ├──── session
        |           |   ├──── defaults
        |           |   |   ├──── DefaultSqlSession.java
        |           |   |   └──── DefaultSqlSessionFactory.java
        |           |   ├──── Configuration.java
        |           |   ├──── ResultContext.java
        |           |   ├──── ResultHandler.java
        |           |   ├──── RowBounds.java
        |           |   ├──── SqlSession.java
        |           |   ├──── SqlSessionFactory.java
        |           |   ├──── SqlSessionFactoryBuilder.java
        |           |   └──── TransactionIsolationLevel.java
        |           ├──── transaction
        |           └──── type
        └──── test
            ├──── java
            |   └──── cn.bugstack.mybatis.test.dao
            |       ├──── dao
            |       |   └──── IUserDao.java
            |       ├──── po
            |       |   └──── User.java
            |       └──── ApiTest.java
            └──── resources
                    └──── mybatis-config-datasource.xml
```

使用注解配置执行 SQL 语句的核心类，如图 13-4 所示。

XMLConfigBuilder 是解析 Mapper 的入口，以这条流程线中的方法 mapperElement 开始，在处理 XML 解析的基础上扩展注解。

从 XML 中读取 class 配置，通过 Configuration 配置项添加 Mapper 方法，由此启动解析注解类语句的操作。也就是说，在 MapperRegistry 随着 Configuration 配置项调用 addMapper 时解析注解。

本章新增的核心类 MapperAnnotationBuilder 专门用于解析注解。解析注解主要通过 Method 类获取方法的入参和出参的信息，并基于这种信息获取 LanguageDriver 脚本语言驱动器，从而创建出 SqlSource 属性。下面的执行与前面章节的一样，获取 Mapper 调用 DefaultSqlSession 对应的方法，以及从 Configuration 配置项中获取解析的 SQL 信息，设置相应的参数和包装结果。

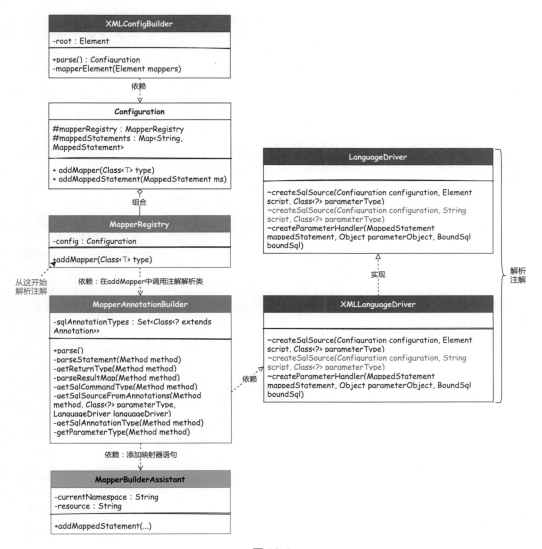

图 13-4

2. 脚本语言驱动器

LanguageDriver 脚本语言驱动器是前面已经实现的功能，用于对配置在 Mapper XML 中的 SQL 语句进行解析并创建 SqlSource 信息。接口如下所示。

```
/**
 * 创建 SQL 源码（mapper xml 方式）
 */
SqlSource createSqlSource(Configuration configuration, Element script, Class<?>
```

```
parameterType);
```

由方法的入参可知，script 参数的作用是解析 XML 文件。为了可以处理注解类型的 SQL 配置，需要添加新的接口方法。

```
/**
 * 创建 SQL 源码（注解方式）
 */
SqlSource createSqlSource(Configuration configuration, String script, Class<?>
parameterType);
```

通过重载 createSqlSource 接口把 script 的入参设置为 String 类型，以此解析注解 SQL 的配置。具体的接口实现如下。

源码详见 cn.bugstack.mybatis.scripting.xmltags.XMLLanguageDriver。

```java
public class XMLLanguageDriver implements LanguageDriver {

    @Override
    public SqlSource createSqlSource(Configuration configuration, Element script,
Class<?> parameterType) {
        // 用 XML 脚本构建器解析
        XMLScriptBuilder builder = new XMLScriptBuilder(configuration, script,
parameterType);
        return builder.parseScriptNode();
    }

    /**
     * 用于处理注解配置 SQL 语句
     */
    @Override
    public SqlSource createSqlSource(Configuration configuration, String script, Class<?>
parameterType) {
        // 暂时不解析动态 SQL
        return new RawSqlSource(configuration, script, parameterType);
    }

    // 省略 createParameterHandler 的实现，具体参照源码
}
```

与 XML 解析相比，用于解析注解方式的 createSqlSource 方法更加简单。因为这里不需要提供专门的 XML 脚本构建器，所以按照 SQL 语句的入参信息创建 RawSqlSource 即可。

另外，相对于 MyBatis 源码，本书省略了部分流程，只展示了核心结构。读者在掌握主链路以后，也可以参照 MyBatis 源码学习这部分的实现细则。

3. 注解配置构建器

在实现 MyBatis 的过程中，有一个专门的 annotations 注解包，用于配置 DAO 接口中的注解，这些注解包括所有的增、删、改、查操作，同时可以设定一些额外的返回参数等。

1）定义注解

本章主要介绍在使用注解的情况下，MyBatis 对此类配置的处理和执行过程，所以只添加了 @Insert、@Delete、@Update 和 @Select 四个注解。

```
@Retention(RetentionPolicy.RUNTIME)
@Target(ElementType.METHOD)
public @interface Insert {

    String[] value();

}

@Retention(RetentionPolicy.RUNTIME)
@Target(ElementType.METHOD)
public @interface Delete {

    String[] value();

}

@Retention(RetentionPolicy.RUNTIME)
@Target(ElementType.METHOD)
public @interface Update {

    String[] value();

}

@Retention(RetentionPolicy.RUNTIME)
@Target(ElementType.METHOD)
public @interface Select {

    String[] value();

}
```

在 MyBatis 中，除了这四个注解，还包括 @Arg、@InsertProvider、@Param、@ResultMap 等。读者在学习本章之后，可以尝试参照 MyBatis 源码添加其他注解，学习整个流程的处理方法。

2）配置解析

关于 MapperAnnotationBuilder 的详细源码，读者可以参考 cn.bugstack.mybatis.builder.annotation.MapperAnnotationBuilder。

加载配置注解和提供解析方法，如下所示。

```
public MapperAnnotationBuilder(Configuration configuration, Class<?> type) {
    String resource = type.getName().replace(".", "/") + ".java (best guess)";
    this.assistant = new MapperBuilderAssistant(configuration, resource);
    this.configuration = configuration;
    this.type = type;

    sqlAnnotationTypes.add(Select.class);
    sqlAnnotationTypes.add(Insert.class);
    sqlAnnotationTypes.add(Update.class);
    sqlAnnotationTypes.add(Delete.class);
}

public void parse() {
    String resource = type.toString();
    if (!configuration.isResourceLoaded(resource)) {
        assistant.setCurrentNamespace(type.getName());
        Method[] methods = type.getMethods();
        for (Method method : methods) {
            if (!method.isBridge()) {
                // 解析语句
                parseStatement(method);
            }
        }
    }
}
```

　　自定义注解的解析配置主要在 MapperAnnotationBuilder 类中完成，整个类在构造函数中配置需要解析的注解，并提供解析方法处理语句的解析。这个类的解析基本上是基于 Method 来获取参数类型、返回类型和注解方法等，并完成解析过程的。

　　解析语句如下所示。

```
private void parseStatement(Method method) {
    Class<?> parameterTypeClass = getParameterType(method);
    LanguageDriver languageDriver = getLanguageDriver(method);
    SqlSource sqlSource = getSqlSourceFromAnnotations(method, parameterTypeClass,
languageDriver);
    if (sqlSource != null) {
        final String mappedStatementId = type.getName() + "." + method.getName();
        SqlCommandType sqlCommandType = getSqlCommandType(method);
        boolean isSelect = sqlCommandType == SqlCommandType.SELECT;
        String resultMapId = null;
        if (isSelect) {
            resultMapId = parseResultMap(method);
        }

        // 调用助手类
        assistant.addMappedStatement(
                mappedStatementId,
```

```
                sqlSource,
                sqlCommandType,
                parameterTypeClass,
                resultMapId,
                getReturnType(method),
                languageDriver
        );
    }
}
```

整个解析的核心流程如下：根据 Method#getParameterType 方法获取入参类型，从 Configuration 配置项中获取默认的 LanguageDriver 脚本语言驱动器，基于注解提供的配置信息（也就是 value 值中的 SQL 语句）创建 SqlSource 语句。

创建完成这些基本信息以后，当 SqlCommandType 的命令类型为 SELECT 时，创建 ResultMap。ResultMap 会被写入 Configuration 配置项的 resultMaps 中。getResultMap 和 addResultMap 是本章在 Configuration 配置项中新增的方法。

在准备好这些基本配置之后，调用 MapperBuilderAssistant 保存到映射器语句中。在完成以上这些参数解析的传入之后，后面的流程与前面实现的过程一样。

另外，getReturnType(Method method) 方法有一个非常核心的问题——获取方法的返回类型。如果是普通的基本类型或对象类型，则可以直接返回。但如果是集合类型，则需要先通过 Collection.class.isAssignableFrom 进行判断，再获取集合中的参数类型。例如，List<User> 需要根据 method.getGenericReturnType() 获取返回类型，并判断是否为 Class，返回具体的类型。这里不会返回 List，和使用 XML 配置 Mapper 是一样的，返回的 resultType 是对象类型，可以参考对应的源码 cn.bugstack.mybatis.builder.annotation. MapperAnnotationBuilder#getReturnType。

4．Mapper XML 解析调用

在完成注解配置、解析处理以后，接下来就是把解析放到某个环节来处理。在 MyBatis 源码中，当使用 XML 配置构建器解析 Mapper 时，判断是 XML 还是注解。如果是注解，则调用 MapperRegistry#addMapper 方法，并执行解析注解的相关操作。

1）调用解析策略

源码详见 cn.bugstack.mybatis.builder.xml.XMLConfigBuilder。

```
public class XMLConfigBuilder extends BaseBuilder {

    // 省略部分代码

    /*
     * <mappers>
```

```
 *        <mapper resource="mapper/User_Mapper.xml"/>
 *      <mapper class="cn.bugstack.mybatis.test.dao.IUserDao"/>
 * </mappers>
 */
private void mapperElement(Element mappers) throws Exception {
    List<Element> mapperList = mappers.elements("mapper");
    for (Element e : mapperList) {
        String resource = e.attributeValue("resource");
        String mapperClass = e.attributeValue("class");
        // XML 解析
        if (resource != null && mapperClass == null) {
            InputStream inputStream = Resources.getResourceAsStream(resource);
            // 在 for 循环中，每个 Mapper 都重新创建一个 XMLMapperBuilder 来解析
            XMLMapperBuilder mapperParser = new XMLMapperBuilder(inputStream,
configuration, resource);
            mapperParser.parse();
        }
        // 注解解析
        else if (resource == null && mapperClass != null) {
            Class<?> mapperInterface = Resources.classForName(mapperClass);
            configuration.addMapper(mapperInterface);
        }

    }
  }
}
```

在 XMLConfigBuilder 的 Mapper 解析处理中，根据从 XML 配置中获取的 resource 和 class 分别判断。

如果 resource 为空，mapperClass 不为空，则解析注解。在这段代码中，根据 mapperClass 获取对应的接口，并通过 Configuration#addMapper 方法添加到配置项中。添加 Mapper 会调用 MapperRegistry，进而调用注解解析。

2）调用注解解析

```
else if (resource == null && mapperClass != null) {
    Class<?> mapperInterface = Resources.classForName(mapperClass);
    configuration.addMapper(mapperInterface);
}
```

如果以 XMLConfigBuilder#mapperElement 解析调用 configuration.addMapper 方法开始，则会调用 mapperRegistry.addMapper(type);。接下来介绍处理注解解析的操作。

源码详见 cn.bugstack.mybatis.binding.MapperRegistry。

```
public <T> void addMapper(Class<T> type) {
    /* Mapper 必须是接口才会注册 */
```

```
    if (type.isInterface()) {
        if (hasMapper(type)) {
            // 如果重复添加了, 则报错
            throw new RuntimeException("Type " + type + " is already known to the
MapperRegistry.");
        }
        // 注册映射器代理工厂
        knownMappers.put(type, new MapperProxyFactory<>(type));

        // 解析注解类语句配置
        MapperAnnotationBuilder parser = new MapperAnnotationBuilder(config, type);
        parser.parse();
    }
}
```

在 addMapper 方法中，根据 Class 注册映射器代理工厂后开始解析注解。前面已经介绍了 MapperAnnotationBuilder 类的功能，这里只是把整个流程串联起来。

13.4　注解配置的测试

1. 事先准备

1）创建库表

创建一个名为 mybatis 的数据库，在库中创建表 user，并添加测试数据，如下所示。

```
CREATE TABLE
    USER
    (
        id bigint NOT NULL AUTO_INCREMENT COMMENT '自增ID',
        userId VARCHAR(9) COMMENT '用户ID',
        userHead VARCHAR(16) COMMENT '用户头像',
        createTime TIMESTAMP NULL COMMENT '创建时间',
        updateTime TIMESTAMP NULL COMMENT '更新时间',
        userName VARCHAR(64),
        PRIMARY KEY (id)
    )
    ENGINE=InnoDB DEFAULT CHARSET=utf8;

INSERT INTO user (id, userId, userHead, createTime, updateTime, userName) VALUES (1,
'10001', '1_04', '2022-04-13 00:00:00', '2022-04-13 00:00:00', '小傅哥');
```

2）配置数据源

```
<environments default="development">
    <environment id="development">
        <transactionManager type="JDBC"/>
```

```
        <dataSource type="POOLED">
            <property name="driver" value="com.mysql.jdbc.Driver"/>
            <property name="url" value="jdbc:mysql://127.0.0.1:3306/
mybatis?useUnicode=true&characterEncoding=utf8"/>
            <property name="username" value="root"/>
            <property name="password" value="123456"/>
        </dataSource>
    </environment>
</environments>
```

通过 mybatis-config-datasource.xml 配置数据源信息，包括 driver、url、username 和 password。

dataSource 可以按需配置成 DRUID、UNPOOLED 和 POOLED，并进行测试及验证。

3）配置 Mapper 加载方式

```
<mappers>
    <!-- XML 配置
    <mapper resource="mapper/User_Mapper.xml"/>
    -->
    <!-- 注解配置 -->
    <mapper class="cn.bugstack.mybatis.test.dao.IUserDao"/>
</mappers>
```

前面采用 resource 方式配置 Mapper XML，这里把这部分注释掉，通过 class 配置 DAO 接口。

4）配置注解

```
public interface IUserDao {

    @Select("SELECT id, userId, userName, userHead" +
            "FROM user" +
            "WHERE id = #{id}")
    User queryUserInfoById(Long id);

    @Select("SELECT id, userId, userName, userHead" +
            "FROM user" +
            "WHERE id = #{id}")
    User queryUserInfo(User req);

    @Select("SELECT id, userId, userName, userHead" +
            "FROM user")
    List<User> queryUserInfoList();

    @Update("UPDATE user" +
            "SET userName = #{userName}" +
            "WHERE id = #{id}")
```

```
int updateUserInfo(User req);

@Insert("INSERT INTO user" +
        "(userId, userName, userHead, createTime, updateTime)" +
        "VALUES (#{userId}, #{userName}, #{userHead}, now(), now())")
void insertUserInfo(User req);

@Insert("DELETE FROM user WHERE userId = #{userId}")
int deleteUserInfoByUserId(String userId);

}
```

在开发注解配置以后，也可以不使用 Mapper XML 配置 SQL 信息，直接在 DAO 接口上添加注解配置。

2．单元测试

1）插入测试

```
@Test
public void test_insertUserInfo() {
    // 1. 获取映射器对象
    IUserDao userDao = sqlSession.getMapper(IUserDao.class);

    // 2. 测试验证
    User user = new User();
    user.setUserId("10002");
    user.setUserName(" 小白 ");
    user.setUserHead("1_05");
    userDao.insertUserInfo(user);
    logger.info(" 测试结果: {}", "Insert OK");

    // 3. 提交事务
    sqlSession.commit();
}
```

测试结果如下。

```
07:17:50.541 [main] INFO  c.b.m.s.d.DefaultParameterHandler - 根据每个 ParameterMapping
中的 TypeHandler 设置对应的参数信息 value: "10002"
07:17:50.541 [main] INFO  c.b.m.s.d.DefaultParameterHandler - 根据每个 ParameterMapping
中的 TypeHandler 设置对应的参数信息 value: " 小白 "
07:17:50.544 [main] INFO  c.b.m.s.d.DefaultParameterHandler - 根据每个 ParameterMapping
中的 TypeHandler 设置对应的参数信息 value: "1_05"
07:17:50.547 [main] INFO  cn.bugstack.mybatis.test.ApiTest - 测试结果: Insert OK

Process finished with exit code 0
```

数据库表如图 13-5 所示。

id	userId	userHead	createTime	updateTime	userName
1	10001	1_04	2022-04-13 00:00:00	2022-04-13 00:00:00	小傅哥
2	10004	1_05	2022-06-15 09:17:50	2022-06-15 09:17:50	小白

图 13-5

由测试结果和图 13-5 可知，可以通过注解的方式配置 SQL 信息，数据已经插入数据库中，验证通过。

需要注意的是，在执行完 SQL 语句以后，还执行了一次 sqlSession.commit();。这是因为在 DefaultSqlSessionFactory#openSession 开启会话创建事务工厂时，传入事务工厂构造函数的事务是否自动提交为 false。所以，需要手动提交事务，否则不会插入数据库中。下面几个测试采用了同样的处理方式。

2）查询测试（多条数据）

```
@Test
public void test_queryUserInfoList() {
    // 1. 获取映射器对象
    IUserDao userDao = sqlSession.getMapper(IUserDao.class);
    // 2. 测试验证：对象参数
    List<User> users = userDao.queryUserInfoList();
    logger.info("测试结果: {}", JSON.toJSONString(users));
}
```

测试结果如下。

```
07:24:05.229 [main] INFO  cn.bugstack.mybatis.test.ApiTest - 测试结果: [{"id":1,
"userHead":"1_04","userId":"10001","userName":"小傅哥"},{"id":3,"userHead":"1_05",
"userId":"10002","userName":"小白"}]

Process finished with exit code 0
```

当再次查询结果时，就可以查到两条记录的集合，这说明添加的 MapperMethod#execute 调用 sqlSession.selectList(command.getName(), param); 是通过测试的。读者也可以根据测试的代码进行断点调试。

3）修改测试

```
@Test
public void test_updateUserInfo() {
    // 1. 获取映射器对象
    IUserDao userDao = sqlSession.getMapper(IUserDao.class);
    // 2. 测试验证
    int count = userDao.updateUserInfo(new User(1L, "10001", "叮当猫"));
    logger.info("测试结果: {}", count);
    // 3. 提交事务
```

```
    sqlSession.commit();
}
```

测试结果如下。测试并验证把 id=1 的用户的 userName 修改为叮当猫，由测试结果和图 13-6 可知，测试已经通过。

```
07:24:38.320 [main] INFO  c.b.m.s.d.DefaultParameterHandler - 根据每个 ParameterMapping
中的 TypeHandler 设置对应的参数信息 value: "叮当猫"
07:24:38.320 [main] INFO  c.b.m.s.d.DefaultParameterHandler - 根据每个 ParameterMapping
中的 TypeHandler 设置对应的参数信息 value: 1
07:24:38.330 [main] INFO  cn.bugstack.mybatis.test.ApiTest - 测试结果: 1

Process finished with exit code 0
```

id	userId	userHead	createTime	updateTime	userName
1	10001	1_04	2022-04-13 00:00:00	2022-04-13 00:00:00	叮当猫
2	10004	1_05	2022-06-15 09:17:50	2022-06-15 09:17:50	小白

图 13-6

4）删除测试

```
@Test
public void test_deleteUserInfoByUserId() {
    // 1. 获取映射器对象
    IUserDao userDao = sqlSession.getMapper(IUserDao.class);
    // 2. 测试验证
    int count = userDao.deleteUserInfoByUserId("10002");
    logger.info("测试结果: {}", count == 1);
    // 3. 提交事务
    sqlSession.commit();
}
```

测试结果如下。

```
07:25:49.279 [main] INFO  c.b.m.s.d.DefaultParameterHandler - 根据每个 ParameterMapping
中的 TypeHandler 设置对应的参数信息 value: "10002"
07:25:49.285 [main] INFO  cn.bugstack.mybatis.test.ApiTest - 测试结果: true

Process finished with exit code 0
```

这里把数据库表中 id=10002 的用户删除，由测试结果和图 13-7 可知，测试已经通过。

id	userId	userHead	createTime	updateTime	userName
1	10001	1_04	2022-04-13 00:00:00	2022-04-13 00:00:00	叮当猫

图 13-7

13.5　总结

本章在解析 Mapper XML 的基础上采用注解方式，使整个框架的功能更加完善。在扩展注解功能的结构时，整个整合过程并不复杂，更多的是类似模块式的拼装，通过开发出一个注解解析构建器，在 Mapper 注册过程中完成调用和解析。如果一个框架的整体设计是完善的，那么功能的迭代和添加就会非常清晰且容易。

在整个内容的实现中，主要以串联核心流程为主，剔除一些分支过程。因为很多分支过程都在满足一些不同场景的需求，所以学习源码的重点在于掌握主要脉络而不被太多的分支流程干扰。读者在学习主干流程以后，可以结合 MyBatis 源码进行扩展，有了这些基础再阅读源码就会有更深的体会。

在框架实现过程中，我们会选取一部分逻辑进行处理，而不是介绍 MyBatis 的所有分支逻辑。就像处理注解，只添加 @Insert、@Delete、@Update 和 @Select 四个注解。读者在学习完本章内容以后，可以尝试了解一些其他注解的功能。

第 14 章

ResultMap 映射参数的配置

系统功能往往是从能用到好用不断迭代实现的。能用是指可以满足基本需求，好用是指完善了功能细节。从渐进式实现的 MyBatis 中也能发现这一点，功能细节是一步步完善的，从而满足各类场景的使用需求。

这也符合敏捷开发的特性：以用户需求为核心，采用迭代的方式循序渐进地开发。在敏捷开发中，软件项目在构建初期被分割为各个边界的子模块或子项目，各个子模块的功能再经过开发、测试，就具备集成和可运行的条件。

- 本章难度：★ ★ ★ ☆ ☆
- 本章重点：扩展 Mapper XML 参数配置的解析类型，添加 ResultMap 结构体，处理数据库表字段与 Java 对象字段不统一的问题，完善 MyBatis 的功能模块。

14.1 字段映射配置的分析

数据库表字段的命名规范是组合使用小写的英文字母和下画线，如雇员表中的雇员姓名使用 employee_name 字段描述。但这种字段的定义与 Java 代码开发中的 PO 数据库对象中的字段不能一一匹配，因为 Java 代码使用驼峰的方式命名，同样是雇员姓名，在 Java 代码中采用 employeeName 字段描述。

这就存在一个问题，在使用 MyBatis 时，如果遇到这种字段，就需要把数据库表中的下画线的字段名称映射成 Java 代码中的驼峰式字段，这样在执行查询操作时才能正确地把数据库中的结果映射到 Java 代码的返回对象上。

需要注意的是，在 MyBatis 中也可以使用类似于 employee_name as employeeName 的方式处理，但在整个编程过程中并不优雅，因为所有的查询都要做 as 映射，所以使用统一的字段映射更加合理。

下面介绍关于字段映射的配置方式，这也是前面介绍的 ResultMap 框架结构没有实现的内容。

14.2　字段映射配置的设计

在处理解析 Mapper XML 中的 SELECT 语句下配置的 resultType 时，已经添加了 ResultMap 和 ResultMapping 的映射结构。由于返回的都是对象类型，因此没有使用映射参数。这表示在处理查询结果集之后，SQL 的查询字段与 Java 代码中类的属性字段是一一对应的，不需要使用映射，直接按照匹配的属性名称设置值即可。

之所以采用通用的结果类型包装结构，是为了使用统一的方式处理，相当于用一个标准的结构适配非映射类的对象属性。所以，可以借助已经开发的 ResultMap 封装参数结构，完善字段映射的处理。图 14-1 所示为参数映射解析操作和使用设计。

完善 ResultMapping 中 Builder 对映射属性的保存，并使用 Mapper XML 对 resultMap 元素进行处理。

映射参数的解析过程主要是循环解析 resultMap 的标签集合，获取核心的 property 字段和 column 字段，构建 ResultMapping 类。每条配置都会创建一个 ResultMapping 类，最终配置信息会被写入 Configuration 配置项的 Map resultMaps 的结果映射中。

在程序获取到 Mapper，一直调用到 DefaultSqlSession 查询结果封装时，再从配置项中把相关的 ResultMap 读取出来，并设置属性值。

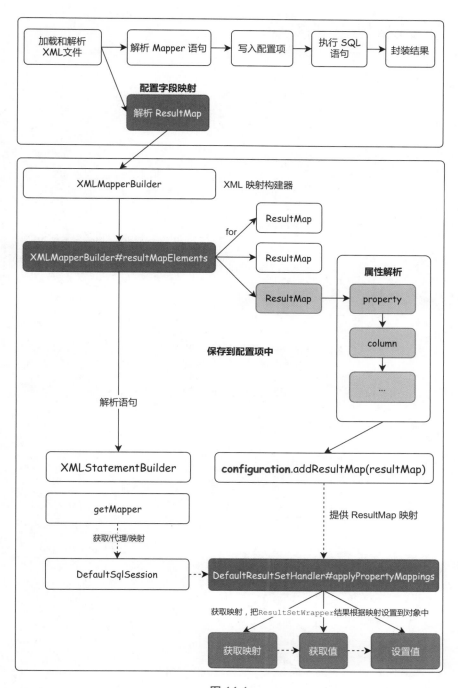

图 14-1

14.3　字段映射配置的实现

1. 工程结构

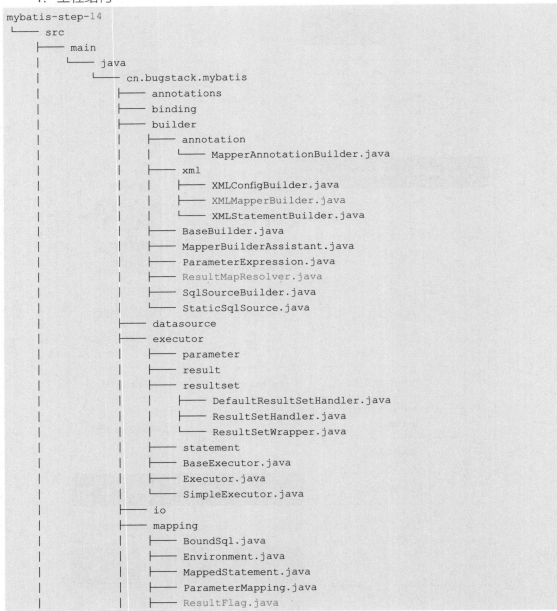

```
mybatis-step-14
└── src
    ├── main
    │   └── java
    │       └── cn.bugstack.mybatis
    │           ├── annotations
    │           ├── binding
    │           ├── builder
    │           │   ├── annotation
    │           │   │   └── MapperAnnotationBuilder.java
    │           │   ├── xml
    │           │   │   ├── XMLConfigBuilder.java
    │           │   │   ├── XMLMapperBuilder.java
    │           │   │   └── XMLStatementBuilder.java
    │           │   ├── BaseBuilder.java
    │           │   ├── MapperBuilderAssistant.java
    │           │   ├── ParameterExpression.java
    │           │   ├── ResultMapResolver.java
    │           │   ├── SqlSourceBuilder.java
    │           │   └── StaticSqlSource.java
    │           ├── datasource
    │           ├── executor
    │           │   ├── parameter
    │           │   ├── result
    │           │   ├── resultset
    │           │   │   ├── DefaultResultSetHandler.java
    │           │   │   ├── ResultSetHandler.java
    │           │   │   └── ResultSetWrapper.java
    │           │   ├── statement
    │           │   ├── BaseExecutor.java
    │           │   ├── Executor.java
    │           │   └── SimpleExecutor.java
    │           ├── io
    │           ├── mapping
    │           │   ├── BoundSql.java
    │           │   ├── Environment.java
    │           │   ├── MappedStatement.java
    │           │   ├── ParameterMapping.java
    │           │   ├── ResultFlag.java
```

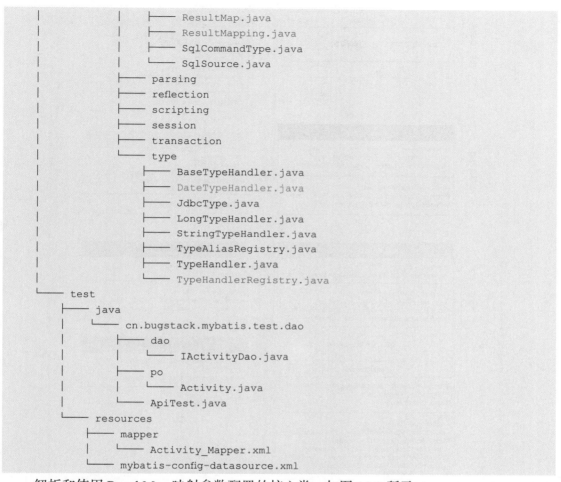

```
|                    |       ├── ResultMap.java
|                    |       ├── ResultMapping.java
|                    |       ├── SqlCommandType.java
|                    |       └── SqlSource.java
|                    ├── parsing
|                    ├── reflection
|                    ├── scripting
|                    ├── session
|                    ├── transaction
|                    └── type
|                            ├── BaseTypeHandler.java
|                            ├── DateTypeHandler.java
|                            ├── JdbcType.java
|                            ├── LongTypeHandler.java
|                            ├── StringTypeHandler.java
|                            ├── TypeAliasRegistry.java
|                            ├── TypeHandler.java
|                            └── TypeHandlerRegistry.java
└── test
    ├── java
    |   └── cn.bugstack.mybatis.test.dao
    |       ├── dao
    |       |   └── IActivityDao.java
    |       ├── po
    |       |   └── Activity.java
    |       └── ApiTest.java
    └── resources
        ├── mapper
        |   └── Activity_Mapper.xml
        └── mybatis-config-datasource.xml
```

解析和使用 ResultMap 映射参数配置的核心类，如图 14-2 所示。

以 XMLMapperBuilder 解析为入口，扩展 resultMapElements 方法，解析 resultMap 映射参数。解析过程涉及 MapperBuilderAssistant 类，需要在 XMLMapperBuilder 构造函数中初始化。

参数的解析主要在 MapperBuilderAssistant 类中完成，包括解析 javaTypeClass、typeHandlerInstance，以及封装 XML 配置的基本字段的映射信息。

执行一个 DAO 接口需要从获取 Mapper 开始，并逐步获取映射器代理、Mapper Method 和 DefaultSqlSession，最终在执行后封装返回结果时，按照已经提供的结果映射参数进行处理。这部分操作也就是 DefaultResultSetHandler#applyPropertyMappings 的处理过程，至此整个包含配置映射字段的结果就处理完了。

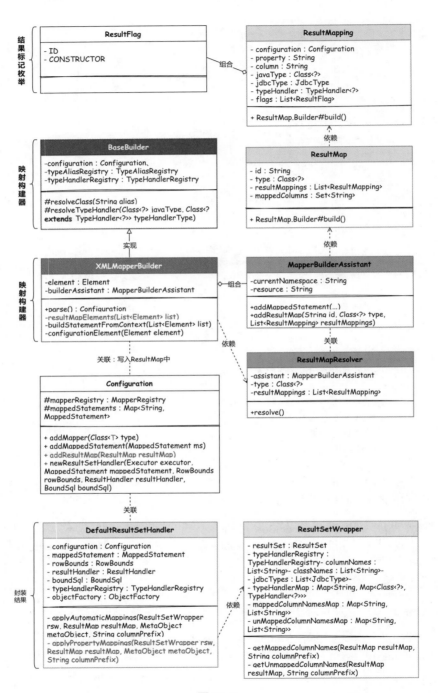

图 14-2

2. 解析映射配置

整个配置的解析都围绕在 MyBatis 的 ORM 框架中使用 resultMap 映射，而 resultMap 的参数映射配置也用于解决数据库表中的字段与 Java 代码中的对象字段不一致的情况。图 14-3 所示为参数映射配置。

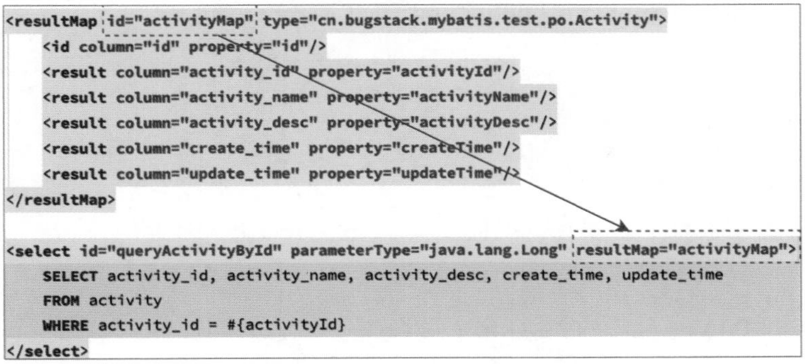

图 14-3

1）解析入口

基于对映射字段的解决方案，需要扩展 Mapper XML 映射构建器 configurationElement 方法的处理内容，并添加解析 resultMap 的操作。这部分也是在解析整个 select、insert、update 和 delete 之前就操作的部分，因为在解析 Mapper 配置文件的 select 标签时，如果遇到有 resultMap 的配置参数，则可以直接调用已经解析的 resultMap 的配置参数进行关联。

源码详见 cn.bugstack.mybatis.builder.xml.XMLMapperBuilder。

```java
private void configurationElement(Element element) {
    // 1. 配置 namespace
    String namespace = element.attributeValue("namespace");
    if (namespace.equals("")) {
        throw new RuntimeException("Mapper's namespace cannot be empty");
    }
    builderAssistant.setCurrentNamespace(namespace);
    // 2. 解析 resultMap
    resultMapElements(element.elements("resultMap"));
    // 3. 配置 select、insert、update 和 delete
    buildStatementFromContext(element.elements("select"),
            element.elements("insert"),
            element.elements("update"),
            element.elements("delete")
    );
}
```

XMLMapperBuilder#configurationElement 在配置元素解析方法中新增了对 resultMap 元素的解析，由于在一个 Mapper XML 中可能有多组这种映射参数配置，因此这里获取的是一个 elements 集合元素。

2）解析过程

源码详见 cn.bugstack.mybatis.builder.xml.XMLMapperBuilder。

```java
private ResultMap resultMapElement(Element resultMapNode, List<ResultMapping>
additionalResultMappings) throws Exception {
    String id = resultMapNode.attributeValue("id");
    String type = resultMapNode.attributeValue("type");
    Class<?> typeClass = resolveClass(type);
    List<ResultMapping> resultMappings = new ArrayList<>();
    resultMappings.addAll(additionalResultMappings);
    List<Element> resultChildren = resultMapNode.elements();
    for (Element resultChild : resultChildren) {
        List<ResultFlag> flags = new ArrayList<>();
        if ("id".equals(resultChild.getName())) {
            flags.add(ResultFlag.ID);
        }
        // 构建 ResultMapping
        resultMappings.add(buildResultMappingFromContext(resultChild, typeClass, flags));
    }

    // 创建结果映射解析器
    ResultMapResolver resultMapResolver = new ResultMapResolver(builderAssistant, id,
typeClass, resultMappings);
    return resultMapResolver.resolve();
}
```

解析的核心过程包括读取 resultMap 标签中的 id 和 type 的信息，如 <resultMap id="activityMap" type="cn.bugstack.mybatis.test.po.Activity">。之后循环解析标签内的每条配置元素中的 colum 和 property 的信息，如 <result column="activity_id" property= "activityId"/>。同时，会把 id 的配置专门用 ResultFlag 枚举类进行标记。

解析完成基础信息后，开始调用结果映射器，把解析的信息封装成 ResultMap 来保存。

3. 保存映射对象

1）映射解析

源码详见 cn.bugstack.mybatis.builder.ResultMapResolver。

```java
public class ResultMapResolver {

    private final MapperBuilderAssistant assistant;
    private String id;
    private Class<?> type;
```

```
    private List<ResultMapping> resultMappings;

    // 省略构造函数

    public ResultMap resolve() {
        return assistant.addResultMap(this.id, this.type, this.resultMappings);
    }

}
```

ResultMapResolver 是本章新增的内容，它的作用是对解析结果的内容进行封装，最终调用的是 MapperBuilderAssistant，负责封装和保存 ResultMap。

2）封装 ResultMap

ResultMap 映射对象的封装主要包括对象的构建和结果的存放，存放的地点是 Configuration 配置项中提供的结果映射 Map Map<String, ResultMap> resultMaps。这种配置方式也是为了通过 resultMaps Key 获取对应的 ResultMap。

源码详见 cn.bugstack.mybatis.mapping.ResultMap。

```
public class ResultMap {

    private String id;
    private Class<?> type;
    private List<ResultMapping> resultMappings;
    private Set<String> mappedColumns;

    private ResultMap() {}

    public static class Builder {
        private ResultMap resultMap = new ResultMap();

        public Builder(Configuration configuration, String id, Class<?> type,
List<ResultMapping> resultMappings) {
            resultMap.id = id;
            resultMap.type = type;
            resultMap.resultMappings = resultMappings;
        }

        public ResultMap build() {
            resultMap.mappedColumns = new HashSet<>();

            // 添加 mappedColumns 字段
            for (ResultMapping resultMapping : resultMap.resultMappings) {
                final String column = resultMapping.getColumn();
                if (column != null) {
                    resultMap.mappedColumns.add(column.toUpperCase(Locale.ENGLISH));
```

```
                    }
                }
                return resultMap;
            }

        }

        // 省略 get 方法

}
```

ResultMap 中的 Builder 负责把字段统一转换为大写形式并保存到 mappedColumns 映射字段中，同时返回 resultMap 对象，其余的信息都可以通过构造函数进行传递。

3）添加 ResultMap

源码详见 cn.bugstack.mybatis.builder.xml.XMLMapperBuilder。

```java
public class MapperBuilderAssistant extends BaseBuilder {

    private String currentNamespace;
    private String resource;

    // 省略部分方法

    public MapperBuilderAssistant(Configuration configuration, String resource) {
        super(configuration);
        this.resource = resource;
    }

    public ResultMapping buildResultMapping(
            Class<?> resultType,
            String property,
            String column,
            List<ResultFlag> flags) {

        Class<?> javaTypeClass = resolveResultJavaType(resultType, property, null);
        TypeHandler<?> typeHandlerInstance = resolveTypeHandler(javaTypeClass, null);

        ResultMapping.Builder builder = new ResultMapping.Builder(configuration,
property, column, javaTypeClass);
        builder.typeHandler(typeHandlerInstance);
        builder.flags(flags);

        return builder.build();

    }
```

```
    public ResultMap addResultMap(String id, Class<?> type, List<ResultMapping>
resultMappings) {
        // 补全 ID 全路径, 如: cn.bugstack.mybatis.test.dao.IActivityDao + activityMap
        id = applyCurrentNamespace(id, false);

        ResultMap.Builder inlineResultMapBuilder = new ResultMap.Builder(
                configuration,
                id,
                type,
                resultMappings);

        ResultMap resultMap = inlineResultMapBuilder.build();
        configuration.addResultMap(resultMap);
        return resultMap;
    }

}
```

在 MapperBuilderAssistant 中，本章增加了两个方法——构建 Mapping 的 buildResult Mapping 方法、添加 ResultMap 的 addResultMap 方法。

构建 buildResultMapping 方法就是在最开始 Mapper XML 映射构建器解析 buildResult MappingFromContext 调用的 XMLMapperBuilder#buildResultMapping 方法，封装映射配置中 <result column="activity_id" property="activityId"/> 的 column 字段和 property 字段。

MapperBuilderAssistant#addResultMap 方法从 ResultMapResolver 结果映射器调用并添加 ResultMap，最终把 ResultMap 保存到 Configuration 配置项中。

4. 使用映射对象

在 DefaultSqlSession 调用方法执行 SQL 语句后，就是封装结果，主要体现在 Default ResultSetHandler#handleResultSets 结果收集器的操作中。

这部分就是参照前面的内容把返回对象的结果按照 Java 代码对象类中的属性字段进行封装。下面参照这部分实现对映射字段进行封装，而映射字段就是从 Configuration 中读取的 ResultMap 配置，并根据映射封装结果。

源码详见 cn.bugstack.mybatis.executor.resultset.DefaultResultSetHandler。

```
private boolean applyPropertyMappings(ResultSetWrapper rsw, ResultMap resultMap,
MetaObject metaObject, String columnPrefix) throws SQLException {
    final List<String> mappedColumnNames = rsw.getMappedColumnNames(resultMap,
columnPrefix);
    boolean foundValues = false;
    final List<ResultMapping> propertyMappings = resultMap.getPropertyResultMappings();
    for (ResultMapping propertyMapping : propertyMappings) {
        final String column = propertyMapping.getColumn();
```

```
        if (column != null && mappedColumnNames.contains(column.toUpperCase(Locale.
ENGLISH))) {
            // 获取值
            final TypeHandler<?> typeHandler = propertyMapping.getTypeHandler();
            Object value = typeHandler.getResult(rsw.getResultSet(), column);
            // 设置值
            final String property = propertyMapping.getProperty();
            if (value != NO_VALUE && property != null && value != null) {
                // 通过反射工具类设置属性值
                metaObject.setValue(property, value);
                foundValues = true;
            }
        }
    }
    return foundValues;
}
```

调用 DefaultResultSetHandler#handleResultSets 方法创建结果处理器、封装数据和保存结果。

封装数据阶段包括创建对象和封装对象属性，如图 14-4 所示。源码可参考 DefaultResultSetHandler#getRowValue。

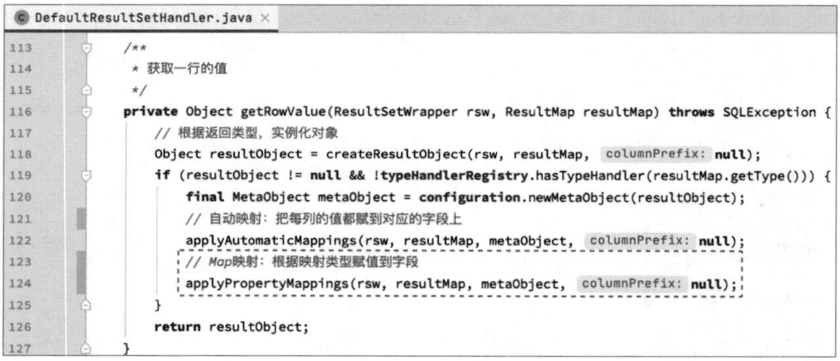

图 14-4

在 DefaultResultSetHandler#getRowValue 方法中，原来是通过自动映射把每列的值设置到对应的字段上的，而现在有了属性的映射，需要添加 applyPropertyMappings 方法处理。

applyPropertyMappings 方法先获取 mappedColumnNames 映射的字段，在循环处理 List<ResultMapping> 时，再比对判断是否包含当前字段。如果包含，则获取对应类型的 TypeHandler，执行 TypeHandler#getResult 获取结果，并把结果通过 MetaObject 反射工具类设置到对象的属性中。

需要注意的是，因为返回结果包括日期类型，所以在 type 包下添加了 DateTypeHandler，并注册到 TypeHandlerRegistry 中使用。

14.4　字段映射配置的测试

1．事先准备

1）创建库表

创建一个名为 mybatis 的数据库，在库中创建表 activity，并添加测试数据，如下所示。

```
CREATE TABLE `activity` (
  `id` bigint(20) NOT NULL AUTO_INCREMENT COMMENT '自增 ID',
  `activity_id` bigint(20) NOT NULL COMMENT '活动 ID',
  `activity_name` varchar(64) CHARACTER SET utf8mb4 DEFAULT NULL COMMENT '活动名称',
  `activity_desc` varchar(128) CHARACTER SET utf8mb4 DEFAULT NULL COMMENT '活动描述',
  `create_time` datetime DEFAULT CURRENT_TIMESTAMP COMMENT '创建时间',
  `update_time` datetime DEFAULT CURRENT_TIMESTAMP COMMENT '修改时间',
  PRIMARY KEY (`id`),
  UNIQUE KEY `unique_activity_id` (`activity_id`)
) ENGINE=InnoDB AUTO_INCREMENT=4 DEFAULT CHARSET=utf8mb4 COLLATE=utf8mb4_bin COMMENT='
活动配置';


-- ----------------------------
-- Records of activity
-- ----------------------------
BEGIN;
INSERT INTO `activity` VALUES (1, 100001, '活动名', '测试活动', '2021-08-08 20:14:50',
'2022-08-08 20:14:50');
INSERT INTO `activity` VALUES (3, 100002, '活动名', '测试活动', '2021-10-05 15:49:21',
'2022-09-05 15:49:21');
COMMIT;
```

与前面使用的测试表不同，在 activity 表中，都是以下画线的方式命名表字段的。

2）配置数据源

```
<environments default="development">
    <environment id="development">
        <transactionManager type="JDBC"/>
        <dataSource type="POOLED">
            <property name="driver" value="com.mysql.jdbc.Driver"/>
            <property name="url" value="jdbc:mysql://127.0.0.1:3306/mybatis?useUnicode=
true&characterEncoding=utf8"/>
            <property name="username" value="root"/>
```

```
            <property name="password" value="123456"/>
        </dataSource>
    </environment>
</environments>
```

通过 mybatis-config-datasource.xml 配置数据源信息，包括 driver、url、username 和 password。

这里的 dataSource 可以按需配置成 DRUID、UNPOOLED 和 POOLED，并进行测试及验证。

3）配置 Mapper 加载方式

```
<mappers>
    <!-- XML 配置 -->
    <mapper resource="mapper/Activity_Mapper.xml"/>
</mappers>
```

4）配置 Mapper XML 语句

```
<?xml version="1.0" encoding="UTF-8"?>
<!DOCTYPE mapper PUBLIC "-//mybatis.org//DTD Mapper 3.0//EN" "http://mybatis.org/dtd/
mybatis-3-mapper.dtd">
<mapper namespace="cn.bugstack.mybatis.test.dao.IActivityDao">

    <resultMap id="activityMap" type="cn.bugstack.mybatis.test.po.Activity">
        <id column="id" property="id"/>
        <result column="activity_id" property="activityId"/>
        <result column="activity_name" property="activityName"/>
        <result column="activity_desc" property="activityDesc"/>
        <result column="create_time" property="createTime"/>
        <result column="update_time" property="updateTime"/>
    </resultMap>

    <select id="queryActivityById" parameterType="java.lang.Long" resultMap="activityMap">
        SELECT activity_id, activity_name, activity_desc, create_time, update_time
        FROM activity
        WHERE activity_id = #{activityId}
    </select>

</mapper>
```

需要注意的是，本章中表的字段都带有下画线，所以开发了映射对象关系，在测试过程中通过配置 resultMap 来处理这种映射。

5）映射对象类

```
public class Activity {

    /** 自增 ID */
```

```
    private Long id;
    /** 活动 ID */
    private Long activityId;
    /** 活动名称 */
    private String activityName;
    /** 活动描述 */
    private String activityDesc;
    /** 创建人 */
    private String creator;
    /** 创建时间 */
    private Date createTime;
    /** 修改时间 */
    private Date updateTime;

    // 省略 get/set 方法

}
```

对象类中的属性字段都是按照驼峰方式命名的，所以在 XML 文件中提供了 resultMap 映射报错，如 activity_id 映射为 activityId。

2．单元测试

```
@Before
public void init() throws IOException {
    // 1. 从 SqlSessionFactory 中获取 SqlSession
    SqlSessionFactory sqlSessionFactory = new SqlSessionFactoryBuilder().
build(Resources.getResourceAsReader("mybatis-config-datasource.xml"));
    sqlSession = sqlSessionFactory.openSession();
}

@Test
public void test_queryActivityById(){
    // 1. 获取映射器对象
    IActivityDao dao = sqlSession.getMapper(IActivityDao.class);
    // 2. 测试验证
    Activity res = dao.queryActivityById(100001L);
    logger.info(" 测试结果: {}", JSON.toJSONString(res));
}
```

测试结果如下。

```
14:45:22.416 [main] INFO  c.b.mybatis.builder.SqlSourceBuilder - 构建参数映射 property:
activityId propertyType: class java.lang.Long
14:45:22.499 [main] INFO  c.b.m.s.defaults.DefaultSqlSession - 执行查询 statement:
cn.bugstack.mybatis.test.dao.IActivityDao.queryActivityById parameter: 100001
14:45:22.741 [main] INFO  c.b.m.d.pooled.PooledDataSource - Created connection
1963862935.
```

```
14:45:22.749 [main] INFO  c.b.m.s.d.DefaultParameterHandler - 根据每个 ParameterMapping
中的 TypeHandler 设置对应的参数信息 value: 100001
14:46:28.971 [main] INFO  cn.bugstack.mybatis.test.ApiTest - 测试结果: {"activityDesc":
"测试活动","activityId":100001,"activityName":"活动名","createTime":1628424890000,
"updateTime":1628424890000}

Process finished with exit code 0
```

由图 14-5 中的字段映射匹配和值的填充，以及测试结果可知，整个映射功能的开发已经通过测试。在学习过程中，读者可以在新增和修改的类中进行断点调试，验证各个功能的流程节点。

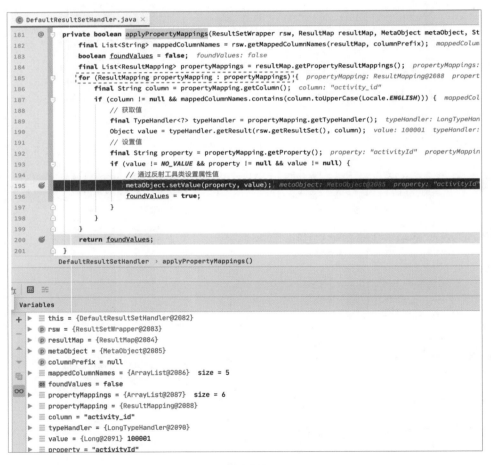

图 14-5

14.5　总结

本章结合整个框架和 ResultMap 提前预留的参数解析框架，添加映射类参数。在整个解析的过程中，一个 ResultMap 对应多个 ResultMapping，每条映射都被处理成 ResultMapping 信息，并且保存到配置项中。

完成所有的解析操作以后，就是处理封装。读者可以思考如何把 SQL 执行的结果和对象封装到一起。普通的对象默认按照对象字段封装，而带有下画线的属性字段需要根据映射的两个字段（下画线对应非下画线的方式）进行匹配，最终返回统一的封装结果。

当每添加一个功能时，就应该思考它应该基于什么场景、会遇到什么问题、如何解决，以及会得到什么结果。

第 15 章

返回 insert 操作自增索引值

在插入数据时，通常需要把 MySQL 自增主键字段值通过回填的方式进行反馈，以便依赖自增 ID 完成其他流程。因为插入和返回自增 ID 是在同一个会话中完成两条 SQL 语句，所以在实现过程中需要注意获取的数据库连接必须是同一个，否则不会正确获取自增 ID。

- 本章难度：★★★★☆
- 本章重点：Mapper XML 配置新增插入语句内的 selectKey 标签解析，并在同一个 SqlSession 会话中执行两条 SQL 语句，同时将自增 ID 信息回填到入参对象中。

15.1 分析两条 SQL 语句

前面在 MyBatis 的实现中，对 SQL 的 insert、delete、update 和 select 操作都是通过执行配置的一条 SQL 语句实现的。

本章要实现的是在执行插入 SQL 语句后，返回此条插入语句后的自增索引。图 15-1 所示为 Mapper XML insert 配置。

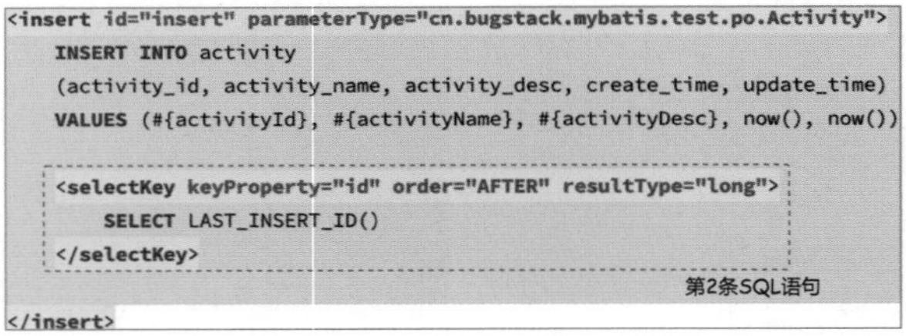

```
<insert id="insert" parameterType="cn.bugstack.mybatis.test.po.Activity">
    INSERT INTO activity
    (activity_id, activity_name, activity_desc, create_time, update_time)
    VALUES (#{activityId}, #{activityName}, #{activityDesc}, now(), now())

  <selectKey keyProperty="id" order="AFTER" resultType="long">
      SELECT LAST_INSERT_ID()
  </selectKey>
</insert>
```


图 15-1

当数据库中有两条需要执行的 SQL 语句时，重点是必须在同一个数据源连接下，否则会失去事务的特性。如果不是在同一个数据源连接下，那么返回的自增 ID 的值将是 0。

这也是本章需要完成的目标，在解析 Mapper 文件后，调用 PreparedStatementHandler 执行 SQL 语句时，需要在同一个连接下。

15.2　获取自增索引的设计

本章需要在插入 SQL 语句后返回插入的索引值，需要在 insert 标签中新增 selectKey 标签，并在 selectKey 标签中执行查询数据库索引操作。基于这种新增标签，会在 XML 语句构建器中添加对 selectKey 标签的解析，同时把新增的解析映射器语句保存到配置项中，最终在一个数据源连接下执行两条 SQL 语句。图 15-2 所示为 selectKey 标签的 SQL 的解析、保存和执行。

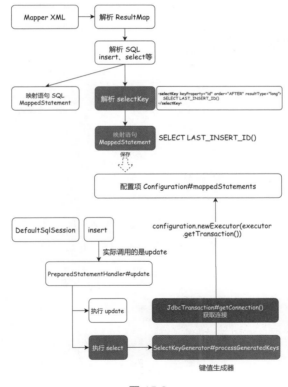

图 15-2

以解析 Mapper XML 为入口，处理 insert、delete、update 和 select 类型的 SQL 解析，获取 selectKey 标签，并对此标签中的 SQL 语句进行解析和封装。把 selectKey 标签中的语句当成一个 select 操作，封装成映射器语句。需要注意的是，这里只对 insert 标签起作用，其他标签并不会内置 selectKey 标签的配置。

当完成 selectKey 标签的解析后，也像解析其他类型的标签一样，按照 Mapped Statement 保存到 Configuration 配置项中，当执行 DefaultSqlSession 获取 SQL 语句时，就可以从配置项中获取对应配置的 SQL 语句，并在执行器中执行。需要注意的是，对于键值的处理，是通过单独包装的 KeyGenerator 完成 SQL 语句的调用和结果封装的。

由于这里执行了两条 SQL 语句（一条 INSERT 语句和一条 SELECT 语句），因此这两条 SQL 语句必须在同一个数据源连接下才能返回正确的索引值。这样可以保证一个事务的特性，否则查询不到插入的索引值。需要注意的是，因为事务要在同一个连接下执行，所以使用 JdbcTransaction#getConnection() 方法获取连接。获取的连接只有是已经存在的同一个连接，才能正确地返回结果。

15.3 获取自增索引的实现

1. 工程结构

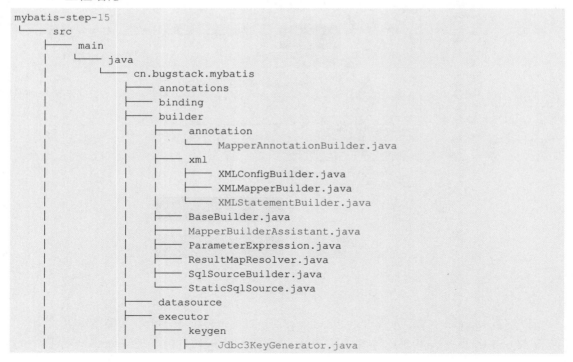

```
mybatis-step-15
└── src
    ├── main
    │   └── java
    │       └── cn.bugstack.mybatis
    │           ├── annotations
    │           ├── binding
    │           ├── builder
    │           │   ├── annotation
    │           │   │   └── MapperAnnotationBuilder.java
    │           │   ├── xml
    │           │   │   ├── XMLConfigBuilder.java
    │           │   │   ├── XMLMapperBuilder.java
    │           │   │   └── XMLStatementBuilder.java
    │           │   ├── BaseBuilder.java
    │           │   ├── MapperBuilderAssistant.java
    │           │   ├── ParameterExpression.java
    │           │   ├── ResultMapResolver.java
    │           │   ├── SqlSourceBuilder.java
    │           │   └── StaticSqlSource.java
    │           ├── datasource
    │           ├── executor
    │           │   ├── keygen
    │           │   │   └── Jdbc3KeyGenerator.java
```

```
│               │       ├──    KeyGenerator.java
│               │       ├──    NoKeyGenerator.java
│               │       └──    SelectKeyGenerator.java
│               ├──    parameter
│               ├──    result
│               ├──    resultset
│               │       ├──    DefaultResultSetHandler.java
│               │       ├──    ResultSetHandler.java
│               │       └──    ResultSetWrapper.java
│               ├──    statement
│               │       ├──    BaseStatementHandler.java
│               │       ├──    PreparedStatementHandler.java
│               │       ├──    SimpleStatementHandler.java
│               │       └──    StatementHandler.java
│               ├──    BaseExecutor.java
│               ├──    Executor.java
│               └──    SimpleExecutor.java
│       ├──    io
│       ├──    mapping
│       │       ├──    BoundSql.java
│       │       ├──    Environment.java
│       │       ├──    MappedStatement.java
│       │       ├──    ParameterMapping.java
│       │       ├──    ResultFlag.java
│       │       ├──    ResultMap.java
│       │       ├──    ResultMapping.java
│       │       ├──    SqlCommandType.java
│       │       └──    SqlSource.java
│       ├──    parsing
│       ├──    reflection
│       ├──    scripting
│       ├──    session
│       │       ├──    defaults
│       │       │       ├──    DefaultSqlSession.java
│       │       │       └──    DefaultSqlSessionFactory.java
│       │       ├──    Configuration.java
│       │       ├──    ResultContext.java
│       │       ├──    ResultHandler.java
│       │       ├──    RowBounds.java
│       │       ├──    SqlSession.java
│       │       ├──    SqlSessionFactory.java
│       │       ├──    SqlSessionFactoryBuilder.java
│       │       └──    TransactionIsolationLevel.java
│       ├──    transaction
│       │       ├──    jdbc
│       │       │       ├──    JdbcTransaction.java
│       │       │       └──    JdbcTransactionFactory.java
│       │       ├──    Transaction.java
```

207 |

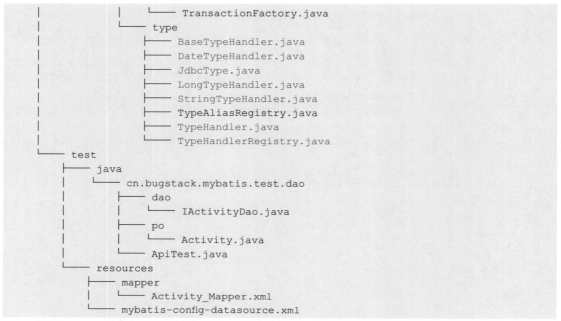

```
    |                       |           TransactionFactory.java
    |                       └──── type
    |                              ├──── BaseTypeHandler.java
    |                              ├──── DateTypeHandler.java
    |                              ├──── JdbcType.java
    |                              ├──── LongTypeHandler.java
    |                              ├──── StringTypeHandler.java
    |                              ├──── TypeAliasRegistry.java
    |                              ├──── TypeHandler.java
    |                              └──── TypeHandlerRegistry.java
    └──── test
          ├──── java
          |      └──── cn.bugstack.mybatis.test.dao
          |             ├──── dao
          |             |      └──── IActivityDao.java
          |             ├──── po
          |             |      └──── Activity.java
          |             └──── ApiTest.java
          └──── resources
                 ├──── mapper
                 |      └──── Activity_Mapper.xml
                 └──── mybatis-config-datasource.xml
```

返回 insert 操作自增索引值的核心类之间的关系，如图 15-3 所示。

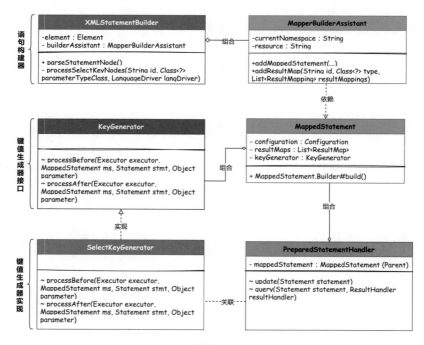

图 15-3

在整个核心类的关系中，以 XMLStatementBuilder 新增 processSelectKeyNodes 节点解析，构建 MappedStatement 映射类语句。

此处的映射类语句会通过 KeyGenerator 类包装，该包装主要用于对 selectKey 标签中的 SQL 语句进行查询和结果封装。这个过程类似于 DefaultSqlSession 调用 Executor 执行器执行 SQL 语句的过程。

执行 insert 方法，需要在 PreparedStatementHandler 的 update 方法中进行扩充，先执行 insert 操作，再执行 select 操作。方法的返回值是 SQL 影响的条数，入参中的对象属性与 selectKey 标签配置一样的名称字段，并且被填充索引值返回。需要注意的是，在 MyBatis 中，所有的 SQL 操作在执行器中只有 select 和 update，也就是说，insert、delete 和 update 都会被 update 封装。

2. 创建键值生成器

KeyGenerator 接口和对应的实现类用于包装 Mapper XML insert 标签中 selectKey 下的语句。KeyGenerator 接口有 3 个实现类，分别为 NoKeyGenerator、Jdbc3KeyGenerator 和 SelectKeyGenerator，本章只会用到 SelectKeyGenerator，以及在默认没有 selectKey 标签的情况下使用 NoKeyGenerator 代替。

- NoKeyGenerator：默认空实现，不对主键单独处理。
- Jdbc3KeyGenerator：主要用于数据库的自增主键，如 MySQL、PostgreSQL。
- SelectKeyGenerator：主要用于数据库不支持自增主键的情况，如 Oracle、DB2。

1）定义接口

源码详见 cn.bugstack.mybatis.executor.keygen.KeyGenerator。

```
public interface KeyGenerator {

    void processBefore(Executor executor, MappedStatement ms, Statement stmt, Object
parameter);

    void processAfter(Executor executor, MappedStatement ms, Statement stmt, Object
parameter);

}
```

KeyGenerator 接口定义了两个方法，分别为 processBefore 方法和 processAfter 方法。

- processBefore 方法：针对 Sequence 主键，在执行 insert 操作前，必须指定一个主键值要插入的记录。例如，对于 Oracle、DB2，KeyGenerator 接口提供了 processBefore 方法。

- processAfter 方法：针对自增主键的表，在插入时不需要主键，而是在插入过程中自动获取一个自增主键。例如，对于 MySQL、PostgreSQL，KeyGenerator 接口提供了 processAfter 方法。

2）实现接口

源码详见 cn.bugstack.mybatis.executor.keygen.SelectKeyGenerator。

```java
public class SelectKeyGenerator implements KeyGenerator {

    public static final String SELECT_KEY_SUFFIX = "!selectKey";
    private boolean executeBefore;
    private MappedStatement keyStatement;

    // 省略方法

    @Override
    public void processAfter(Executor executor, MappedStatement ms, Statement stmt,
Object parameter) {
        if (!executeBefore) {
            processGeneratedKeys(executor, ms, parameter);
        }
    }

    private void processGeneratedKeys(Executor executor, MappedStatement ms, Object
parameter) {
        try {
            if (parameter != null && keyStatement != null && keyStatement.
getKeyProperties() != null) {
                String[] keyProperties = keyStatement.getKeyProperties();
                final Configuration configuration = ms.getConfiguration();
                final MetaObject metaParam = configuration.newMetaObject(parameter);
                if (keyProperties != null) {
                    Executor keyExecutor = configuration.newExecutor(executor.
getTransaction());
                    List<Object> values = keyExecutor.query(keyStatement, parameter,
RowBounds.DEFAULT, Executor.NO_RESULT_HANDLER);
                    if (values.size() == 0) {
                        throw new RuntimeException("SelectKey returned no data.");
                    } else if (values.size() > 1) {
                        throw new RuntimeException("SelectKey returned more than one
value.");
                    } else {
                        MetaObject metaResult = configuration.newMetaObject(values.
get(0));

                        if (keyProperties.length == 1) {
                            if (metaResult.hasGetter(keyProperties[0])) {
                                setValue(metaParam, keyProperties[0], metaResult.
```

```
getValue(keyProperties[0]));
                            } else {
                                setValue(metaParam, keyProperties[0], values.get(0));
                            }
                        } else {
                            handleMultipleProperties(keyProperties, metaParam,
metaResult);
                        }
                    }
                }
            }
        } catch (Exception e) {
            throw new RuntimeException("Error selecting key or setting result to
parameter object. Cause: " + e);
        }
    }
}
```

SelectKeyGenerator 类主要体现在 processAfter 方法对 processGeneratedKeys 的调用处理上。在调用方法的过程中，从配置项中获取 JDBC 连接和 Executor 执行器。之后，使用执行器对传入的 MappedStatement 进行处理，也就是对应的 keyStatement 参数。

和执行 SELECT 语句一样，在通过执行器 keyExecutor.query 获取结果之后，使用 MetaObject 反射工具类向对象的属性设置查询结果。这个结果被封装到入参对象中对应的字段上，如用户对象的 id 字段。

3. 解析 selectKey 标签

selectKey 标签主要用在 Mapper XML 的 INSERT 语句中，在解析这段内容时，主要是对 XMLStatementBuilder 的解析过程进行扩展。

1）扩展解析

源码详见 cn.bugstack.mybatis.builder.xml.XMLStatementBuilder。

```
public void parseStatementNode() {

    // 省略部分处理

    // 解析 selectKey 标签是本章新增的内容
    processSelectKeyNodes(id, parameterTypeClass, langDriver);

    // 解析成 SqlSource，DynamicSqlSource/RawSqlSource
    SqlSource sqlSource = langDriver.createSqlSource(configuration, element,
parameterTypeClass);

    // 属性标记（仅对 insert 有用），MyBatis 会通过 getGeneratedKeys 或 INSERT 语句的 selectKey
```

```
    // 子元素设置它的值
    String keyProperty = element.attributeValue("keyProperty");
    KeyGenerator keyGenerator = null;
    String keyStatementId = id + SelectKeyGenerator.SELECT_KEY_SUFFIX;
    keyStatementId = builderAssistant.applyCurrentNamespace(keyStatementId, true);
    if (configuration.hasKeyGenerator(keyStatementId)) {
        keyGenerator = configuration.getKeyGenerator(keyStatementId);
    } else {
        keyGenerator = configuration.isUseGeneratedKeys() && SqlCommandType.INSERT.
equals(sqlCommandType) ? new Jdbc3KeyGenerator() : new NoKeyGenerator();
    }

    // 调用助手类
    builderAssistant.addMappedStatement(...)
}
```

通过 parseStatementNode 解析 insert 方法、delete 方法、update 方法和 select 方法，扩展处理 selectKey 标签。processSelectKeyNodes 方法专门用于处理 selectKey 标签下的语句。

另外，对于 keyProperty 的初始操作，因为很多时候对 SQL 的解析中并没有 selectKey 标签，以及获取自增主键的返回结果，所以采用默认的 keyGenerator 获取方式，通常用实例化 NoKeyGenerator 赋值。

2）处理 selectKey 标签

```
<selectKey keyProperty="id" order="AFTER" resultType="long">
SELECT LAST_INSERT_ID()
</selectKey>
```

XMLStatementBuilder#parseSelectKeyNode 对应的 parseSelectKeyNode 专门用于解析 selectKey 标签下的 SQL 语句，以及对返回类型进行封装。

源码详见 cn.bugstack.mybatis.builder.xml.XMLStatementBuilder。

```
private void parseSelectKeyNode(String id, Element nodeToHandle, Class<?>
parameterTypeClass, LanguageDriver langDriver) {
    String resultType = nodeToHandle.attributeValue("resultType");
    Class<?> resultTypeClass = resolveClass(resultType);
    boolean executeBefore = "BEFORE".equals(nodeToHandle.attributeValue("order",
"AFTER"));
    String keyProperty = nodeToHandle.attributeValue("keyProperty");

    // default
    String resultMap = null;
    KeyGenerator keyGenerator = new NoKeyGenerator();

    // 解析成 SqlSource, DynamicSqlSource/RawSqlSource
    SqlSource sqlSource = langDriver.createSqlSource(configuration, nodeToHandle,
parameterTypeClass);
```

```
        SqlCommandType sqlCommandType = SqlCommandType.SELECT;

        // 调用助手类
        builderAssistant.addMappedStatement(id,
                sqlSource,
                sqlCommandType,
                parameterTypeClass,
                resultMap,
                resultTypeClass,
                keyGenerator,
                keyProperty,
                langDriver);

        // 为 id 加上 namespace 前缀
        id = builderAssistant.applyCurrentNamespace(id, false);

        // 保存键值生成器的配置
        MappedStatement keyStatement = configuration.getMappedStatement(id);
        configuration.addKeyGenerator(id, new SelectKeyGenerator(keyStatement, executeBefore));
}
```

在 parseSelectKeyNode 中先解析 selectKey 标签中的 resultType 属性和 keyProperty 属性,
然后解析 SQL 语句并封装成 SqlSource,最后保存解析信息。同时,把解析信息分别保存
成 MappedStatement、SelectKeyGenerator。

4. 扩展预处理语句处理器

对于 StatementHandler 接口定义的方法,用 SQL 语句执行时只有 update 和 query,所
以扩展的 insert 方法也是对 update 方法的扩展。

源码详见 cn.bugstack.mybatis.executor.statement.PreparedStatementHandler。

```
public int update(Statement statement) throws SQLException {
        // 1. 执行 insert、delete 和 update
    PreparedStatement ps = (PreparedStatement) statement;
    ps.execute();
    int rows = ps.getUpdateCount();

    // 2. 执行 selectKey 标签中的语句
    Object parameterObject = boundSql.getParameterObject();
    KeyGenerator keyGenerator = mappedStatement.getKeyGenerator();
    keyGenerator.processAfter(executor, mappedStatement, ps, parameterObject);
    return rows;
}
```

在 update 方法中,对 selectKey 标签中的语句进行扩展处理。这部分内容先获取
MapperStatement 中的 KeyGenerator,然后调用 KeyGenerator#processAfter 方法。这部分的
调用就是对 SelectKeyGenerator#processGeneratedKeys 方法的调用。

5. 获取 JDBC 连接

本章的功能实现是在同一个操作下处理两条 SQL 语句，分别是插入语句和返回索引值。这两条 SQL 语句只有在同一个连接下才能正确地获取到结果，也就是保证一个事务的特性。

源码详见 cn.bugstack.mybatis.transaction.jdbc.JdbcTransaction。

```
@Override
public Connection getConnection() throws SQLException {
    // 本章新增内容：多条 SQL 语句在同一个 JDBC 连接下才能完成事务特性
    if (null != connection) {
        return connection;
    }
    connection = dataSource.getConnection();
    connection.setTransactionIsolation(level.getLevel());
    connection.setAutoCommit(autoCommit);
    return connection;
}
```

这里指的就是 JdbcTransaction#getConnection 方法，前几章只使用一个 dataSource.getConnection 获取连接，相当于每次获取的都是一个新的连接。两条 SQL 语句分别在各自的 JDBC 连接下执行，否则不会正确地返回插入后的索引值。

这里需要判断，如果连接不为空，则不再创建新的 JDBC 连接，使用当前连接即可。这里的情况和 Spring 中的事务处理是一样的，需要在 ThreadLocal 上保存连接。

15.4　获取自增索引的测试

1. 事先准备

1）创建库表

创建一个名为 mybatis 的数据库，在库中创建表 activity，并添加测试数据，如下所示。

```
CREATE TABLE `activity` (
  `id` bigint(20) NOT NULL AUTO_INCREMENT COMMENT '自增 ID',
  `activity_id` bigint(20) NOT NULL COMMENT '活动 ID',
  `activity_name` varchar(64) CHARACTER SET utf8mb4 DEFAULT NULL COMMENT '活动名称',
  `activity_desc` varchar(128) CHARACTER SET utf8mb4 DEFAULT NULL COMMENT '活动描述',
  `create_time` datetime DEFAULT CURRENT_TIMESTAMP COMMENT '创建时间',
  `update_time` datetime DEFAULT CURRENT_TIMESTAMP COMMENT '修改时间',
  PRIMARY KEY (`id`),
  UNIQUE KEY `unique_activity_id` (`activity_id`)
) ENGINE=InnoDB AUTO_INCREMENT=4 DEFAULT CHARSET=utf8mb4 COLLATE=utf8mb4_bin COMMENT=
```

```
' 活动配置 ';

-- ---------------------------
-- Records of activity
-- ---------------------------
BEGIN;
INSERT INTO `activity` VALUES (1, 100001, ' 活动名 ', ' 测试活动 ', '2021-08-08 20:14:50',
'2022-08-08 20:14:50');
INSERT INTO `activity` VALUES (3, 100002, ' 活动名 ', ' 测试活动 ', '2021-10-05 15:49:21',
'2022-09-05 15:49:21');
COMMIT;
```

2）配置 Mapper XML 语句

```xml
<insert id="insert" parameterType="cn.bugstack.mybatis.test.po.Activity">
    INSERT INTO activity
    (activity_id, activity_name, activity_desc, create_time, update_time)
    VALUES (#{activityId}, #{activityName}, #{activityDesc}, now(), now())

    <selectKey keyProperty="id" order="AFTER" resultType="long">
        SELECT LAST_INSERT_ID()
    </selectKey>
</insert>
```

在 insert 标签中添加 selectKey 标签，并使用 SELECT LAST_INSERT_ID 方法返回自增索引值（这个值会返回到入参对象 Activity.id 中）。

2. 单元测试

```java
@Test
public void test_insert() {
    // 1. 获取映射器对象
    IActivityDao dao = sqlSession.getMapper(IActivityDao.class);
    Activity activity = new Activity();
    activity.setActivityId(10004L);
    activity.setActivityName(" 测试活动 ");
    activity.setActivityDesc(" 测试数据插入 ");
    activity.setCreator("xiaofuge");

    // 2. 测试验证
    Integer res = dao.insert(activity);
    sqlSession.commit();
    logger.info(" 测试结果: count: {} idx: {}", res, JSON.toJSONString(activity.
getId()));
}
```

执行 insert 操作，测试 selectKey 标签返回的插入索引值，执行过程测试如图 15-4 所示。

测试结果如下。

```
15:56:37.314 [main] INFO  c.b.m.s.d.DefaultParameterHandler - 根据每个 ParameterMapping
中的 TypeHandler 设置对应的参数信息 value: 10004
15:56:37.314 [main] INFO  c.b.m.s.d.DefaultParameterHandler - 根据每个 ParameterMapping
中的 TypeHandler 设置对应的参数信息 value: " 测试活动 "
15:56:37.316 [main] INFO  c.b.m.s.d.DefaultParameterHandler - 根据每个 ParameterMapping
中的 TypeHandler 设置对应的参数信息 value: " 测试数据插入 "
15:56:37.326 [main] INFO  cn.bugstack.mybatis.test.ApiTest - 测试结果: count: 1 idx: 131
```

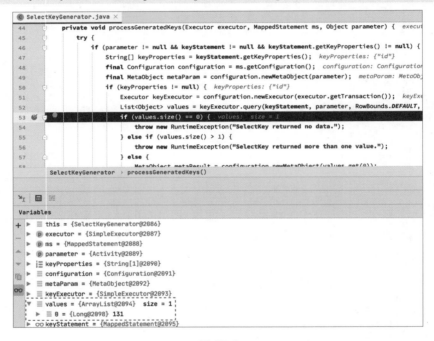

图 15-4

由测试结果 idx：131 可知，已经可以在插入数据后返回数据库自增字段的结果。读者在学习过程中，可以先尝试在 SelectKeyGenerator 中对 SQL 处理的 processAfter 方法进行断点调试，再展开各处的流程进行测试验证。

15.5　总结

本章在原有的 Mapper XML 对各类标签语句的解析中，对 insert 操作进行扩展，添加新的标签 selectKey。通过对标签进行解析、执行和封装，把最终的插入索引结果返回到入参对象对应的属性字段上。同时，处理的是类似于 MySQL 这样的带有自增索引的数据库，采用这种方式串联整个流程。

另外，本章首次涉及在一个操作中执行两条 SQL 语句，为了最后可以查询到自增索引，这两条 SQL 语句必须在同一个连接下。在学习过程中，读者可以尝试将 JdbcTransaction#getConnection 方法中是否获取新的 JDBC 连接的判断删除，每次都获取最新的连接，测试并查看是否能获得插入后的索引值。

目前的框架全局结构内容已逐步趋于完善，在当下的框架中再迭代非常容易。本章只是对 XML 提供了配置 selectKey 标签，其实在注解中也可以配置 selectKey 标签，读者可以尝试配置。

第 16 章

解析动态 SQL 语句

如果使用 JDBC 直接操作数据库，那么很多时候需要根据需求拼装 SQL 语句，这是非常复杂且难以维护的。鉴于此，MyBatis 提供了一些基本的标签元素，用来动态拼装 SQL 语句，这样大量的逻辑判断都可以在 MyBatis 的 Mapper XML 文件中进行配置，从而解决研发人员需要硬编码拼装 SQL 语句的问题。

- 本章难度：★ ★ ★ ☆ ☆
- 本章重点：定义和实现用于处理 SQL 语句拼装的部分标签元素，如 trim 和 if；运用 SQL 语句解析阶段，根据拼装标签的处理逻辑完成 SQL 语句的拼装。

16.1 动态 SQL 语句的使用场景

前面几章在 Mapper XML 文件中配置的都是静态 SQL 语句，也就是说，测试的是一条完整的 SQL 语句，如 SELECT * FROM table WHERE id = ?。在实际开发中，往往需要判断入参对象的字段是否有值，如果有值，则被设置到 SQL 语句中，如图 16-1 所示。先判断 activityId 是否为 null，再拼装到 SQL 语句中。

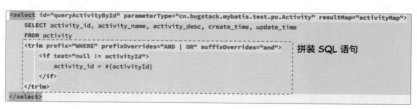

图 16-1

这种基于拼装 SQL 语句的方式，在 MyBatis 中是非常实用的。在现有对 Mapper XML 静态 SQL 语句的解析上，扩充 XML 脚本构建器中对动态 SQL 语句的处理，最终让 ORM 框架可以配置拼装的 SQL 语句。

16.2　解析动态 SQL 语句的设计

按照 XML 语句构建器，解析 Mapper 文件的过程包括处理 SQL 语句中 insert 标签、delete 标签、update 标签和 select 标签的参数类型、结果类型与命令类型等，以及创建 SqlSource 解析 SQL 语句。前面对 SQL 语句的解析，只是将 SQL 当作静态 SQL 语句，不包含一些判断类型标签，如 trim 标签中的 if 操作等。

要扩展 SqlSource 的构建策略，需要提供一个实现类 DynamicSqlSource，用于解析动态 SQL 语句。在 MyBatis 的使用中，大部分时候需要对字段进行判断，动态拼装 SQL 语句。DynamicSqlSource 也是常用的解析实现类，主要作用就是解析此类 SQL 文件，整体设计如图 16-2 所示。

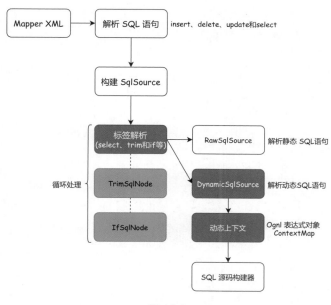

图 16-2

首先在 XML 语句构建器中扩展 XMLStatementBuilder#parseStatementNode 语句解析方法中的 SqlSource，然后在 SqlSource 中判断当前解析的 SQL 语句是否包含扩展的标签信息。这些标签来自 MyBatis 定义的扩展标签类型，包括 trim、where、set、foreach、if、choose、when、otherwise 和 bind。

解析过程分为循环拆解脚本节点，节点类型包括 TEXT_NODE、CDATA_SECTION_NODE 和 ELEMENT_NODE，而 ELEMENT_NODE 表示当前这个节点为自定义的 trim、if 等。循环拆解后，读取文本和标签内容。把解析出来的 SqlNode 节点做简单封装，并交给动态 SQL 操作类 DynamicSqlSource 处理，最终返回 SqlSource 语句。

本章新增的 SqlNode 节点处理的接口实现类不仅会完成 apply 方法，还会验证表达式和填充 SQL 解析文本信息。

16.3　解析动态 SQL 语句的实现

1.　工程结构

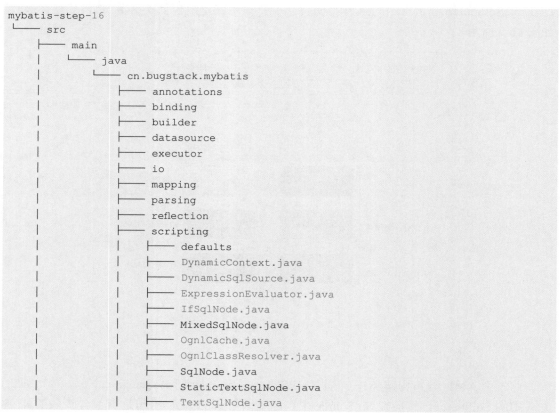

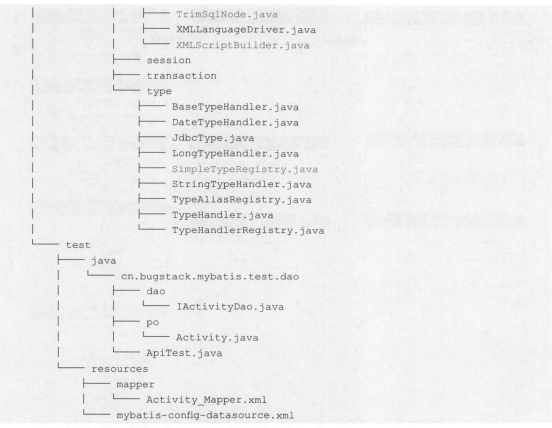

解析包含标签的动态 SQL 语句的核心类之间的关系，如图 16-3 所示。

通过 XMLLanguageDriver 创建的 XML 脚本构建器，以 XMLScriptBuilder 解析为入口，开始解析脚本。在解析过程中，扩展对 SqlSource 动态 SQL 语句解析的实现类 DynamicSqlSource，新增了 SqlNode 及对应的 NodeHandler。

关于整个 ORM 框架的执行流程，如解析、保存、执行和返回等，除了扩展了这部分对动态 SQL 语句的处理，其余的流程不需要做任何扩展，这也体现了框架结构关于解耦设计的重要性。

2. 解析动态 SQL 语句

在目前的框架开发中，SqlSource 接口包含 3 个实现类，分别是 StaticSqlSource、RawSqlSource 和 DynamicSqlSource。

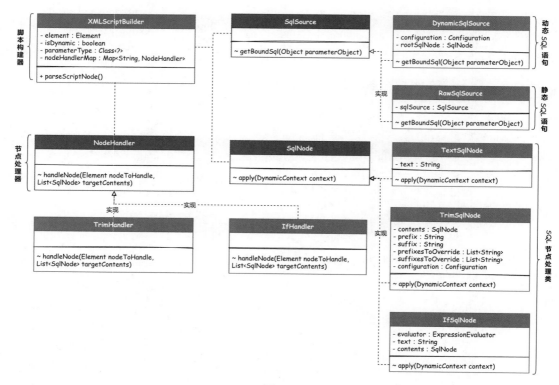

图 16-3

源码详见 cn.bugstack.mybatis.scripting.xmltags.DynamicSqlSource。

```
@Override
public BoundSql getBoundSql(Object parameterObject) {
    // 生成一个 DynamicContext
    DynamicContext context = new DynamicContext(configuration, parameterObject);

    // SqlNode.apply 将"${}"参数进行替换，但不替换"#{}"这种参数
    rootSqlNode.apply(context);

    // 调用 SqlSourceBuilder
    SqlSourceBuilder sqlSourceParser = new SqlSourceBuilder(configuration);
    Class<?> parameterType = parameterObject == null ? Object.class : parameterObject.getClass();

    // SqlSourceBuilder.parse 返回的是 StaticSqlSource，解析过程中把那些参数都替换成"?"，也
    // 就是最基本的 JDBC 的 SQL 语句
    SqlSource sqlSource = sqlSourceParser.parse(context.getSql(), parameterType, context.getBindings());
```

```
// SqlSource.getBoundSql 是非递归调用，而是调用 StaticSqlSource 实现类
BoundSql boundSql = sqlSource.getBoundSql(parameterObject);
for (Map.Entry<String, Object> entry : context.getBindings().entrySet()) {
    boundSql.setAdditionalParameter(entry.getKey(), entry.getValue());
}
return boundSql;
}
```

在 DynamicSqlSource#getBoundSql 方法中，包括生成解析元素的动态上下文和替换占位符，通过 SqlSourceBuilder 提供 parse 方法，返回静态 SQL 语句。最后一步相当于把即使是动态 SQL 语句也归为静态 SQL 语句来处理。读者可以在源码中的这个位置打断点进行调试及验证。

基于返回的 SqlSource 及参数信息构建 BoundSql，把相关的参数类型、返回类型等填充进去。

另外，关于 rootSqlNode.apply(context); 对 trim、if 等标签的内容，会调用到具体的 SqlNode 实现类中，下面会介绍。

3. 解析标签节点

对动态 SQL 语句的处理，相当于在 SQL 语句中包含 text 文本、trim 拼装、if 判断等。为了解决这个差异化的解析问题，需要提供不同的处理策略，为此需要实现已有的 StaticTextSqlNode 接口。这里新增了 TextSqlNode、TrimSqlNode 和 IfSqlNode 等实现类。需要注意的是，如果读者在学习过程中添加了新的解析标签，那么需要实现对应的解析类。

源码详见 cn.bugstack.mybatis.scripting.xmltags.TextSqlNode。

```
public boolean isDynamic() {
    DynamicCheckerTokenParser checker = new DynamicCheckerTokenParser();
    GenericTokenParser parser = createParser(checker);
    parser.parse(text);
    return checker.isDynamic();
}

@Override
public boolean apply(DynamicContext context) {
    GenericTokenParser parser = createParser(new BindingTokenParser(context,
injectionFilter));
    context.appendSql(parser.parse(text));
    return true;
}

// 内部类方法 BindingTokenParser#handleToken
```

```
public String handleToken(String content) {
    Object parameter = context.getBindings().get("_parameter");
    if (parameter == null) {
        context.getBindings().put("value", null);
    } else if (SimpleTypeRegistry.isSimpleType(parameter.getClass())) {
        context.getBindings().put("value", parameter);
    }
    // 从缓存中获取值
    Object value = OgnlCache.getValue(content, context.getBindings());
    String srtValue = (value == null ? "" : String.valueOf(value)); // issue #274
return "" instead of "null"
    checkInjection(srtValue);
    return srtValue;
}
```

TextSqlNode#apply 方法用于解析 CDATA|TEXT 的 SQL 节点，使用 GenericTokenParser 对点位符 "#{}" 和 "${}" 进行处理。

这里使用了 OGNL 表达式，可以非常方便地获取对象的属性值信息，如 Ognl.getValue(" 属性名称 ", context, root);。

源码详见 cn.bugstack.mybatis.scripting.xmltags.TrimSqlNode。

```
@Override
public boolean apply(DynamicContext context) {
    FilteredDynamicContext filteredDynamicContext = new FilteredDynamicContext(context);
    boolean result = contents.apply(filteredDynamicContext);
    filteredDynamicContext.applyAll();
    return result;
}


// 内部类，FilteredDynamicContext#applyAll
public void applyAll() {
    sqlBuffer = new StringBuilder(sqlBuffer.toString().trim());
    String trimmedUppercaseSql = sqlBuffer.toString().toUpperCase(Locale.ENGLISH);
    if (trimmedUppercaseSql.length() > 0) {
        applyPrefix(sqlBuffer, trimmedUppercaseSql);
        applySuffix(sqlBuffer, trimmedUppercaseSql);
    }
    delegate.appendSql(sqlBuffer.toString());
}
```

解析 TrimSqlNode 主要依赖 FilteredDynamicContext 拼装配置信息，把 AND、OR 等拼装到 SQL 语句上进行返回处理。

源码详见 cn.bugstack.mybatis.scripting.xmltags.IfSqlNode。

```
@Override
public boolean apply(DynamicContext context) {
    // 如果满足条件，则使用 apply 方法，并返回 true
```

```
    if (evaluator.evaluateBoolean(test, context.getBindings())) {
        contents.apply(context);
        return true;
    }
    return false;
}
```

IfSqlNode 的标签处理比较简单，主要是验证标签表达式是否满足要求。这个判断操作使用的就是 OGNL 表达式，代码如下。

源码详见 cn.bugstack.mybatis.scripting.xmltags.ExpressionEvaluator。

```
public boolean evaluateBoolean(String expression, Object parameterObject) {
    // 非常简单，就是调用 OGNL 表达式
    Object value = OgnlCache.getValue(expression, parameterObject);
    if (value instanceof Boolean) {
        // 如果是 Boolean
        return (Boolean) value;
    }
    if (value instanceof Number) {
        // 如果是 Number，则判断不为 0
        return !new BigDecimal(String.valueOf(value)).equals(BigDecimal.ZERO);
    }
    // 否则判断不为 null
    return value != null;
}
```

根据 expression 获取对应的结果值，其实核心调用的是 Ognl.parseExpression (expression);。不过此方法比较耗时，因此被加入缓存中提供服务，具体可以参考 OgnlCache 实现类。

这个方法会根据表达式和入参信息判断是否满足条件，如 null != activityId，判断 parameterObject 的入参是否包含 activityId 对应的属性值。

4. 使用脚本构建器解析动态 SQL 语句

所有 XML 的 SQL 解析操作都会进入 XMLScriptBuilder 中处理，前面只是简单地基于 XMLScriptBuilder#parseScriptNode 方法保存解析标签中的 text 的 SQL 语句，创建后返回即可。

本章则进行了大量的扩展，循环检测 insert 标签、delete 标签、update 标签和 select 标签传递的 SQL 语句，并基于传递的 SQL 语句检测是否包含额外的标签，如 trim、where、set、foreach、if、choose、when、otherwise 和 bind，它们也经常出现在 Mapper 配置文件中用于扩展配置。

这里先实现两个必备的标签——trim 标签和 if 标签，其他标签可以根据流程扩展。

源码详见 cn.bugstack.mybatis.scripting.xmltags.XMLScriptBuilder#NodeHandler。

```
private interface NodeHandler {
    void handleNode(Element nodeToHandle, List<SqlNode> targetContents);
}
```

定义 NodeHandler 接口，所有的标签处理都是基于这个接口实现的。

源码详见 cn.bugstack.mybatis.scripting.xmltags.XMLScriptBuilder#TrimHandler。

```
private class TrimHandler implements NodeHandler {
    @Override
    public void handleNode(Element nodeToHandle, List<SqlNode> targetContents) {
        List<SqlNode> contents = parseDynamicTags(nodeToHandle);
        MixedSqlNode mixedSqlNode = new MixedSqlNode(contents);
        String prefix = nodeToHandle.attributeValue("prefix");
        String prefixOverrides = nodeToHandle.attributeValue("prefixOverrides");
        String suffix = nodeToHandle.attributeValue("suffix");
        String suffixOverrides = nodeToHandle.attributeValue("suffixOverrides");
        TrimSqlNode trim = new TrimSqlNode(configuration, mixedSqlNode, prefix,
prefixOverrides, suffix, suffixOverrides);
        targetContents.add(trim);
    }
}
```

<trim prefix="where" prefixOverrides="AND | OR" suffixOverrides="and">...</trim> 用于解析 trim 标签的信息，依次获取字段 prefix、prefixOverrides 和 suffixOverrides，使用 TrimSqlNode 节点解析封装后保存到 List<SqlNode> 中。

源码详见 cn.bugstack.mybatis.scripting.xmltags.XMLScriptBuilder#IfHandler。

```
private class IfHandler implements NodeHandler {
    @Override
    public void handleNode(Element nodeToHandle, List<SqlNode> targetContents) {
        List<SqlNode> contents = parseDynamicTags(nodeToHandle);
        MixedSqlNode mixedSqlNode = new MixedSqlNode(contents);
        String test = nodeToHandle.attributeValue("test");
        IfSqlNode ifSqlNode = new IfSqlNode(mixedSqlNode, test);
        targetContents.add(ifSqlNode);
    }
}
```

<if test="null != activityId">...</if> 用于解析 if 标签，与解析 trim 标签类似，获取标签配置 test 语句表达式，使用 IfSqlNode 节点解析封装后保存到 List<SqlNode> 中。

源码详见 cn.bugstack.mybatis.scripting.xmltags.XMLScriptBuilder。

```
public class XMLScriptBuilder extends BaseBuilder {

    private Element element;
```

```
    private boolean isDynamic;
    private Class<?> parameterType;
    private final Map<String, NodeHandler> nodeHandlerMap = new HashMap<>();

    public XMLScriptBuilder(Configuration configuration, Element element, Class<?>
parameterType) {
        super(configuration);
        this.element = element;
        this.parameterType = parameterType;
        initNodeHandlerMap();
    }

    private void initNodeHandlerMap() {
        // 9 种标签为 trim、where、set、foreach、if、choose、when、otherwise 和 bind,
        // 实现其中的两种,即 trim 标签和 if 标签
        nodeHandlerMap.put("trim", new TrimHandler());
        nodeHandlerMap.put("if", new IfHandler());
    }

    // 省略部分代码
}
```

上面提到的 trim 标签和 if 标签都会被初始化到 nodeHandlerMap 中,以便后续使用。

源码详见 cn.bugstack.mybatis.scripting.xmltags.XMLScriptBuilder#parseDynamicTags。

```
List<SqlNode> parseDynamicTags(Element element) {
    List<SqlNode> contents = new ArrayList<>();
    List<Node> children = element.content();
    for (Node child : children) {
        if (child.getNodeType() == Node.TEXT_NODE || child.getNodeType() == Node.
CDATA_SECTION_NODE) {
            String data = child.getText();
            TextSqlNode textSqlNode = new TextSqlNode(data);
            if (textSqlNode.isDynamic()) {
                contents.add(textSqlNode);
                isDynamic = true;
            } else {
                contents.add(new StaticTextSqlNode(data));
            }
        } else if (child.getNodeType() == Node.ELEMENT_NODE) {
            String nodeName = child.getName();
            NodeHandler handler = nodeHandlerMap.get(nodeName);
            if (handler == null) {
                throw new RuntimeException("Unknown element <" + nodeName + "> in SQL
statement.");
            }
```

```
        handler.handleNode(element.element(child.getName()), contents);
        isDynamic = true;
      }
   }
   return contents;
}
```

在解析动态 SQL 语句和静态 SQL 语句之前，需要对 parseDynamicTags 进行扩展，因为这里已经在 SQL 标签中配置了拼装 SQL 类标签，所以解析过程会复杂一些。

在解析过程中，先获取当前 Element 下的节点，再根据这些节点的类型（TEXT_NODE、CDATA_SECTION_NODE 和 ELEMENT_NODE）进行不同的解析。当循环处理时遇到了新的 Element，则从 nodeHandlerMap 中查找对应的标签处理器进行处理。

> ✏️ 注意：因为 MyBatis 源码采用 w3c dom 解析，所以在元素的获取方面存在一些差异。

源码详见 cn.bugstack.mybatis.scripting.xmltags.XMLScriptBuilder.parseScriptNode。

```
public SqlSource parseScriptNode() {
   List<SqlNode> contents = parseDynamicTags(element);
   MixedSqlNode rootSqlNode = new MixedSqlNode(contents);
   SqlSource sqlSource = null;
   if (isDynamic) {
      sqlSource = new DynamicSqlSource(configuration, rootSqlNode);
   } else {
      sqlSource = new RawSqlSource(configuration, rootSqlNode, parameterType);
   }
   return sqlSource;
}
```

最后是关于动态 SQL 语句和静态 SQL 语句的解析部分，根据 isDynamic 判断并选择不同的解析方式，最终返回 SqlSource 信息。

16.4 解析动态 SQL 语句的测试

1. 事先准备

1）创建库表

创建一个名为 mybatis 的数据库，在库中创建表 activity，并添加测试数据，如下所示。

```
CREATE TABLE `activity` (
  `id` bigint(20) NOT NULL AUTO_INCREMENT COMMENT '自增 ID',
  `activity_id` bigint(20) NOT NULL COMMENT '活动 ID',
```

```
  `activity_name` varchar(64) CHARACTER SET utf8mb4 DEFAULT NULL COMMENT '活动名称',
  `activity_desc` varchar(128) CHARACTER SET utf8mb4 DEFAULT NULL COMMENT '活动描述',
  `create_time` datetime DEFAULT CURRENT_TIMESTAMP COMMENT '创建时间',
  `update_time` datetime DEFAULT CURRENT_TIMESTAMP COMMENT '修改时间',
  PRIMARY KEY (`id`),
  UNIQUE KEY `unique_activity_id` (`activity_id`)
) ENGINE=InnoDB AUTO_INCREMENT=4 DEFAULT CHARSET=utf8mb4 COLLATE=utf8mb4_bin COMMENT='
活动配置';


-- ---------------------------
-- Records of activity
-- ---------------------------
BEGIN;
INSERT INTO `activity` VALUES (1, 100001, '活动名', '测试活动', '2021-08-08 20:14:50',
'2022-08-08 20:14:50');
INSERT INTO `activity` VALUES (3, 100002, '活动名', '测试活动', '2021-10-05 15:49:21',
'2022-09-05 15:49:21');
COMMIT;
```

2）配置 Mapper XML 语句

```xml
<select id="queryActivityById" parameterType="cn.bugstack.mybatis.test.po.Activity"
resultMap="activityMap">
    SELECT activity_id, activity_name, activity_desc, create_time, update_time
    FROM activity
    <trim prefix="where" prefixOverrides="AND | OR" suffixOverrides="and">
        <if test="null != activityId">
            activity_id = #{activityId}
        </if>
    </trim>
</select>
```

在 SELECT 语句配置中增加了 trim 标签和 if 标签，用于拼接 SQL 语句。如果读者在学习后添加实现了其他标签，那么这里也可以扩展。

2．单元测试

```java
@Test
public void test_queryActivityById() throws IOException {
    // 1. 从 SqlSessionFactory 中获取 SqlSession
    SqlSessionFactory sqlSessionFactory = new SqlSessionFactoryBuilder().
build(Resources.getResourceAsReader("mybatis-config-datasource.xml"));
    SqlSession sqlSession = sqlSessionFactory.openSession();

    // 2. 获取映射器对象
    IActivityDao dao = sqlSession.getMapper(IActivityDao.class);
```

```
// 3. 测试验证
Activity req = new Activity();
req.setActivityId(100001L);
Activity res = dao.queryActivityById(req);
logger.info(" 测试结果: {}", JSON.toJSONString(res));
}
```

测试代码的执行过程如图 16-4 所示。

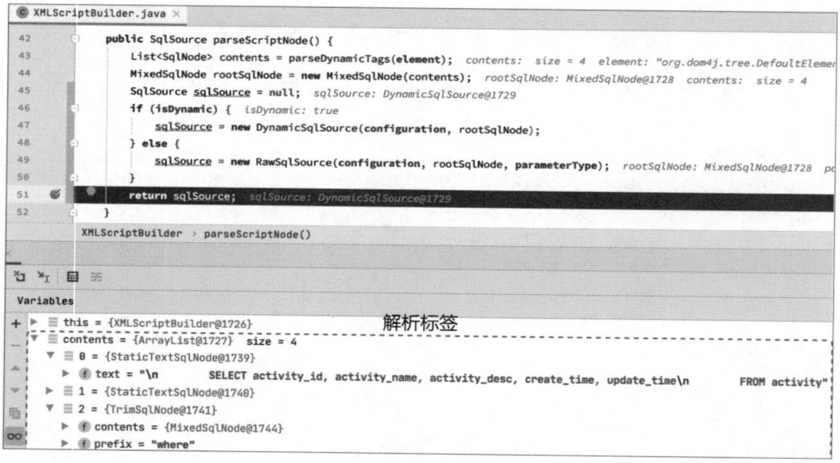

图 16-4

```
23:51:14.085 [main] INFO  c.b.m.s.d.DefaultParameterHandler - 根据每个 ParameterMapping
中的 TypeHandler 设置对应的参数信息 value: 100001
23:51:14.094 [main] INFO  cn.bugstack.mybatis.test.ApiTest - 测试结果:
{"activityDesc":" 测试活动 ","activityId":100001,"activityName":" 活动名
","createTime":1628424890000,"updateTime":1628424890000}

Process finished with exit code 0
```

根据在 XMLScriptBuilder 中添加的断点调试及输出结果，可以验证本章实现的 trim 标签和 if 标签拼装的 SQL 语句，已经可以正常运行并且通过测试。读者在学习过程中也可以多打一些断点进行验证。

16.5　总结

在本章的功能实现中，都是在扩充解析。首先从静态 SQL 语句的解析扩展到动态 SQL 语句的解析，然后对动态 SQL 语句中包含的标签提供不同的解析——trim 标签和 if

标签。对于一些其他的标签，如 where 标签、set 标签和 foreach 标签等，读者也可以在学习后自行扩展。

这些策略的填充在现有的框架中也非常容易实现。在源码中，把实现的各类标签策略放到 HashMap 中使用，可以避免因 if 语句判断导致代码臃肿，这些也是读者在学习过程中需要积累的编程经验。

读者可以在学习过程中多尝试一些断点调试，补充还未学习到的知识点，如 OGNL 表达式，先使用案例练习，再尝试阅读这部分代码。

第 17 章
插件功能

MyBatis 的插件功能基于依赖倒置设计，为用户提供自定义扩展特定的接口。用户可以基于插件接口自定义实现类，开发分页、缓存、监控、数据加密 / 解密等个性化需求。

- 本章难度：★ ★ ★ ★ ☆
- 本章重点：运用依赖倒置设计，对外暴露插件接口；基于动态代理技术，监听目标对象的行为逻辑，扩展自定义插件功能。

17.1　插件功能的分析

MyBatis 的插件是非常重要的功能，便于开发人员用插件扩展分页、监控日志、加密 / 解密等。而这些核心功能都得益于 MyBatis 的插件提供对类的代理扩展，并在代理中调用自定义插件。

开发人员可以按照 MyBatis 提供的拦截器接口，实现自己的功能实现类，并把这个类配置到 MyBatis 的 XML 配置中，如图 17-1 所示。

本章主要介绍 MyBatis 的插件功能，同时结合插件扩展及验证自定义功能。

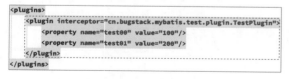

```
<plugins>
    <plugin interceptor="cn.bugstack.mybatis.test.plugin.TestPlugin">
        <property name="test00" value="100"/>
        <property name="test01" value="200"/>
    </plugin>
</plugins>
```

图 17-1

另外，本章还涉及动态代理的使用，读者如果对 JDK 代理知识的储备不多，则可以提前学习，了解动态代理的一些基本用法。

17.2　插件功能的设计

MyBatis 的插件功能采用的是依赖倒置设计，让插件的功能依赖抽象接口，不依赖具体的实现。在这个过程中，对抽象进行编程，不对实现进行编程，这样可以降低客户与实现模块之间的耦合。

在 MyBatis 插件落地的过程中，由框架提供拦截器接口，交由使用方实现，并通过配置方式把实现添加到 MyBatis 中。具体的监听点包括 ParameterHandler、ResultSetHandler、StatementHandler 和 Executor，在每个创建过程中，都可以把插件部分嵌入进去。当调用任意类对应的接口方法时，都能调用到用户实现拦截器接口的插件内容，也就实现了自定义扩展的效果。整体流程如图 17-2 所示。

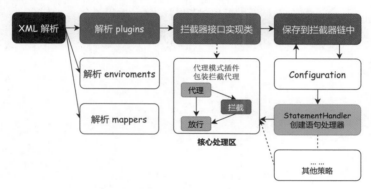

图 17-2

以 XML 解析为入口，解析用户自定义插件，提取拦截器接口实现类，保存到配置项的拦截器链中。接下来在创建语句处理器 StatementHandler 时，使用代理方式构建实现类，并把拦截器作为对象中调用过程的一部分。

这个拦截器的调用是用一种过滤判断的方式，通过拦截器接口实现类上配置的注解，提取要拦截的方法。当 MyBatis 执行到这些节点时，如调用 StatementHandler.prepare 方法，拦截器执行用户扩展的插件。

17.3　插件功能的实现

1. 工程结构

```
mybatis-step-17
```

```
└── src
    ├── main
    │   └── java
    │       └── cn.bugstack.mybatis
    │           ├── annotations
    │           ├── binding
    │           ├── builder
    │           │   ├── annotation
    │           │   ├── xml
    │           │   │   ├── XMLConfigBuilder.java
    │           │   │   ├── XMLMapperBuilder.java
    │           │   │   └── XMLStatementBuilder.java
    │           │   ├── BaseBuilder.java
    │           │   ├── MapperBuilderAssistant.java
    │           │   ├── ParameterExpression.java
    │           │   ├── ResultMapResolver.java
    │           │   ├── SqlSourceBuilder.java
    │           │   └── StaticSqlSource.java
    │           ├── datasource
    │           ├── executor
    │           │   ├── keygen
    │           │   ├── parameter
    │           │   ├── result
    │           │   ├── resultset
    │           │   ├── statement
    │           │   │   ├── BaseStatementHandler.java
    │           │   │   ├── PreparedStatementHandler.java
    │           │   │   ├── SimpleStatementHandler.java
    │           │   │   └── StatementHandler.java
    │           │   ├── BaseExecutor.java
    │           │   ├── Executor.java
    │           │   └── SimpleExecutor.java
    │           ├── io
    │           ├── mapping
    │           ├── parsing
    │           ├── plugin
    │           │   ├── Interceptor.java
    │           │   ├── InterceptorChain.java
    │           │   ├── Intercepts.java
    │           │   ├── Invocation.java
    │           │   ├── Plugin.java
    │           │   └── Signature.java
    │           ├── reflection
    │           ├── scripting
    │           ├── session
    │           │   ├── defaults
```

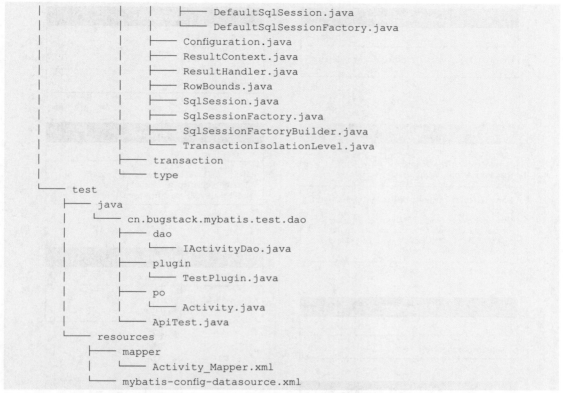

```
|              |              |              ├── DefaultSqlSession.java
|              |              |              └── DefaultSqlSessionFactory.java
|              |              ├── Configuration.java
|              |              ├── ResultContext.java
|              |              ├── ResultHandler.java
|              |              ├── RowBounds.java
|              |              ├── SqlSession.java
|              |              ├── SqlSessionFactory.java
|              |              ├── SqlSessionFactoryBuilder.java
|              |              └── TransactionIsolationLevel.java
|              ├── transaction
|              └── type
└── test
     ├── java
     |    └── cn.bugstack.mybatis.test.dao
     |         ├── dao
     |         |    └── IActivityDao.java
     |         ├── plugin
     |         |    └── TestPlugin.java
     |         ├── po
     |         |    └── Activity.java
     |         └── ApiTest.java
     └── resources
          ├── mapper
          |    └── Activity_Mapper.xml
          └── mybatis-config-datasource.xml
```

MyBatis 的插件代理模式核心类之间的关系如图 17-3 所示。

首先用扩展 XMLConfigBuilder 解析自定义插件配置，将自定义插件写入配置项的拦截器链中。每个用户实现的拦截器接口都包装了插件的代理操作。这就像是一个代理器的盒子，把原有类的行为和自定义的插件行为使用代理包装到一个调度方法中。

然后激活自定义插件，也就是把插件的调用挂在某个节点下。这里通过 Configuration 配置项创建各类操作时，把自定义插件嵌入进去。本章基于 StatementHandler 创建语句处理器时，使用拦截器链将自定义插件包裹到 StatementHandler 中，这样在调用 StatementHandler 时，就可以调用自定义实现的拦截器。

2. 定义拦截器接口

定义一个拦截器接口，面向抽象编程的依赖倒置，插件只定义标准，具体调用的处理结果交由使用方决定。在系统架构领域驱动设计的分层结构中，也在领域层定义的仓储接口中，由基础层实现数据库调用。

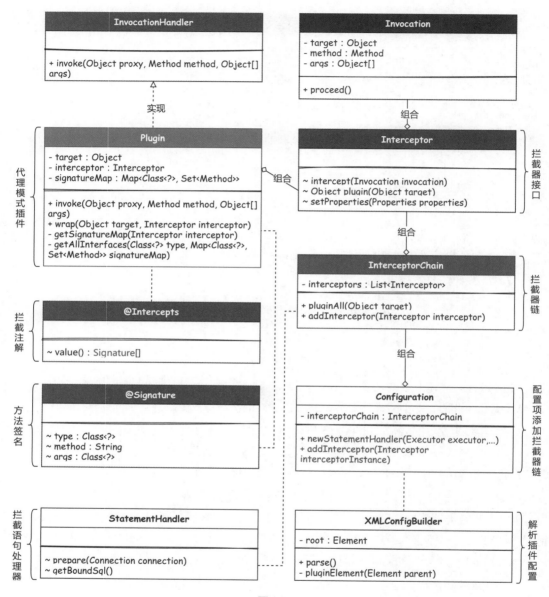

图 17-3

源码详见 cn.bugstack.mybatis.plugin.Interceptor。

```
public interface Interceptor {

    // 拦截，由使用方实现
```

```
Object intercept(Invocation invocation) throws Throwable;

// 代理
default Object plugin(Object target) {
    return Plugin.wrap(target, this);
}

// 设置属性
default void setProperties(Properties properties) {
    // NOP
}

}
```

Interceptor 接口提供了 3 个方法：一个是 intercept 方法，由使用方实现；另外两个是 default 方法，不需要使用方实现。

这样，每个 Interceptor 接口的实现类都通过解析的方式注册到拦截器链中，当需要通过 StatementHandler 创建时，就可以通过代理的方式，把自定义插件包装到代理方法中（这部分代码会在下面介绍）。

setProperties 方法用于处理属性，相当于把用户配置到 XML 下插件的属性信息中。

3. 自定义拦截注解

MyBatis 的插件需要通过 Interceptor 接口完成使用方自身功能的扩展，也需要基于注解来指定在哪个类的哪个方法下做调用处理。

例如，@Intercepts({@Signature(type = StatementHandler.class, method = "prepare", args = {Connection.class})}) 就是一个插件实现类的注解，指定在 StatementHandler 中调用入参为 Connection 的 prepare 方法的准备语句阶段，完成自定义插件的调用。

1）拦截注解

源码详见 cn.bugstack.mybatis.plugin.Intercepts。

```
@Retention(RetentionPolicy.RUNTIME)
@Target(ElementType.TYPE)
public @interface Intercepts {

    Signature[] value();

}
```

Intercepts 注解的其中一个目的是作为标记存在，所有的插件实现都需要有自定义的注解标记。另外，这个注解中还有另一个注解——方法签名，用于定位需要在哪个类的哪个方法下完成插件的调用。

2）方法签名

源码详见 cn.bugstack.mybatis.plugin.Signature。

```
public @interface Signature {

    /**
     * 被拦截类
     */
    Class<?> type();

    /**
     * 被拦截类的方法
     */
    String method();

    /**
     * 被拦截类的方法的参数
     */
    Class<?>[] args();

}
```

Signature 接口定义了被拦截类的 type，如拦截 StatementHandler。另外，在 Class 类中需要根据方法名称和参数确定是这个类下的哪个方法，只有这两条信息都存在，才能确定唯一类下的方法。

4. 类代理包装操作

实现插件的核心逻辑是在 Plugin 类下处理的。Plugin 类通过 InvocationHandler 代理接口在 invoke 方法中包装对插件的调用，任何一个被代理的类（如 ParameterHandler、ResultSetHandler、StatementHandler、Executor）在执行方法调用时，都可以调用用户自己的插件。

1）获取签名方法

源码详见 cn.bugstack.mybatis.plugin.Plugin#getSignatureMap。

```
private static Map<Class<?>, Set<Method>> getSignatureMap(Interceptor interceptor) {
    // 获取 Intercepts 注解，可参考 TestPlugin.java
    Intercepts interceptsAnnotation = interceptor.getClass().getAnnotation(Intercepts.class);
    // 必须有 Intercepts 注解，没有报错
    if (interceptsAnnotation == null) {
        throw new RuntimeException("No @Intercepts annotation was found in interceptor " +
interceptor.getClass().getName());
    }
```

```
    // value 是数组型 Signature 的数组
    Signature[] sigs = interceptsAnnotation.value();
    // 每个 class 类可能有多个 Method 需要被拦截
    Map<Class<?>, Set<Method>> signatureMap = new HashMap<>();
    for (Signature sig : sigs) {
        Set<Method> methods = signatureMap.computeIfAbsent(sig.type(), k -> new
HashSet<>());
        try {
            // 例如，获取到方法 StatementHandler.prepare(Connection connection)、
            // StatementHandler.parameterize(Statement statement)……
            Method method = sig.type().getMethod(sig.method(), sig.args());
            methods.add(method);
        } catch (NoSuchMethodException e) {
            throw new RuntimeException("Could not find method on " + sig.type() + "
named " + sig.method() + ". Cause: " + e, e);
        }
    }
    return signatureMap;
}
```

getSignatureMap 完成的动作就是获取代理类的签名操作，返回在哪个方法下执行调用插件操作，具体的处理方式如下。

根据入参 Interceptor 接口的实现，从实现类的注解中获取方法的签名信息，也就是从如图 17-4 所示的插件实现类注解配置中获取。

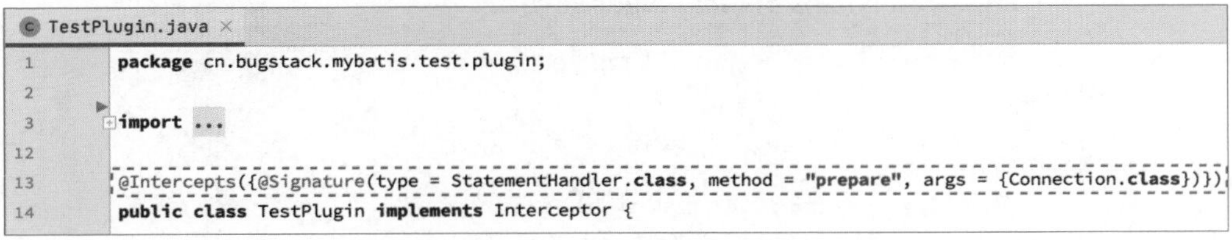

图 17-4

方法签名可以是一个数组结构，也就是一个插件可以监听多个配置的类及多个类中的方法，当这些类的方法被调用时，就会调用到执行的自定义插件。

在 Plugin#getSignatureMap 方法下，把符合的监听方法返回一个列表，用于在代理类中判断是否调用插件。

2）创建反射代理

源码详见 cn.bugstack.mybatis.plugin#wrap。

```
public static Object wrap(Object target, Interceptor interceptor) {
    // 取得签名 Map
    Map<Class<?>, Set<Method>> signatureMap = getSignatureMap(interceptor);
```

```
        // 取得要改变行为的类（ParameterHandler|ResultSetHandler|StatementHandler|Executor），
        // 目前只添加了 StatementHandler
        Class<?> type = target.getClass();
        // 取得接口
        Class<?>[] interfaces = getAllInterfaces(type, signatureMap);
        // 创建代理（StatementHandler）
        if (interfaces.length > 0) {
            // JDK 代理操作示例：Proxy.newProxyInstance(ClassLoader loader, Class<?>[]
            // interfaces, InvocationHandler h)
            return Proxy.newProxyInstance(
                    type.getClassLoader(),
                    interfaces,
                    new Plugin(target, interceptor, signatureMap));
        }
        return target;
}
```

当为 ParameterHandler、ResultSetHandler、StatementHandler 和 Executor 创建代理类时，应调用 wrap 方法，目的是把插件内容包装到代理中。

创建代理是通过 Proxy.newProxyInstance(ClassLoader loader, Class<?>[] interfaces, Invocation Handler h) 实现的，而入参 InvocationHandler 的实现类是这个代理插件的实现类。

3）包裹反射方法

源码详见 cn.bugstack.mybatis.plugin.Plugin#invoke。

```
public Object invoke(Object proxy, Method method, Object[] args) throws Throwable {
    // 获取声明的方法列表
    Set<Method> methods = signatureMap.get(method.getDeclaringClass());
    // 过滤需要拦截的方法
    if (methods != null && methods.contains(method)) {
        // 调用 Interceptor#intercept 插入自己的反射逻辑
        return interceptor.intercept(new Invocation(target, method, args));
    }
    return method.invoke(target, args);
}
```

最终对插件的核心调用都会体现到 invoke 方法中。当调用一个被代理的类 ParameterHandler 的方法时，都会使用 invoke 方法。在 invoke 方法中，通过前面的方法判断使用方实现的插件是否在此时调用的方法上。如果在调用的方法上，则进入插件调用。在插件的实现过程中，处理完自己的逻辑后使用 invocation.proceed(); 放行。如果不在调用的方法上，则通过 method.invoke(target, args); 调用原本的方法，这样就可以达到扩展插件的目的。

5. 解析 XML 插件配置

接下来在 XML Config 的解析操作中添加关于插件部分的解析，也就是处理配置在 mybatis-config-datasource.xml 中的插件信息。

```
<plugins>
    <plugin interceptor="cn.bugstack.mybatis.test.plugin.TestPlugin">
        <property name="test00" value="100"/>
        <property name="test01" value="200"/>
    </plugin>
</plugins>
```

plugin 标签下 interceptor 配置的 TestPlugin 是自定义插件的实现类，两个 property 标签配置的是自定义属性信息。属性信息的配置并不常用，这里主要是为了体现配置的完整性。接下来介绍具体的解析方法。

源码详见 cn.bugstack.mybatis.builder.xml.XMLConfigBuilder#pluginElement。

```
private void pluginElement(Element parent) throws Exception {
    if (parent == null) return;
    List<Element> elements = parent.elements();
    for (Element element : elements) {
        String interceptor = element.attributeValue("interceptor");
        // 参数配置
        Properties properties = new Properties();
        List<Element> propertyElementList = element.elements("property");
        for (Element property : propertyElementList) {
            properties.setProperty(property.attributeValue("name"), property.
attributeValue("value"));
        }
        // 获取插件实现类并实例化: cn.bugstack.mybatis.test.plugin.TestPlugin
        Interceptor interceptorInstance = (Interceptor) resolveClass(interceptor).
newInstance();
        interceptorInstance.setProperties(properties);
        configuration.addInterceptor(interceptorInstance);
    }
}
```

对插件进行解析需要判断插件是否存在，如果存在，则按照插件配置的列表分别解析，提取配置中的接口信息及属性配置，保存到 Configuration 配置项的插件拦截器链中。通过这种方式，在插件和要触发的监控点之间建立连接。

插件的解析流程相对来说比较少，也比较简单，提供解析方法之后，放入顺序解析的操作方法中即可，如在 XMLConfigBuilder#parse 中调用 pluginElement(root.element("plugins"));。

17.4　插件功能的测试

1. 事先准备

1）创建库表

创建一个名为 mybatis 的数据库，在库中创建表 activity，并添加测试数据，如下所示。

```sql
CREATE TABLE `activity` (
  `id` bigint(20) NOT NULL AUTO_INCREMENT COMMENT '自增ID',
  `activity_id` bigint(20) NOT NULL COMMENT '活动ID',
  `activity_name` varchar(64) CHARACTER SET utf8mb4 DEFAULT NULL COMMENT '活动名称',
  `activity_desc` varchar(128) CHARACTER SET utf8mb4 DEFAULT NULL COMMENT '活动描述',
  `create_time` datetime DEFAULT CURRENT_TIMESTAMP COMMENT '创建时间',
  `update_time` datetime DEFAULT CURRENT_TIMESTAMP COMMENT '修改时间',
  PRIMARY KEY (`id`),
  UNIQUE KEY `unique_activity_id` (`activity_id`)
) ENGINE=InnoDB AUTO_INCREMENT=4 DEFAULT CHARSET=utf8mb4 COLLATE=utf8mb4_bin COMMENT='活动配置';

-- ----------------------------
-- Records of activity
-- ----------------------------
BEGIN;
INSERT INTO `activity` VALUES (1, 100001, '活动名', '测试活动', '2021-08-08 20:14:50', '2022-08-08 20:14:50');
INSERT INTO `activity` VALUES (3, 100002, '活动名', '测试活动', '2021-10-05 15:49:21', '2022-09-05 15:49:21');
COMMIT;
```

2）自定义插件

```java
@Intercepts({@Signature(type = StatementHandler.class, method = "prepare", args = {Connection.class})})
public class TestPlugin implements Interceptor {

    @Override
    public Object intercept(Invocation invocation) throws Throwable {
        // 获取 StatementHandler
        StatementHandler statementHandler = (StatementHandler) invocation.getTarget();
        // 获取 SQL 信息
        BoundSql boundSql = statementHandler.getBoundSql();
        String sql = boundSql.getSql();
        // 输出 SQL
        System.out.println("拦截 SQL: " + sql);
        // 放行
        return invocation.proceed();
    }
```

```
@Override
public void setProperties(Properties properties) {
    System.out.println("参数输出: " + properties.getProperty("test00"));
}

}
```

使用 TestPlugin 实现 Interceptor 接口，同时通过注解 @Intercepts 配置插件的触发时机。这里在调用 StatementHandler#prepare 方法时处理自定义插件。

在自定义插件时，获取 StatementHandler 绑定的 SQL 信息。需要注意的是，使用 StatementHandler#getBoundSql 获取绑定的 SQL 信息是本章新增加的内容，接口的定义和方法的实现都很简单，读者可以参考源码。

另外，本节实现了使用 setProperties 获取注解的目的，这里只是把其中的一个注解配置打印出来。

3）插件配置

```
<configuration>

    <plugins>
        <plugin interceptor="cn.bugstack.mybatis.test.plugin.TestPlugin">
            <property name="test00" value="100"/>
            <property name="test01" value="200"/>
        </plugin>
    </plugins>

    // 省略数据源连接信息和 Mapper XML 地址

</configuration>
```

把自定义插件配置到 configuration 中，在 configuration 中也配置了数据源连接信息及 Mapper XML 地址。

2．单元测试

```
@Test
public void test_queryActivityById() throws IOException {
    // 1. 从 SqlSessionFactory 中获取 SqlSession
    SqlSessionFactory sqlSessionFactory = new SqlSessionFactoryBuilder().
build(Resources.getResourceAsReader("mybatis-config-datasource.xml"));
    SqlSession sqlSession = sqlSessionFactory.openSession();

    // 2. 获取映射器对象
    IActivityDao dao = sqlSession.getMapper(IActivityDao.class);

    // 3. 测试验证
```

```
    Activity req = new Activity();
    req.setActivityId(100001L);
    Activity res = dao.queryActivityById(req);
    logger.info("测试结果：{}", JSON.toJSONString(res));
}
```

在单元测试中查询活动信息即可，这样就能调用本章实现的自定义插件，如图 17-5 所示。

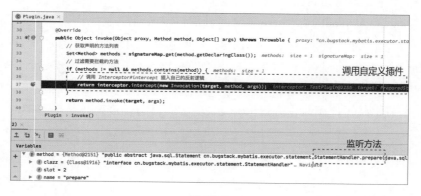

图 17-5

测试结果如下。

```
拦截 SQL: SELECT activity_id, activity_name, activity_desc, create_time, update_time
    FROM activity
        WHERE activity_id = ?
06:38:30.601 [main] INFO  c.b.m.s.d.DefaultParameterHandler - 根据每个 ParameterMapping
中的 TypeHandler 设置对应的参数信息 value: 100001
06:38:30.619 [main] INFO  cn.bugstack.mybatis.test.ApiTest - 测试结果: {"activityDesc":
"测试活动","activityId":100001,"activityName":"活动名","createTime":1628424890000,
"updateTime":1628424890000}

Process finished with exit code 0
```

由测试结果可知，本章实现的插件功能都已经验证通过。读者可以基于这些流程描述打一些断点来调试及验证。

17.5 总结

本章是对代理模式的实践，通过代理在一个目标监听方法中实现调用扩展。而扩展内容是根据依赖倒置原则面向抽象编程的具体实现。类似的这种设计原则和设计思想，不仅在其他一些 Spring 源码框架及领域驱动设计架构中有所体现，还是架构设计中非常重要的原则。

当逐步开发完成一个框架以后，就要开始对外提供扩展功能，这样才能更好地让一个框架满足不同类型用户的扩展需求。Spring、MyBatis 都有类似的扩展功能。在开发一些业务代码时，也应该为扩展功能留出接口，方便后续迭代，也更易于维护。

本章的核心部分是代理的扩展，也是 Java 编程中非常重要的内容。读者在学习时，如果没有掌握代理的基础知识，则可以先创建扩展 JDK 的代理，这样更容易上手。

缓存是互联网高并发应用系统中常用的技术，特点是将数据预热到内存或缓存中。如果缓存数据的命中率高，则将极大地提升系统的吞吐量。而 MyBatis 的一级缓存，在同一个 SqlSession 会话周期内将数据保存到内存中，也是为了提高系统的性能，降低同一个会话下多次执行数据库操作带来的性能开销。

- 本章难度：★ ★ ☆ ☆ ☆
- 本章重点：依赖缓存数据方案设计，将同一个会话周期内的数据保存到内存中，提高系统的性能。

18.1　缓存使用的思考

在数据库的一次会话中，有时可能需要反复地执行完全相同的查询语句。如果不采用一些优化手段，那么每次查询都会查询一次数据库，而在极短的会话周期内，反复查询得到的结果几乎是相同的。

与从内存中获取数据相比，在数据库中查询相同的数据的代价是很大的，如果系统的调用量较大，那么可能会造成很大的资源浪费。所以，本章结合已经实现的 MyBatis，在一个会话周期内添加缓存，当会话发生 commit、close 和 clear 时，清空缓存。

18.2　一级缓存的设计

MyBatis 的一级缓存是指在一个 SqlSession 会话周期内，将相同的执行语句的结果缓存起来，避免重复执行数据库操作。当发生影响 SqlSession 会话的操作时，都会清空缓存，避免发生脏读。缓存的配置解析及会话周期内缓存的使用设计如图 18-1 所示。

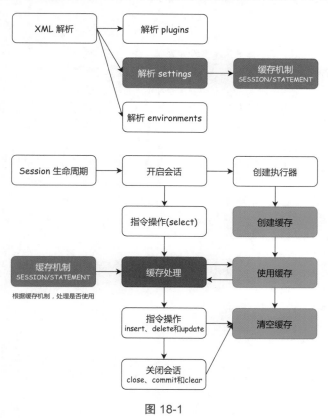

图 18-1

MyBatis 的 XML 配置文件可以设置本地缓存机制。如果不设置缓存机制，则默认采用 SESSION 级别，也就是使用一级缓存保存会话周期内的数据。如果设置为 STATEMENT 级别，则不使用一级缓存。

SqlSession 的工作主要交给 Executor 执行器完成，负责操作数据库。当创建一个 SqlSession 对象时，MyBatis 会为 SqlSession 对象创建一个新的 Executor 执行器，而缓存的工具包也是在创建执行器时构建的。

基于缓存的创建，在会话周期内保存查询结果，如果一次会话中发生了改变数据的行为，如 insert、delete 和 update，则清空缓存数据。另外，当主动执行 close 操作、commit 操作和 clear 操作时，也要清空缓存数据，在尽可能提高查询效率的同时，降低发生脏读的概率。

18.3 一级缓存的实现

1. 工程结构

```
mybatis-step-18
└── src
    ├── main
    │    └── java
    │         └── cn.bugstack.mybatis
    │              ├── annotations
    │              ├── binding
    │              ├── builder
    │              │    ├── annotation
    │              │    ├── xml
    │              │    │    ├── XMLConfigBuilder.java
    │              │    │    ├── XMLMapperBuilder.java
    │              │    │    └── XMLStatementBuilder.java
    │              │    ├── BaseBuilder.java
    │              │    ├── MapperBuilderAssistant.java
    │              │    ├── ParameterExpression.java
    │              │    ├── ResultMapResolver.java
    │              │    ├── SqlSourceBuilder.java
    │              │    └── StaticSqlSource.java
    │              ├── cache
    │              │    ├── impl
    │              │    │    └── PerpetualCache.java
    │              │    ├── Cache.java
    │              │    ├── CacheKey.java
    │              │    └── NullCacheKey.java
    │              ├── datasource
    │              ├── executor
    │              │    ├── keygen
    │              │    ├── parameter
    │              │    ├── result
    │              │    ├── resultset
    │              │    ├── statement
    │              │    ├── BaseExecutor.java
    │              │    ├── ExecutionPlaceholder.java
    │              │    ├── Executor.java
    │              │    └── SimpleExecutor.java
    │              ├── io
    │              ├── mapping
    │              │    ├── BoundSql.java
    │              │    ├── Environment.java
    │              │    ├── MappedStatement.java
    │              │    ├── ParameterMapping.java
```

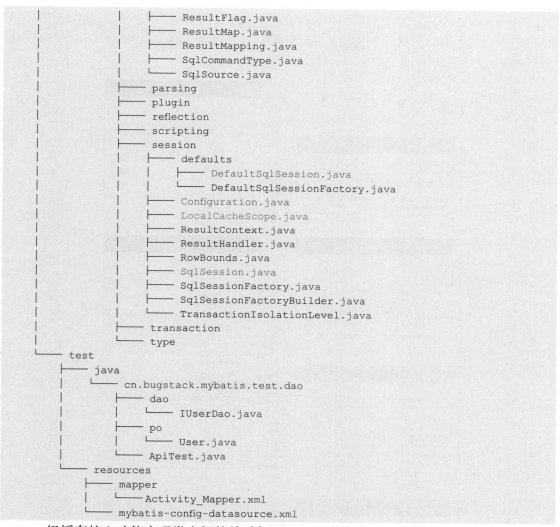

```
            │            │      ├──── ResultFlag.java
            │            │      ├──── ResultMap.java
            │            │      ├──── ResultMapping.java
            │            │      ├──── SqlCommandType.java
            │            │      └──── SqlSource.java
            │            ├──── parsing
            │            ├──── plugin
            │            ├──── reflection
            │            ├──── scripting
            │            ├──── session
            │            │      ├──── defaults
            │            │      │      ├──── DefaultSqlSession.java
            │            │      │      └──── DefaultSqlSessionFactory.java
            │            │      ├──── Configuration.java
            │            │      ├──── LocalCacheScope.java
            │            │      ├──── ResultContext.java
            │            │      ├──── ResultHandler.java
            │            │      ├──── RowBounds.java
            │            │      ├──── SqlSession.java
            │            │      ├──── SqlSessionFactory.java
            │            │      ├──── SqlSessionFactoryBuilder.java
            │            │      └──── TransactionIsolationLevel.java
            │            ├──── transaction
            │            └──── type
            ├──── test
            │      ├──── java
            │      │      └──── cn.bugstack.mybatis.test.dao
            │      │             ├──── dao
            │      │             │      └──── IUserDao.java
            │      │             ├──── po
            │      │             │      └──── User.java
            │      │             └──── ApiTest.java
            │      └──── resources
            │             ├──── mapper
            │             │      └──── Activity_Mapper.xml
            │             └──── mybatis-config-datasource.xml
```

一级缓存核心功能实现类之间的关系如图 18-2 所示。

以 XMLConfigBuilder 为入口，解析 XML 文件中关于缓存机制的配置。在平常使用 MyBatis 时，如果希望关闭一级缓存，则可以采用 LocalCacheScope 配置的方式处理。

接下来在会话周期内，以创建 SqlSession 的方式构建 Executor 执行器初始化缓存组件，在执行查询操作时保存缓存数据。当在会话周期内需要执行 insert 操作、update 操作和 delete 操作，以及 close 操作、commit 操作和 clear 操作等时，在缓存组件中删除相关的缓存数据。

具体通过 PerpetualCache 一级永久缓存实现类实现 Cache 接口，其中对于缓存的 ID 字段，使用 CacheKey 为查询操作创建索引。另外，缓存框架的数据结构基本上采用 Key → Value 的方式存储，MyBatis 对 Key 的生成采取的规则为 [mappedStatementId + offset + limit + SQL + queryParams + environment]，生成一个哈希码作为 Key 使用。

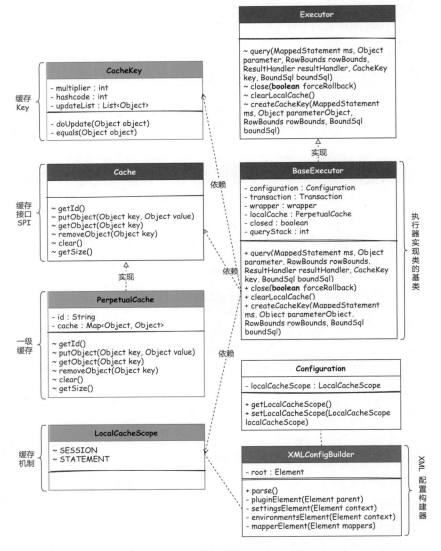

图 18-2

2. 定义和解析缓存机制

在 MyBatis 中，默认一级缓存是开启的，但是也支持用户自主关闭。使用的配置如下所示。

```
<settings>
    <!-- 缓存级别: SESSION 和 STATEMENT-->
    <setting name="localCacheScope" value="SESSION"/>
</settings>
```

localCacheScope 缓存机制的属性值有两个，分别为 SESSION 和 STATEMENT。如果需要关闭缓存，则配置为 STATEMENT 。

1）定义缓存机制

源码详见 cn.bugstack.mybatis.session.LocalCacheScope。

```
public enum LocalCacheScope {
    SESSION,
    STATEMENT
}
```

LocalCacheScope 缓存机制是一个枚举值配置，分为 SESSION 和 STATEMENT。SESSION 为默认值，支持使用一级缓存。STATEMENT 不支持使用一级缓存，关于这部分具体的判断和使用可以参考源码。

2）解析缓存机制

源码详见 cn.bugstack.mybatis.builder.xml.XMLConfigBuilder。

```
private void settingsElement(Element context) {
    if (context == null) return;
    List<Element> elements = context.elements();
    Properties props = new Properties();
    for (Element element : elements) {
        props.setProperty(element.attributeValue("name"), element.attributeValue
("value"));
    }
    configuration.setLocalCacheScope(LocalCacheScope.valueOf(props.getProperty
("localCacheScope")));
}
```

使用 XMLConfigBuilder 解析配置在 XML 文件中的缓存机制，并把解析出来的内容保存到 Configuration 配置项中。

3. 缓存模块的实现

MyBatis 中有一个单独提供的 Cache 包，用于处理数据的缓存，一级缓存和二级缓存都是在 Cache 包下提供服务的。

1）定义 Cache 接口

源码详见 cn.bugstack.mybatis.cache.Cache。

```
public interface Cache {

    /**
     * 获取 ID, 每个缓存都使用唯一的 ID 标识
     */
    String getId();

    /**
     * 保存值
     */
    void putObject(Object key, Object value);

    /**
     * 获取值
     */
    Object getObject(Object key);

    /**
     * 删除值
     */
    Object removeObject(Object key);

    /**
     * 清空
     */
    void clear();

    /**
     * 获取缓存大小
     */
    int getSize();

}
```

Cache 接口主要提供了数据的保存、获取、删除、清空，以及大小的获取功能，这种实现方式和通常做业务开发时定义的数据存储相似。

2）实现 Cache 接口

源码详见 cn.bugstack.mybatis.cache.impl.PerpetualCache。

```
public class PerpetualCache implements Cache {

    private Logger logger = LoggerFactory.getLogger(PerpetualCache.class);

    private String id;

    // 使用 HashMap 保存一级缓存数据, Session 生命周期较短, 在正常情况下数据不会一直在缓存中存储
    private Map<Object, Object> cache = new HashMap<>();
```

```
public PerpetualCache(String id) {
    this.id = id;
}

@Override
public String getId() {
    return id;
}

@Override
public void putObject(Object key, Object value) {
    cache.put(key, value);
}

@Override
public Object getObject(Object key) {
    Object obj = cache.get(key);
    if (null != obj) {
        logger.info("一级缓存 \r\nkey: {} \r\nval: {}", key, JSON.
toJSONString(obj));
    }
    return obj;
}

@Override
public Object removeObject(Object key) {
    return cache.remove(key);
}

@Override
public void clear() {
    cache.clear();
}

@Override
public int getSize() {
    return cache.size();
}

}
```

一级缓存的实现类也叫永远缓存，使用 HashMap 保存数据，因为这个缓存是配合整个会话周期使用和销毁的，所以使用 HashMap 也比较简单，既不需要太多的容量，又不需要限制大小。

这个类中的操作基本上是对 HashMap 的保存、删除和清空。

4. 创建缓存 Key

通常在使用 HashMap 时，Key 都是一个 String 类型的值，因为需要将查询的信息及 SQL 语句作为 ID 使用，但这样拼装下来值太长，所以在缓存 Key 的实现中，基于这些信息创建了一个新的 HashCode 作为 Key 使用。

1）哈希计算

源码详见 cn.bugstack.mybatis.cache.CacheKey#doUpdate。

```
private void doUpdate(Object object) {
    int baseHashCode = object == null ? 1 : object.hashCode();
    count++;
    checksum += baseHashCode;
    baseHashCode *= count;
    hashcode = multiplier * hashcode + baseHashCode;
    updateList.add(object);
}
```

MyBatis 采用 [mappedStatementId + offset + limit + SQL + queryParams + environment] 规则生成一个 HashCode。doUpdate 方法的 object 入参对象就是用于拼装哈希值的。

2）哈希 equals

源码详见 cn.bugstack.mybatis.cache.CacheKey#equals。

```
public boolean equals(Object object) {
    if (this == object) {
        return true;
    }
    if (!(object instanceof CacheKey)) {
        return false;
    }
    final CacheKey cacheKey = (CacheKey) object;
    if (hashcode != cacheKey.hashcode) {
        return false;
    }
    if (checksum != cacheKey.checksum) {
        return false;
    }
    if (count != cacheKey.count) {
        return false;
    }
    for (int i = 0; i < updateList.size(); i++) {
        Object thisObject = updateList.get(i);
        Object thatObject = cacheKey.updateList.get(i);
        if (thisObject == null) {
            if (thatObject != null) {
                return false;
```

```
        }
    } else {
        if (!thisObject.equals(thatObject)) {
            return false;
        }
    }
}
return true;
}
```

如果遇到相同的哈希值，为了避免对象重复，那么用 CacheKey 重写 equals 对比方法。这也是使用 doUpdate 方法计算哈希值时，把对象添加到 updateList.add(object); 集合中的原因，即用于 equals 判断。

5．在会话中使用缓存

MyBatis 会话创建的 SqlSession 主要集中在 Executor 执行器的抽象类中，通过创建抽象类实例化 new PerpetualCache("LocalCache"); 一级缓存，并在 Executor 执行器中完成缓存的保存、使用和删除等操作。

1）创建缓存 Key

源码详见 cn.bugstack.mybatis.executor.Executor。

```
// 查询，包含缓存
<E> List<E> query(MappedStatement ms, Object parameter, RowBounds rowBounds,
ResultHandler resultHandler, CacheKey key, BoundSql boundSql) throws SQLException;

// 查询
<E> List<E> query(MappedStatement ms, Object parameter, RowBounds rowBounds,
ResultHandler resultHandler) throws SQLException;
```

Executor 接口有两种查询方法，一种包含缓存 Key，另一种不包含缓存 Key。包含缓存 Key 的 query 方法会被另一个不包含缓存 Key 的 query 方法调用。

源码详见 cn.bugstack.mybatis.executor.BaseExecutor#query。

```
public <E> List<E> query(MappedStatement ms, Object parameter, RowBounds rowBounds,
ResultHandler resultHandler) throws SQLException {
    // 1. 获取绑定 SQL
    BoundSql boundSql = ms.getBoundSql(parameter);
    // 2. 创建缓存 Key
    CacheKey key = createCacheKey(ms, parameter, rowBounds, boundSql);
    return query(ms, parameter, rowBounds, resultHandler, key, boundSql);
}
```

BaseExecutor#query 方法新增了创建缓存 Key，创建后调用重载的另一个包含缓存 Key 的 query 方法。

源码详见 cn.bugstack.mybatis.executor.BaseExecutor#createCacheKey。

```java
public CacheKey createCacheKey(MappedStatement ms, Object parameterObject, RowBounds
rowBounds, BoundSql boundSql) {
    if (closed) {
        throw new RuntimeException("Executor was closed.");
    }
    CacheKey cacheKey = new CacheKey();
    cacheKey.update(ms.getId());
    cacheKey.update(rowBounds.getOffset());
    cacheKey.update(rowBounds.getLimit());
    cacheKey.update(boundSql.getSql());
    List<ParameterMapping> parameterMappings = boundSql.getParameterMappings();
    TypeHandlerRegistry typeHandlerRegistry = ms.getConfiguration().getTypeHandlerRegistry();
    for (ParameterMapping parameterMapping : parameterMappings) {
        Object value;
        String propertyName = parameterMapping.getProperty();
        if (boundSql.hasAdditionalParameter(propertyName)) {
            value = boundSql.getAdditionalParameter(propertyName);
        } else if (parameterObject == null) {
            value = null;
        } else if (typeHandlerRegistry.hasTypeHandler(parameterObject.getClass())) {
            value = parameterObject;
        } else {
            MetaObject metaObject = configuration.newMetaObject(parameterObject);
            value = metaObject.getValue(propertyName);
        }
        cacheKey.update(value);
    }
    if (configuration.getEnvironment() != null) {
        cacheKey.update(configuration.getEnvironment().getId());
    }
    return cacheKey;
}
```

正如前面介绍的，创建缓存 Key 需要依赖 mappedStatementId + offset + limit + SQL + queryParams + environment 构建一个哈希值，所以这里把这些对应信息分别传递给 cacheKey#update 方法。

2）查询数据缓存

源码详见 cn.bugstack.mybatis.executor#query。

```java
public <E> List<E> query(MappedStatement ms, Object parameter, RowBounds rowBounds,
ResultHandler resultHandler, CacheKey key, BoundSql boundSql) throws SQLException {
    if (closed) {
        throw new RuntimeException("Executor was closed.");
    }
    // 清理局部缓存，如果查询堆栈为 0，则清理。queryStack 避免递归调用清理
```

```
    if (queryStack == 0 && ms.isFlushCacheRequired()) {
        clearLocalCache();
    }
    List<E> list;
    try {
        queryStack++;
        // 根据 cacheKey 从 localCache 中查询数据
        list = resultHandler == null ? (List<E>) localCache.getObject(key) : null;
        if (list == null) {
            list = queryFromDatabase(ms, parameter, rowBounds, resultHandler, key,
boundSql);
        }
    } finally {
        queryStack--;
    }
    if (queryStack == 0) {
        if (configuration.getLocalCacheScope() == LocalCacheScope.STATEMENT) {
            clearLocalCache();
        }
    }
    return list;
}
```

在 query 操作中，判断 queryStack 是否为 0 并且是否刷新请求，如果为 0 则清空缓存。queryStack 自增以后通过 localCache 获取缓存数据，如果首次查询数据为空，则使用 queryFromDatabase 方法从数据库中查询数据并返回结果。

此外，XML 配置中的缓存机制 LocalCacheScope 会在这里判断，如果不是 SESSION 机制，则清空缓存。

3）保存缓存数据

源码详见 cn.bugstack.mybatis.executor.BaseExecutor#queryFromDatabase。

```
private <E> List<E> queryFromDatabase(MappedStatement ms, Object parameter, RowBounds
rowBounds, ResultHandler resultHandler, CacheKey key, BoundSql boundSql) throws
SQLException {
    List<E> list;
    localCache.putObject(key, ExecutionPlaceholder.EXECUTION_PLACEHOLDER);
    try {
        list = doQuery(ms, parameter, rowBounds, resultHandler, boundSql);
    } finally {
        localCache.removeObject(key);
    }
    // 保存到缓存中
    localCache.putObject(key, list);
    return list;
}
```

在一个会话内，当首次执行 query 时，把从数据库中查询到的数据使用 localCache. putObject(key, list); 保存到缓存中。另外，在保存前使用占位符占位，查询后先清空再保存数据。

4）删除缓存数据

源码详见 cn.bugstack.mybatis.executor.BaseExecutor。

```java
public int update(MappedStatement ms, Object parameter) throws SQLException {
    if (closed) {
        throw new RuntimeException("Executor was closed.");
    }
    clearLocalCache();
    return doUpdate(ms, parameter);
}

public void commit(boolean required) throws SQLException {
    if (closed) {
        throw new RuntimeException("Cannot commit, transaction is already closed");
    }
    clearLocalCache();
    if (required) {
        transaction.commit();
    }
}

public void rollback(boolean required) throws SQLException {
    if (!closed) {
        try {
            clearLocalCache();
        } finally {
            if (required) {
                transaction.rollback();
            }
        }
    }
}

public void clearLocalCache() {
    if (!closed) {
        localCache.clear();
    }
}

public void close(boolean forceRollback) {
    try {
        try {
            rollback(forceRollback);
```

```
        } finally {
            transaction.close();
        }
    } catch (SQLException e) {
        logger.warn("Unexpected exception on closing transaction.  Cause: " + e);
    } finally {
        transaction = null;
        closed = true;
    }
}
```

insert 方法、delete 方法和 update 方法都是通过调用执行器的 update 方法进行处理的。

这里的 update、commit、rollback 和 close 都会调用 clearLocalCache 清空缓存，因为 clearLocalCache 也是对外的，所以可以在缓存机制为 SESSION 级别时手动清空。

18.4　一级缓存的测试

1. 事先准备

1）创建库表

创建一个名为 mybatis 的数据库，在库中创建表 activity，并添加测试数据，如下所示。

```
CREATE TABLE `activity` (
  `id` bigint(20) NOT NULL AUTO_INCREMENT COMMENT '自增 ID',
  `activity_id` bigint(20) NOT NULL COMMENT '活动 ID',
  `activity_name` varchar(64) CHARACTER SET utf8mb4 DEFAULT NULL COMMENT '活动名称',
  `activity_desc` varchar(128) CHARACTER SET utf8mb4 DEFAULT NULL COMMENT '活动描述',
  `create_time` datetime DEFAULT CURRENT_TIMESTAMP COMMENT '创建时间',
  `update_time` datetime DEFAULT CURRENT_TIMESTAMP COMMENT '修改时间',
  PRIMARY KEY (`id`),
  UNIQUE KEY `unique_activity_id` (`activity_id`)
) ENGINE=InnoDB AUTO_INCREMENT=4 DEFAULT CHARSET=utf8mb4 COLLATE=utf8mb4_bin COMMENT=
'活动配置';


-- ----------------------------
-- Records of activity
-- ----------------------------
BEGIN;
INSERT INTO `activity` VALUES (1, 100001, '活动名', '测试活动', '2021-08-08 20:14:50',
'2022-08-08 20:14:50');
INSERT INTO `activity` VALUES (3, 100002, '活动名', '测试活动', '2021-10-05 15:49:21',
'2022-09-05 15:49:21');
COMMIT;
```

2）配置缓存机制

```
<configuration>

    <settings>
        <!-- 缓存级别：SESSION/STATEMENT-->
        <setting name="localCacheScope" value="SESSION"/>
    </settings>

    // 省略部分代码
</configuration>
```

在验证过程中，可以把缓存机制配置为 STATEMENT 级别。

2. 单元测试

```
@Test
public void test_queryActivityById() throws IOException {
    // 1. 从 SqlSessionFactory 中获取 SqlSession
    SqlSessionFactory sqlSessionFactory = new SqlSessionFactoryBuilder().build
(Resources.getResourceAsReader("mybatis-config-datasource.xml"));
    SqlSession sqlSession = sqlSessionFactory.openSession();

    // 2. 获取映射器对象
    IActivityDao dao = sqlSession.getMapper(IActivityDao.class);

    // 3. 测试验证
    Activity req = new Activity();
    req.setActivityId(100001L);
    logger.info("测试结果: {}", JSON.toJSONString(dao.queryActivityById(req)));
    // sqlSession.commit();
    // sqlSession.clearCache();
    // sqlSession.close();
    logger.info("测试结果: {}", JSON.toJSONString(dao.queryActivityById(req)));
}
```

在验证过程中，开启会话后执行了两次相同的查询，在这两次查询中注释了一些代码，包括 commit、clearCache 和 close，用于验证缓存的使用情况。

1）两次查询

查询过程调试如图 18-3 所示。

测试如果如下。

```
15:14:12.243 [main] INFO  cn.bugstack.mybatis.test.ApiTest - 测试结果:
{"activityDesc":"测试活动","activityId":100001,"activityName":"活动名","createTime":
1628424890000,"updateTime":1628424890000}
15:14:12.243 [main] INFO  c.b.m.s.defaults.DefaultSqlSession - 执行查询 statement: cn.
bugstack.mybatis.test.dao.IActivityDao.queryActivityById parameter: {"activityId":
100001}
```

```
15:14:12.243 [main] INFO  c.b.mybatis.builder.SqlSourceBuilder - 构建参数映射 property:
activityId propertyType: class java.lang.Long
15:14:12.244 [main] INFO  c.b.m.cache.impl.PerpetualCache - 一级缓存
key: -33520480:1090465577:cn.bugstack.mybatis.test.dao.IActivityDao.queryActivityById:
0:2147483647:SELECT activity_id, activity_name, activity_desc, create_time, update_
time
        FROM activity
         WHERE activity_id = ?:100001:development
val: [{"activityDesc":"测试活动","activityId":100001,"activityName":"活动名","createTime":
1628424890000,"updateTime":1628424890000}]
15:14:12.244 [main] INFO  cn.bugstack.mybatis.test.ApiTest - 测试结果：{"activityDesc":
"测试活动","activityId":100001,"activityName":"活动名","createTime":1628424890000,
"updateTime":1628424890000}

Process finished with exit code 0
```

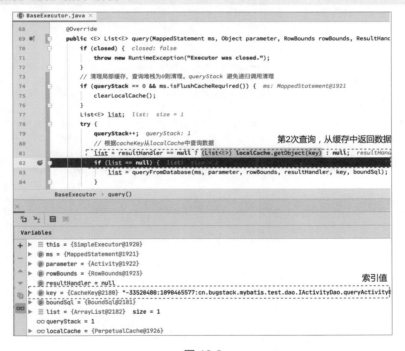

图 18-3

在测试结果中，由缓存的日志打印和查询断点调试缓存可知，当执行第 2 次查询时，就可以通过缓存获取数据，证明一级缓存已经生效。

2）提交会话

提交会话过程调试如图 18-4 所示。

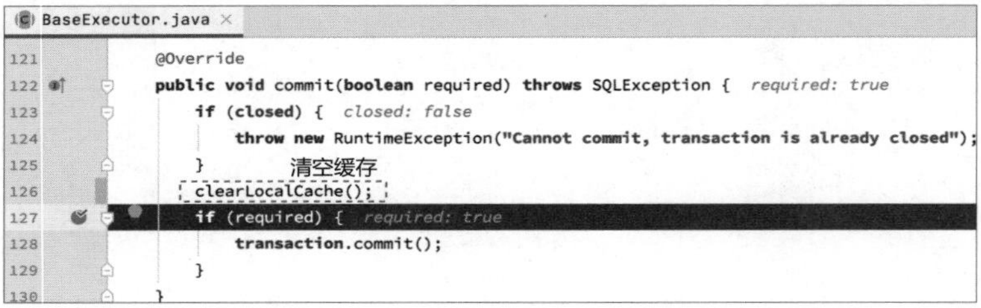

图 18-4

测试结果如下。

```
15:17:55.989 [main] INFO  cn.bugstack.mybatis.test.ApiTest - 测试结果: {"activityDesc":
"测试活动","activityId":100001,"activityName":"活动名","createTime":1628424890000,
"updateTime":1628424890000}
15:18:31.364 [main] INFO  c.b.m.s.defaults.DefaultSqlSession - 执行查询 statement: cn.
bugstack.mybatis.test.dao.IActivityDao.queryActivityById parameter: {"activityId":
100001}
15:18:31.364 [main] INFO  c.b.mybatis.builder.SqlSourceBuilder - 构建参数映射 property:
activityId propertyType: class java.lang.Long
15:18:31.364 [main] INFO  c.b.m.s.d.DefaultParameterHandler - 根据每个 ParameterMapping
中的 TypeHandler 设置对应的参数信息 value: 100001
15:18:31.365 [main] INFO  cn.bugstack.mybatis.test.ApiTest - 测试结果: {"activityDesc":
"测试活动","activityId":100001,"activityName":"活动名","createTime":1628424890000,
"updateTime":1628424890000}
Disconnected from the target VM, address: '127.0.0.1:53967', transport: 'socket'

Process finished with exit code 0
```

打开 sqlSession.commit(); 注释，执行会话并提交后会清空缓存，此时的二次查询已经不会从缓存中获取数据，而是读数据库。

3）关闭会话

关闭会话过程调试如图 18-5 所示。

测试结果如下。

```
15:20:10.506 [main] INFO  cn.bugstack.mybatis.test.ApiTest - 测试结果: {"activityDesc":
"测试活动","activityId":100001,"activityName":"活动名","createTime":1628424890000,
"updateTime":1628424890000}
15:20:10.508 [main] INFO  c.b.m.d.pooled.PooledDataSource - Returned connection
1366025231 to pool.
15:20:10.508 [main] INFO  c.b.m.s.defaults.DefaultSqlSession - 执行查询 statement: cn.
bugstack.mybatis.test.dao.IActivityDao.queryActivityById parameter: {"activityId":
100001}
15:20:10.509 [main] INFO  c.b.mybatis.builder.SqlSourceBuilder - 构建参数映射 property:
activityId propertyType: class java.lang.Long
```

```
java.lang.RuntimeException: Executor was closed.

    at cn.bugstack.mybatis.executor.BaseExecutor.createCacheKey(BaseExecutor.java:155)
    at cn.bugstack.mybatis.executor.BaseExecutor.query(BaseExecutor.java:64)
    at cn.bugstack.mybatis.session.defaults.DefaultSqlSession.selectList(DefaultSqlSession.
java:62)
...
```

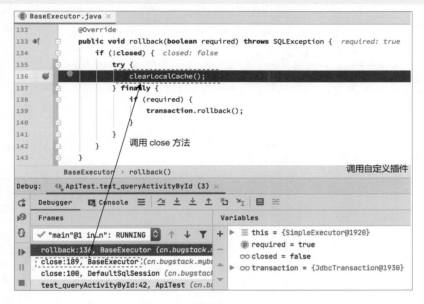

图 18-5

打开 sqlSession.close(); 注释，当关闭执行的会话以后，调用 rollback(forceRollback); 方法，缓存会被清空，同时因为会话已经关闭，所以再执行查询会报错，显示 Executor was closed。

18.5　总结

一级缓存属于轻量级缓存，仅限于在一次会话内完成，所以整个模型也可以简单地理解为使用 HashMap 保存缓存数据。当发生对数据库的操作时，清空缓存。

如果是独立的单体应用，或者是并发量较小的运营后台类应用，可能不会发生任何由于缓存产生的脏读问题。但当应用是分布式部署，并且会话过长，执行了大范围的 select 操作时，就需要注意数据的有效性。如果都是类似的这种场景，则可能需要关闭一级缓存，或者及时在关键节点手动清空缓存。

虽然缓存的设计比较小巧，整个结构并不复杂，但它的设计贯穿了整个会话周期，因此在设计业务流程时，要考虑全局的流程状态流转，避免一小部分的问题影响全局的结果。另外，对于有较长字符串拼装需要作为 Key 使用的场景，也可以借鉴 CacheKey 的哈希设计。

第 19 章

二级缓存

在 MyBatis 中，一级缓存是默认开启的，但二级缓存是默认关闭的。通常，在系统开发中也不会使用二级缓存，大部分时候使用 Redis、Memcache 等缓存框架来缓存数据。这是因为在分布式系统中，往往需要部署多台应用实例，即使在一台应用实例上缓存数据，用户的请求发生在另一台应用实例上时二级缓存就会失效。与此同时，二级缓存的作用范围也仅仅是一个 Mapper XML 文件，即使有一些多表的查询，也无法发挥作用。

虽然二级缓存在分布式系统场景下使用的频次并不高，但是在一些部署单实例的场景下，还可以配置使用。与此同时，MyBatis 的二级缓存也是非常不错的设计，读者可以从它的设计和实现的流程中学习到一些设计技巧。

- 本章难度：★ ★ ★ ★ ☆
- 本章重点：通过装饰器模式，包装执行器类提供二级缓存执行器，并在二级缓存执行器中对缓存数据执行保存、删除和查询操作。

19.1　二级缓存的思考

第 18 章介绍了 MyBatis 中一级缓存的实现，它对数据的缓存操作主要作用于一次会话周期内，从查询开始保存数据，到执行有可能变更数据库的操作为止。

如果希望在会话结束后，再发起的会话还是相同的查询操作，那么最好把数据从缓存中获取出来。这时应该如何实现呢？其实这就是 MyBatis 中的二级缓存，以一个 Mapper 为周期，在这个 Mapper 内的同一个操作，无论发起几次会话，都可以使用缓存处理数据。

之所以将该操作称为二级缓存，是因为它是在一级缓存会话层上添加的额外缓存操作，当会话发生 close 操作、commit 操作时，把数据刷新到二级缓存中保存，直到执行器发生 update 操作时清空缓存。

19.2　二级缓存的设计

二级缓存的重点在于无论多少个 SqlSession 操作同一个 SQL，不管 SqlSession 是否相同，只要 Mapper 的 Namespace 相同，就能共享数据。所以，二级缓存也被称为 Namespace 级别的缓存，相当于一级缓存的作用域范围更广。

基于这种背景，在设计二级缓存时应该为 Mapper XML 解析后的 MappedStatement 提供缓存服务。当会话周期结束后，应该将会话的数据刷新到二级缓存中，以便在同一个 Namespace 下处理相同的 SQL 操作时使用。基于这种考虑，二级缓存的设计如图 19-1 所示。

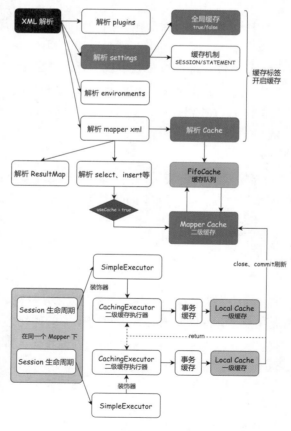

图 19-1

在 XML 的解析中添加全局是否使用缓存的操作。因为缓存的作用域范围是在 Mapper 的 Namespace 级别上，所以要为解析 MappedStatement 提供缓存策略。

> 🖊 注意：缓存策略一共有 4 种实现，分别为 LRU、FIFO、SOFT 和 WEAK，本章仅实现其中的 FIFO 策略。

如果开启了二级缓存服务，则在开启会话并创建执行器时，会把执行器使用缓存执行器作为一层装饰器，因为需要采用这种方式将事务缓存起来，同时对结束会话的指令 close、commit 进行包装，用于将一级缓存数据刷新到二级缓存中。这样下一次在执行相同的 Namespace 及 SQL 语句时，就可以直接从缓存中获取数据。

19.3 二级缓存的实现

1. 工程结构

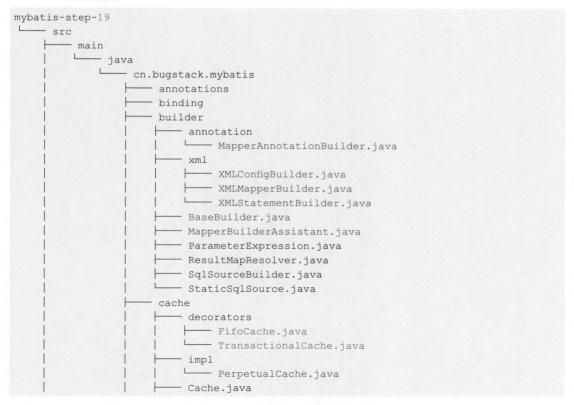

```
mybatis-step-19
└── src
    └── main
        └── java
            └── cn.bugstack.mybatis
                ├── annotations
                ├── binding
                ├── builder
                │   ├── annotation
                │   │   └── MapperAnnotationBuilder.java
                │   ├── xml
                │   │   ├── XMLConfigBuilder.java
                │   │   ├── XMLMapperBuilder.java
                │   │   └── XMLStatementBuilder.java
                │   ├── BaseBuilder.java
                │   ├── MapperBuilderAssistant.java
                │   ├── ParameterExpression.java
                │   ├── ResultMapResolver.java
                │   ├── SqlSourceBuilder.java
                │   └── StaticSqlSource.java
                ├── cache
                │   ├── decorators
                │   │   ├── FifoCache.java
                │   │   └── TransactionalCache.java
                │   ├── impl
                │   │   └── PerpetualCache.java
                │   ├── Cache.java
```

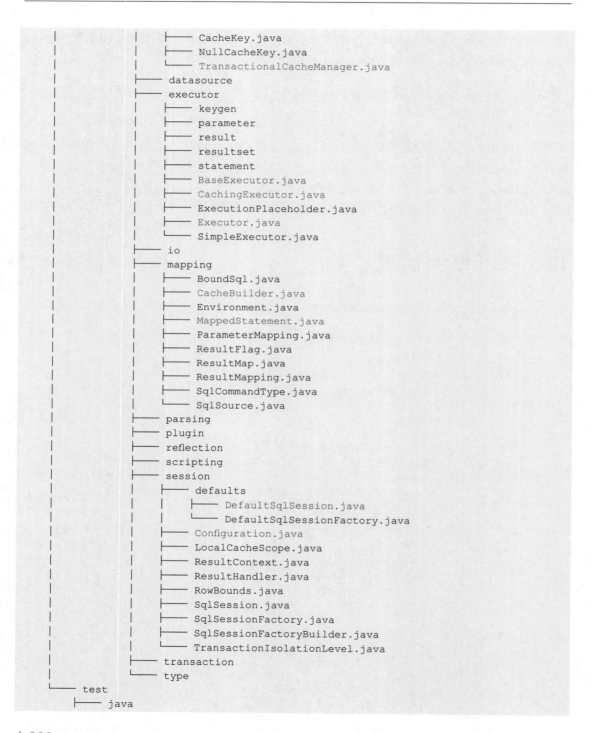

```
|              └───  cn.bugstack.mybatis.test.dao
|                    ├─── dao
|                    │     └─── IUserDao.java
|                    ├─── po
|                    │     └─── User.java
|                    └─── ApiTest.java
└─── resources
      ├─── mapper
      │     └─── Activity_Mapper.xml
      └─── mybatis-config-datasource.xml
```

二级缓存核心功能实现类之间的关系如图 19-2 所示。

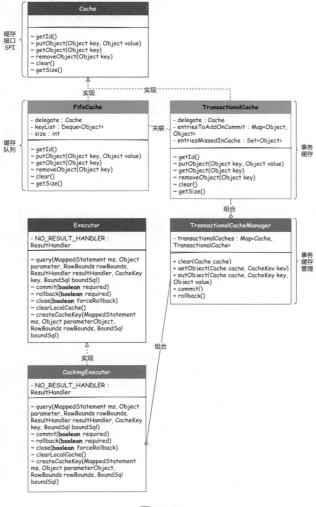

图 19-2

269

二级缓存的核心功能的实现主要体现在缓存接口，以及提供 Mapper XML 解析作用域 Namespace 范围的缓存队列等方面。

通过提供装饰执行器实现模式的 CachingExecutor 二级缓存执行器，包装会话事务缓存操作，在当前会话以 close、commit 方式结束时，将缓存刷新到二级缓存队列中，当遇到相同作用域范围内的同一个查询时，可以直接从二级缓存中获取数据。

2. 二级缓存队列

MyBatis 对二级缓存的设计非常灵活，不仅可以通过配置对缓存策略（如 LRU、FIFO、SOFT 和 WEAK）进行一系列调整，还提供了相应的数据刷新策略、对象存储限制等。

- LRU：最近最少使用，主动移除最长时间不被使用的缓存对象。LRU 也是默认的缓存策略。
- FIFO：先进先出，按照对象进入缓存的顺序移除过期的对象。
- SOFT：软引用，基于垃圾回收器的状态和软引用的规则移除对象。
- WEAK：弱引用，主动基于垃圾回收器的状态和弱引用的规则移除对象。

除此之外，MyBatis 也支持用户自己实现或与第三方内存缓存库集成使用。本章只介绍其中的 FIFO 策略。

源码详见 cn.bugstack.mybatis.cache.decorators.FifoCache。

```java
public class FifoCache implements Cache {

    private final Cache delegate;
    private Deque<Object> keyList;
    private int size;

    public FifoCache(Cache delegate) {
        this.delegate = delegate;
        this.keyList = new LinkedList<>();
        this.size = 1024;
    }

    @Override
    public void putObject(Object key, Object value) {
        cycleKeyList(key);
        delegate.putObject(key, value);
    }

    @Override
    public Object getObject(Object key) {
        return delegate.getObject(key);
    }
```

```
@Override
public Object removeObject(Object key) {
    return delegate.removeObject(key);
}

@Override
public void clear() {
    delegate.clear();
    keyList.clear();
}

private void cycleKeyList(Object key) {
    keyList.addLast(key);
    if (keyList.size() > size) {
        Object oldestKey = keyList.removeFirst();
        delegate.removeObject(oldestKey);
    }
}
}
```

FIFO 策略基于 Deque 维护链表，用于保存二级缓存数据。而缓存数据的处理都由 CachingExecutor 包装的 SimpleExecutor 实现类完成，属于典型的装饰器模式。

FifoCache 提供的方法实现起来也比较简单，主要包括保存、获取、移除和清空队列。另外，cycleKeyList 方法的作用是在增加记录时判断记录是否超过 size 的值，以此移除链表中的第 1 个元素，从而达到先进先出的效果。

3. 管理事务缓存

TransactionalCache 保存的是会话周期内的缓存数据，当会话结束后，把缓存刷新到二级缓存中。如果是回滚操作，则清空缓存。

1）事务缓存

源码详见 org.apache.ibatis.cache.decorators.TransactionalCache。

```
public class TransactionalCache implements Cache {

    private Cache delegate;
    // 提交时要不要清空缓存
    private boolean clearOnCommit;
    // 提交时要添加的元素
    private Map<Object, Object> entriesToAddOnCommit;
    private Set<Object> entriesMissedInCache;

    public TransactionalCache(Cache delegate) {
        // delegate = FifoCache
```

```
        this.delegate = delegate;
        // 默认提交时不清空缓存
        this.clearOnCommit = false;
        this.entriesToAddOnCommit = new HashMap<>();
        this.entriesMissedInCache = new HashSet<>();
    }

    @Override
    public Object getObject(Object key) {
        // key: CacheKey 拼装后的哈希码
        Object object = delegate.getObject(key);
        if (object == null) {
            entriesMissedInCache.add(key);
        }
        return clearOnCommit ? null : object;
    }

    @Override
    public void putObject(Object key, Object object) {
        entriesToAddOnCommit.put(key, object);
    }

    public void commit() {
        if (clearOnCommit) {
            delegate.clear();
        }
        flushPendingEntries();
        reset();
    }

    public void rollback() {
        unlockMissedEntries();
        reset();
    }

    /**
     * 将数据刷新到 MappedStatement#Cache 中，也就是把数据填充到 Mapper XML 级别下
     * flushPendingEntries 方法把事务缓存下的数据填充到 FifoCache 中
     */
    private void flushPendingEntries() {
        for (Map.Entry<Object, Object> entry : entriesToAddOnCommit.entrySet()) {
            delegate.putObject(entry.getKey(), entry.getValue());
        }
        for (Object entry : entriesMissedInCache) {
            if (!entriesToAddOnCommit.containsKey(entry)) {
                delegate.putObject(entry, null);
            }
        }
    }
```

```
    }

    private void unlockMissedEntries() {
        for (Object entry : entriesMissedInCache) {
            delegate.putObject(entry, null);
        }
    }

}
```

TransactionalCache 提供了对一级缓存数据保存和使用的功能，一级缓存作用域范围的会话因为 commit、close 结束，但是会调用 flushPendingEntries 方法，通过循环处理调用 delegate.putObject(entry.getKey(), entry.getValue()); 把数据刷新到二级缓存队列中。另外，回滚方法也是一种清空缓存的操作。

2）缓存管理

源码详见 cn.bugstack.mybatis.cache.TransactionalCacheManager。

```
public class TransactionalCacheManager {

    private Map<Cache, TransactionalCache> transactionalCaches = new HashMap<>();

    public void clear(Cache cache) {
        getTransactionalCache(cache).clear();
    }

    /**
     * 得到某个 TransactionalCache 的值
     */
    public Object getObject(Cache cache, CacheKey key) {
        return getTransactionalCache(cache).getObject(key);
    }

    public void putObject(Cache cache, CacheKey key, Object value) {
        getTransactionalCache(cache).putObject(key, value);
    }

    /**
     * 全部提交
     */
    public void commit() {
        for (TransactionalCache txCache : transactionalCaches.values()) {
            txCache.commit();
        }
    }

    /**
```

```
     *  全部回滚
     */
    public void rollback() {
        for (TransactionalCache txCache : transactionalCaches.values()) {
            txCache.rollback();
        }
    }

    private TransactionalCache getTransactionalCache(Cache cache) {
        TransactionalCache txCache = transactionalCaches.get(cache);
        if (txCache == null) {
            txCache = new TransactionalCache(cache);
            transactionalCaches.put(cache, txCache);
        }
        return txCache;
    }

}
```

事务缓存管理器执行对事务缓存的包装操作，用于在创建缓存执行器期间实例化，包装执行器内的所有事务缓存操作，在批量提交和回滚时刷新缓存数据。

4．装饰缓存的执行

源码详见 cn.bugstack.mybatis.session.Configuration。

```
public Executor newExecutor(Transaction transaction) {
    Executor executor = new SimpleExecutor(this, transaction);
    // 配置开启缓存，创建 CachingExecutor（默认有缓存）装饰器模式
    if (cacheEnabled) {
        executor = new CachingExecutor(executor);
    }
    return executor;
}
```

缓存执行器是一种装饰器模式，将 SimpleExecutor 做一层包装，提供缓存的功能。因为包装后就可以使用 SimpleExecutor 中的一级缓存及相应的功能，在二级缓存 CachingExecutor 执行器中完成缓存在会话周期内的流转操作。

源码详见 cn.bugstack.mybatis.executor.CachingExecutor。

```
public <E> List<E> query(MappedStatement ms, Object parameter, RowBounds rowBounds,
ResultHandler resultHandler, CacheKey key, BoundSql boundSql) throws SQLException {
    Cache cache = ms.getCache();
    if (cache != null) {
        flushCacheIfRequired(ms);
        if (ms.isUseCache() && resultHandler == null) {
            @SuppressWarnings("unchecked")
            List<E> list = (List<E>) tcm.getObject(cache, key);
            if (list == null) {
```

```
                    list = delegate.<E>query(ms, parameter, rowBounds, resultHandler,
key, boundSql);
                        // cache: 缓存队列实现类, FIFO
                        // key: 哈希值 [mappedStatementId + offset + limit + SQL + queryParams +
                        // environment]
                        // list: 查询的数据
                        tcm.putObject(cache, key, list);
                    }
                    // 打印调试日志, 记录二级缓存获取数据
                    if (logger.isDebugEnabled() && cache.getSize() > 0) {
                        logger.debug("二级缓存: {}", JSON.toJSONString(list));
                    }
                    return list;
                }
        }
        return delegate.<E>query(ms, parameter, rowBounds, resultHandler, key, boundSql);
}


@Override
public void commit(boolean required) throws SQLException {
    delegate.commit(required);
    tcm.commit();
}


public void close(boolean forceRollback) {
    try {
        if (forceRollback) {
            tcm.rollback();
        } else {
            tcm.commit();
        }
    } finally {
        delegate.close(forceRollback);
    }
}
```

CachingExecutor 实现类需要注意两点: 一是会话中查询数据时缓存的使用, 二是在 query 方法中执行的 delegate.<E>query 操作。其实 delegate 就是 SimpleExecutor 实例化的对象, 当缓存数据随着会话周期处理完成后, 就保存到 MappedStatement 提供的缓存队列中, 也就是本章实现的 FifoCache 实现类。

另外, 缓存的流转会调用 TransactionalCacheManager, 在会话结束时, 将一级缓存数据刷新并提交到二级缓存中或清空缓存。

5. 缓存配置的解析

本章二级缓存的功能实现涉及一些配置, 主要包括全局缓存配置的开启和 Mapper

XML 中缓存策略的配置。

1）全局缓存的解析

```
<settings>
    <!-- 全局缓存：true/false-->
    <setting name="cacheEnabled" value="true"/>
    <!-- 缓存级别：SESSION/STATEMENT-->
    <setting name="localCacheScope" value="STATEMENT"/>
</settings>
```

在 Config XML 中，将全局缓存配置为开启，此时也可以关闭一级缓存。

源码详见 cn.bugstack.mybatis.builder.xml.XMLConfigBuilder。

```
public Configuration parse() {
    try {
        // 插件
        pluginElement(root.element("plugins"));
        // 设置
        settingsElement(root.element("settings"));
        // 环境
        environmentsElement(root.element("environments"));
        // 解析映射器
        mapperElement(root.element("mappers"));
    } catch (Exception e) {
        throw new RuntimeException("Error parsing SQL Mapper Configuration. Cause: " +
e, e);
    }
    return configuration;
}

private void settingsElement(Element context) {
    if (context == null) return;
    List<Element> elements = context.elements();
    Properties props = new Properties();
    for (Element element : elements) {
        props.setProperty(element.attributeValue("name"), element.
attributeValue("value"));
    }
    configuration.setCacheEnabled(booleanValueOf(props.getProperty("cacheEnabled"),
true));
    configuration.setLocalCacheScope(LocalCacheScope.valueOf(props.getProperty
("localCacheScope")));
}
```

先解析全局配置，再结合 XMLConfigBuilder 配置构建器对配置的解析，添加
cacheEnabled，这样就可以把是否开启二级缓存的操作保存为配置项目。在默认情况下，
二级缓存是关闭的。

2）缓存策略的解析

```
<cache eviction="FIFO" flushInterval="600000" size="512" readOnly="true"/>
```

cache 的策略配置到每个 Mapper 文件中，如果需要对某个 Mapper 文件开启二级缓存，则可以配置指定的缓存策略。此外，也可以把某个 select 标签 useCache="false" 设置为不开启缓存。

源码详见 cn.bugstack.mybatis.builder.xml.XMLMapperBuilder。

```java
private void cacheElement(Element context) {
    if (context == null) return;
    // 基础配置信息
    String type = context.attributeValue("type", "PERPETUAL");
    Class<? extends Cache> typeClass = typeAliasRegistry.resolveAlias(type);

    // 缓存队列 FIFO
    String eviction = context.attributeValue("eviction", "FIFO");
    Class<? extends Cache> evictionClass = typeAliasRegistry.resolveAlias(eviction);
    Long flushInterval = Long.valueOf(context.attributeValue("flushInterval"));
    Integer size = Integer.valueOf(context.attributeValue("size"));
    boolean readWrite = !Boolean.parseBoolean(context.attributeValue("readOnly", "false"));
    boolean blocking = !Boolean.parseBoolean(context.attributeValue("blocking", "false"));

    // 解析额外的属性信息：<property name="cacheFile" value="/tmp/xxx-cache.tmp"/>
    List<Element> elements = context.elements();
    Properties props = new Properties();
    for (Element element : elements) {
        props.setProperty(element.attributeValue("name"), element.attributeValue("value"));
    }

    // 构建缓存
    builderAssistant.useNewCache(typeClass, evictionClass, flushInterval, size,
readWrite, blocking, props);
}
```

cacheElement 缓存标签的解析作用于 configurationElement 解析环节，解析后创建缓存并保存到 Configuration 配置项对应的属性中。创建的缓存会被记录到 MappedStatement 类的属性中，以便在缓存执行器中使用。

19.4　二级缓存的测试

1. 事先准备

1）创建库表

创建一个名为 mybatis 的数据库，在库中创建表 activity，并添加测试数据，如下所示。

```
CREATE TABLE `activity` (
  `id` bigint(20) NOT NULL AUTO_INCREMENT COMMENT '自增 ID',
  `activity_id` bigint(20) NOT NULL COMMENT '活动 ID',
  `activity_name` varchar(64) CHARACTER SET utf8mb4 DEFAULT NULL COMMENT '活动名称',
  `activity_desc` varchar(128) CHARACTER SET utf8mb4 DEFAULT NULL COMMENT '活动描述',
  `create_time` datetime DEFAULT CURRENT_TIMESTAMP COMMENT '创建时间',
  `update_time` datetime DEFAULT CURRENT_TIMESTAMP COMMENT '修改时间',
  PRIMARY KEY (`id`),
  UNIQUE KEY `unique_activity_id` (`activity_id`)
) ENGINE=InnoDB AUTO_INCREMENT=4 DEFAULT CHARSET=utf8mb4 COLLATE=utf8mb4_bin COMMENT=
'活动配置';


-- ---------------------------
-- Records of activity
-- ---------------------------
BEGIN;
INSERT INTO `activity` VALUES (1, 100001, '活动名', '测试活动', '2021-08-08 20:14:50',
'2022-08-08 20:14:50');
INSERT INTO `activity` VALUES (3, 100002, '活动名', '测试活动', '2021-10-05 15:49:21',
'2022-09-05 15:49:21');
COMMIT;
```

2）开启二级缓存

```
<configuration>

    <settings>
        <!-- 全局缓存: true/false-->
        <setting name="cacheEnabled" value="true"/>
        <!-- 缓存级别: SESSION/STATEMENT-->
        <setting name="localCacheScope" value="STATEMENT"/>
    </settings>

    // 省略部分代码

</configuration>
```

　　因为缓存的执行策略为二级缓存、一级缓存和数据库，所以这类缓存配置可以根据代码测试阶段调整为一级、二级，交叉开启和关闭，并进行验证。

3）配置缓存策略

```
<mapper namespace="cn.bugstack.mybatis.test.dao.IActivityDao">

    <cache eviction="FIFO" flushInterval="600000" size="512" readOnly="true"/>

    <resultMap id="activityMap" type="cn.bugstack.mybatis.test.po.Activity">
        <id column="id" property="id"/>
        <result column="activity_id" property="activityId"/>
        <result column="activity_name" property="activityName"/>
```

```
            <result column="activity_desc" property="activityDesc"/>
            <result column="create_time" property="createTime"/>
            <result column="update_time" property="updateTime"/>
    </resultMap>

    <select id="queryActivityById" parameterType="cn.bugstack.mybatis.test.po.Activity"
resultMap="activityMap" flushCache="false" useCache="true">
        SELECT activity_id, activity_name, activity_desc, create_time, update_time
        FROM activity
        <trim prefix="where" prefixOverrides="AND | OR" suffixOverrides="and">
            <if test="null != activityId">
                activity_id = #{activityId}
            </if>
        </trim>
    </select>

</mapper>
```

cache 标签为二级缓存的使用策略，可以配置为 FIFO 策略和 LRU 策略等，本章只实现了 FIFO 策略。读者在学习过程中如果扩展了其他的缓存策略，则可以配置验证。

另外，在 select 标签中还提供了 useCache 是否使用缓存的配置，本章暂时不介绍此细节功能，读者可以自行扩展。

2. 单元测试

```
@Test
public void test_queryActivityById() throws IOException {
    // 1. 从 SqlSessionFactory 中获取 SqlSession
    Reader reader = Resources.getResourceAsReader("mybatis-config-datasource.xml");
    SqlSessionFactory sqlSessionFactory = new SqlSessionFactoryBuilder().build(reader);

    // 2. 请求对象
    Activity req = new Activity();
    req.setActivityId(100001L);

    // 3. 第 1 组: SqlSession
    // 开启会话
    SqlSession sqlSession01 = sqlSessionFactory.openSession();
    // 获取映射器对象
    IActivityDao dao01 = sqlSession01.getMapper(IActivityDao.class);
    logger.info(" 测试结果 01: {}", JSON.toJSONString(dao01.queryActivityById(req)));
    sqlSession01.close();

    // 4. 第 1 组: SqlSession
    // 开启会话
    SqlSession sqlSession02 = sqlSessionFactory.openSession();
    // 获取映射器对象
    IActivityDao dao02 = sqlSession02.getMapper(IActivityDao.class);
```

```
        logger.info(" 测试结果 02: {}", JSON.toJSONString(dao02.queryActivityById(req)));
        sqlSession02.close();
}
```

在单元测试中，执行了两次 openSession 操作，并在第 1 次开启会话查询数据后将执行会话关闭。因为在实际的代码实现中，commit、close 结束会话都会把一级缓存数据刷新到二级缓存中，所以这里两种方式都可以使用。当关闭会话以后，开始执行第 2 次会话，验证是否是从二级缓存中获取数据的。因为在二级缓存中添加了日志判断，所以也可以通过打印日志进行验证，如图 19-3 所示。

```
  CachingExecutor.java ×
42           @Override
43 ⋈ ⓐ      public <E> List<E> query(MappedStatement ms, Object parameter, RowBounds rowBounds, ResultHandler
44               Cache cache = ms.getCache();    cache: FifoCache@2178
45               if (cache != null) {
46                   flushCacheIfRequired(ms);
47                   if (ms.isUseCache() && resultHandler == null) {
48                       /unchecked/
49                       List<E> list = (List<E>) tcm.getObject(cache, key);    list:  size = 1
50                       if (list == null) {
51                           list = delegate.<E>query(ms, parameter, rowBounds, resultHandler, key, boundSql);
52                           // cache: 缓存队列实现类，FIFO
53                           // key: 哈希值 [mappedStatementId + offset + limit + SQL + queryParams + environmen
54                           // list: 查询的数据
55                           tcm.putObject(cache, key, list);    tcm: TransactionalCacheManager@2182   key: "-3352
56                       }
57                       // 打印调试日志，记录二级缓存获取数据
58                       if (logger.isDebugEnabled() && cache.getSize() > 0) {    cache: FifoCache@2178
59                           logger.debug(" 二级缓存: {}", JSON.toJSONString(list));    logger: "Logger[cn.bugstack
60                       }
61                       return list;
     CachingExecutor ▸ query()

  Variables
  ▼ ≣ cache = {FifoCache@2178}
    ▼ ⓕ delegate = {PerpetualCache@2186}
      ▶ ⓕ id = "cn.bugstack.mybatis.test.dao.IActivityDao"
      ▼ ⓕ cache = {HashMap@2189}    size = 1
        ▼ ≣ {CacheKey@2193} "-33520480:1090465577:cn.bugstack.mybatis.test.dao.IActivityDao.queryActivityByI
          ▶ ≣ key = {CacheKey@2193} "-33520480:1090465577:cn.bugstack.mybatis.test.dao.IActivityDao.queryAct
          ▼ ≣ value = {ArrayList@2179}    size = 1
            ▼ ≣ 0 = {Activity@2197}
              ⓕ id = null
              ▶ ⓕ activityId = {Long@2199} 100001
              ▶ ⓕ activityName = "活动名"
              ▶ ⓕ activityDesc = "测试活动"
```

图 19-3

测试结果如下。

```
18:21:36.264 [main] INFO  c.b.m.s.d.DefaultParameterHandler - 根据每个 ParameterMapping
中的 TypeHandler 设置对应的参数信息 value: 100001
18:21:36.271 [main] INFO  cn.bugstack.mybatis.test.ApiTest - 测试结果 01:{"activityDesc":
" 测试活动 ","activityId":100001,"activityName":" 活动名 ","createTime":1628424890000,
"updateTime":1628424890000}
18:21:36.272 [main] INFO  c.b.m.d.pooled.PooledDataSource - Returned connection
```

```
548554586 to pool.
18:21:36.272 [main] INFO  c.b.m.s.defaults.DefaultSqlSession - 执行查询 statement: cn.
bugstack.mybatis.test.dao.IActivityDao.queryActivityById parameter: {"activityId":
100001}
18:21:36.272 [main] INFO  c.b.mybatis.builder.SqlSourceBuilder - 构建参数映射 property:
activityId propertyType: class java.lang.Long
18:23:19.512 [main] DEBUG c.b.mybatis.executor.CachingExecutor - 二级缓存:
[{"activityDesc":"测试活动","activityId":100001,"activityName":"活动名","createTime":
1628424890000,"updateTime":1628424890000}]
18:23:19.512 [main] INFO  cn.bugstack.mybatis.test.ApiTest - 测试结果02:{"activityDesc":
"测试活动","activityId":100001,"activityName":"活动名","createTime":1628424890000,
"updateTime":1628424890000}

Process finished with exit code 0
```

　　由断点调试和打印的日志可以看出，此时框架在开启两次会话查询同一条 SQL 语句时，可以在第 2 次会话中使用第 1 次会话结束后存储到二级缓存中的数据。读者可以尝试添加更多的断点调试，验证以上实现部分中的代码功能模块。

19.5　总结

　　由二级缓存的设计实现可知，MyBatis 运用了大量的装饰器模式，如 CachingExecutor 执行器和 Cache 接口的各类实现。这种设计的优点是可以在不破坏原有逻辑的前提下，配置开关的自由开启实现功能。采用这种设计方式在平时的业务代码中也可以解决很多实际问题。

　　虽然二级缓存在 MyBatis 中也是不错的设计，但由于系统架构逐步从单体结构发展到分布式结构，因此单个实例的数据缓存并没有太大的意义。因为在分布式架构下，用户的每次请求会分散到不同的应用实例上，单个缓存很可能无法发挥作用，所以在使用 MyBatis 时，通常不会开启二级缓存，而是使用 Redis 等预热数据库数据后使用。

第 20 章

整合 Spring

MyBatis 和 Spring 两大框架已经成为互联网应用技术的主流框架组合，在 Spring 环境下使用 MyBatis 更简单，可以省略手动加载 XML 信息的配置，不需要显式地创建 SqlSessionFactory 和 SqlSession 等对象。

- 本章难度：★★★★☆
- 本章重点：基于 Spring 提供的 FactoryBean 接口和 BeanDefinitionRegistryPostProcessor 接口，将 MyBatis 提供的映射器代理对象注册到 Spring Bean 容器中，整合使用。

20.1 框架整合的介绍

使用 MyBatis-Spring 可以帮助研发人员在使用 MyBatis 时轻松地整合到 Spring 中。它允许 MyBatis 参与到 Spring 的事务管理中，创建映射器 mapper 和 SqlSession 并注入 Bean 中，以及将 MyBatis 的异常转换为 Spring 的 DataAccessException。最终可以做到应用代码不依赖 MyBatis、Spring 或 MyBatis-Spring。

我们要实现的目标就是把自己的 ORM 与 Spring 结合，交由 Spring 管理。当然，可以使用直接和简化的方式实现核心代码，让其他人更清楚地看到这部分功能实现的逻辑。

20.2 框架整合的设计

如果不需要为使用 MyBatis 的 DAO 接口写实现类，那么这部分接口最终就需要使用代理类的方式操作数据库。这部分实现类包括对 sqlSessionFactory 的调用和对 SqlSession 方法的使用。

在 Spring 中通常使用 DAO 接口操作数据库，此时会把 DAO 接口注入各类服务中使用。这就需要把 DAO 接口对应的代理类的 Bean 对象注册到 Spring 容器中，交由 Spring 管理。整体的设计方案如图 20-1 所示。

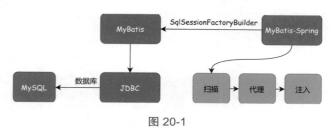

图 20-1

设计方案包括对需要注册的对象进行扫描、代理类的实现、Bean 的注册，这是把 ORM 结合 Spring 的核心内容。

当实现所有内容之后，就可以通过 SqlSessionFactoryBuilder 连接到 ORM 中。

20.3　框架整合的实现

1. 工程结构

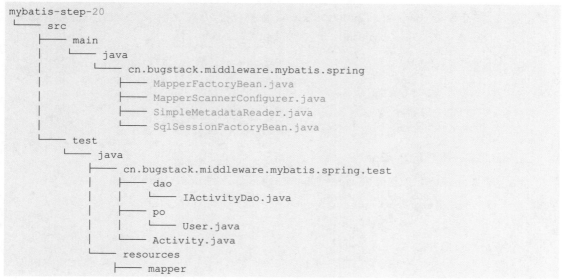

```
|        └── User_Mapper.xml
├── mybatis-config-datasource.xml
└── spring-config.xml.xml
```

MyBatis-Spring 中间件类之间的关系如图 20-2 所示。

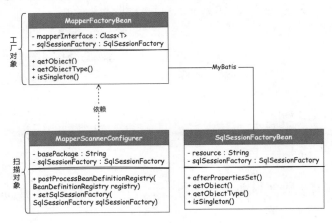

图 20-2

MyBatis-Spring 实现中的核心类并不多，主要是扫描和注入（MapperScannerConfigurer）、代理（MapperFactoryBean）。

SqlSessionFactoryBean 是对 SqlSessionFactoryBuilder 的使用，也是一个实现 FactoryBean 的 Bean 对象。

> 📝 注意：在开发 mybatis-step-20 时，因为需要整合手动实现的 MyBatis，所以需要在 POM 文件中引入 MyBatis 手写框架 mybatis-step-19。

```xml
<!-- 引入自己开发的 MyBatis -->
<dependency>
    <groupId>cn.bugstack.mybatis</groupId>
    <artifactId>mybatis-step-19</artifactId>
    <version>1.0-SNAPSHOT</version>
</dependency>
```

2. SqlSessionFactoryBean

源码详见 cn.bugstack.middleware.mybatis.spring.SqlSessionFactoryBean。

```java
public class SqlSessionFactoryBean implements FactoryBean<SqlSessionFactory>,
InitializingBean {

    private String resource;
    private SqlSessionFactory sqlSessionFactory;
```

```java
@Override
public void afterPropertiesSet() throws Exception {
    try (Reader reader = Resources.getResourceAsReader(resource)) {
        this.sqlSessionFactory = new SqlSessionFactoryBuilder().build(reader);
    } catch (Exception e) {
        e.printStackTrace();
    }
}

@Override
public SqlSessionFactory getObject() throws Exception {
    return sqlSessionFactory;
}

@Override
public Class<?> getObjectType() {
    return SqlSessionFactory.class;
}

@Override
public boolean isSingleton() {
    return true;
}

public void setResource(String resource) {
    this.resource = resource;
}

}
```

SqlSessionFactoryBean 比较简单，主要实现了 FactoryBean 和 InitializingBean。其中，InitializingBean 用于加载 MyBaits 的核心流程类。

InitializingBean 主要用于加载 MyBatis 的相关内容，如解析 XML 文件、构造 SqlSession、连接数据库等。

FactoryBean 主要有 3 个方法，分别为 getObject、getObjectType 和 isSingleton。FactoryBean 的实现类会被注入 Spring Bean 容器中，也就是说，可以把自己实现的 SqlSessionFactory 包装进去。

3. MapperScannerConfigurer

源码详见 cn.bugstack.middleware.mybatis.spring.MapperScannerConfigurer。

```java
public void postProcessBeanDefinitionRegistry(BeanDefinitionRegistry registry) throws
BeansException {
    try {
```

```
        // classpath*:cn/bugstack/**/dao/**/*.class
        String packageSearchPath = "classpath*:" + basePackage.replace('.', '/') +
"/**/*.class";
        ResourcePatternResolver resourcePatternResolver = new
PathMatchingResourcePatternResolver();
        Resource[] resources = resourcePatternResolver.getResources(packageSearchPath);
        for (Resource resource : resources) {
            MetadataReader metadataReader = new SimpleMetadataReader(resource, ClassUtils.
getDefaultClassLoader());
            ScannedGenericBeanDefinition beanDefinition = new ScannedGenericBeanDefinition
(metadataReader);
            String beanName = Introspector.decapitalize(ClassUtils.getShortName
(beanDefinition.getBeanClassName()));
            beanDefinition.setResource(resource);
            beanDefinition.setSource(resource);
            beanDefinition.setScope("singleton");
            beanDefinition.getConstructorArgumentValues().addGenericArgumentValue
(beanDefinition.getBeanClassName());
            beanDefinition.getConstructorArgumentValues().addGenericArgumentValue
(sqlSessionFactory);
            beanDefinition.setBeanClass(MapperFactoryBean.class);
            BeanDefinitionHolder definitionHolder = new BeanDefinitionHolder
(beanDefinition, beanName);
            registry.registerBeanDefinition(beanName, definitionHolder.getBeanDefinition());
        }
    } catch (IOException e) {
        e.printStackTrace();
    }
}
```

MapperScannerConfigurer 要处理的核心内容就是把 DAO 接口全部扫描出来，完成代理并注册到 Spring Bean 容器中。

DAO 代理类的注册通过扫描配置的类路径 classpath:cn/bugstack/**/dao/**/*.class，解析对应的 calss 文件获取资源信息 Resource[] resources = resourcePatternResolver.getResources(packageSearchPath);。

从遍历的 Resource 中得到对应的 class 类，用于 registry.registerBeanDefinition 注册 Bean 对象。

注意，在设置 Bean 的定义时，是把 beanDefinition.setBeanClass(MapperFactoryBean. class); 设置进去的，同时在前面为其设置构造参数。

最后执行 registry.registerBeanDefinition(beanName, definitionHolder.getBeanDefinition());。

4. MapperFactoryBean

源码详见 cn.bugstack.middleware.mybatis.spring.MapperFactoryBean。

```
public class MapperFactoryBean<T> implements FactoryBean<T> {
    private Class<T> mapperInterface;
    private SqlSessionFactory sqlSessionFactory;
    public MapperFactoryBean(Class<T> mapperInterface, SqlSessionFactory
sqlSessionFactory) {
        this.mapperInterface = mapperInterface;
        this.sqlSessionFactory = sqlSessionFactory;
    }
    @Override
    public T getObject() throws Exception {
        return sqlSessionFactory.openSession().getMapper(mapperInterface);
    }
    @Override
    public Class<?> getObjectType() {
        return mapperInterface;
    }
    @Override
    public boolean isSingleton() {
        return true;
    }
}
```

MapperFactoryBean 是核心类，因为所有的 DAO 接口实际上就是获取的 Mapper 映射器对象，也就是 DAO 接口对应的代理类。

20.4 框架整合的测试

1. 事先准备

1）创建库表

创建一个名为 mybatis 的数据库，在库中创建表 activity，并添加测试数据，如下所示。

```
CREATE TABLE `activity` (
  `id` bigint(20) NOT NULL AUTO_INCREMENT COMMENT '自增 ID',
  `activity_id` bigint(20) NOT NULL COMMENT '活动 ID',
  `activity_name` varchar(64) CHARACTER SET utf8mb4 DEFAULT NULL COMMENT '活动名称',
  `activity_desc` varchar(128) CHARACTER SET utf8mb4 DEFAULT NULL COMMENT '活动描述',
  `create_time` datetime DEFAULT CURRENT_TIMESTAMP COMMENT '创建时间',
  `update_time` datetime DEFAULT CURRENT_TIMESTAMP COMMENT '修改时间',
  PRIMARY KEY (`id`),
  UNIQUE KEY `unique_activity_id` (`activity_id`)
) ENGINE=InnoDB AUTO_INCREMENT=4 DEFAULT CHARSET=utf8mb4 COLLATE=utf8mb4_bin COMMENT=
'活动配置';

-- ----------------------------
```

```
-- Records of activity
-- ----------------------------
BEGIN;
INSERT INTO `activity` VALUES (1, 100001, '活动名', '测试活动', '2021-08-08 20:14:50',
'2022-08-08 20:14:50');
INSERT INTO `activity` VALUES (3, 100002, '活动名', '测试活动', '2021-10-05 15:49:21',
'2022-09-05 15:49:21');
COMMIT;
```

2）创建对象类和 DAO 接口

```
public class Activity {

    /** 自增 ID */
    private Long id;
    /** 活动 ID */
    private Long activityId;
    /** 活动名称 */
    private String activityName;
    /** 活动描述 */
    private String activityDesc;
    /** 创建人 */
    private String creator;
    /** 创建时间 */
    private Date createTime;
    /** 修改时间 */
    private Date updateTime;

    // 省略 get/set 方法

}
// Dao 接口类
public interface IActivityDao {

    Activity queryActivityById(Activity activity);

}
```

Activity 类和 IActivityDao 接口都非常简单，分别用来提供基本的映射数据库字段信息和 DAO 接口。

读者也可以扩展测试的方法，或者其他数据库映射类，这与使用 MyBatis 是一样的。

2. ORM 配置文件

1）配置数据库连接信息 mybatis-config-datasource.xml

```
<configuration>

    <settings>
```

```xml
        <!-- 全局缓存：true/false -->
        <setting name="cacheEnabled" value="true"/>
        <!-- 缓存级别：SESSION/STATEMENT-->
        <setting name="localCacheScope" value="STATEMENT"/>
    </settings>


    <environments default="development">
        <environment id="development">
            <transactionManager type="JDBC"/>
            <dataSource type="POOLED">
                <property name="driver" value="com.mysql.jdbc.Driver"/>
                <property name="url" value="jdbc:mysql://127.0.0.1:3306/
mybatis?useUnicode=true&amp;characterEncoding=utf8"/>
                <property name="username" value="root"/>
                <property name="password" value="123456"/>
            </dataSource>
        </environment>
    </environments>


    <mappers>
        <!-- XML 配置 -->
        <mapper resource="mapper/Activity_Mapper.xml"/>
    </mappers>

</configuration>
```

这个配置与平常使用的 MyBatis 基本上是一样的，包括缓存、数据库的连接池信息，以及需要引入的 Mapper 映射文件的路径。

2）配置 Mapper

```xml
<mapper namespace="cn.bugstack.middleware.mybatis.spring.test.dao.IActivityDao">

    <cache eviction="FIFO" flushInterval="600000" size="512" readOnly="true"/>

    <resultMap id="activityMap" type="cn.bugstack.middleware.mybatis.spring.test.
po.Activity">
        <id column="id" property="id"/>
        <result column="activity_id" property="activityId"/>
        <result column="activity_name" property="activityName"/>
        <result column="activity_desc" property="activityDesc"/>
        <result column="create_time" property="createTime"/>
        <result column="update_time" property="updateTime"/>
    </resultMap>

    <select id="queryActivityById" parameterType="cn.bugstack.middleware.mybatis.
spring.test.po.Activity" resultMap="activityMap" flushCache="false" useCache="true">
        SELECT activity_id, activity_name, activity_desc, create_time, update_time
        FROM activity
```

```
            <trim prefix="WHERE" prefixOverrides="AND | OR" suffixOverrides="and">
                <if test="null != activityId">
                    activity_id = #{activityId}
                </if>
            </trim>
        </select>

</mapper>
```

3. Spring Config 配置

```
<bean id="sqlSessionFactory" class="cn.bugstack.middleware.mybatis.spring.
SqlSessionFactoryBean">
    <property name="resource" value="mybatis-config-datasource.xml"/>
</bean>

<bean class="cn.bugstack.middleware.mybatis.spring.MapperScannerConfigurer">
    <!-- 注入 sqlSessionFactory -->
    <property name="sqlSessionFactory" ref="sqlSessionFactory"/>
    <!-- 给出需要扫描的 Dao 接口包 -->
    <property name="basePackage" value="cn.bugstack.middleware.mybatis.spring.test.dao"/>
</bean>
```

这部分的配置和使用 MyBatis-Spring 几乎是一样的，把 MyBatis 交给 Spring，以及配置相关的扫描和映射关系。

4. 查询测试

1）测试用例

```
@Test
public void test_ClassPathXmlApplicationContext() {
    BeanFactory beanFactory = new ClassPathXmlApplicationContext("spring-config.xml");
    IActivityDao dao = beanFactory.getBean("IActivityDao", IActivityDao.class);
    Activity res = dao.queryActivityById(new Activity(100001L));
    logger.info("测试结果: {}", JSON.toJSONString(res));
}
```

2）测试结果

```
06:16:32.730 [main] INFO cn.bugstack.mybatis.session.defaults.DefaultSqlSession - 执行查询
statement: cn.bugstack.middleware.mybatis.spring.test.dao.IActivityDao.queryActivityById
parameter: {"activityId":100001}
06:16:32.787 [main] INFO cn.bugstack.mybatis.builder.SqlSourceBuilder - 构建参数映射
property: activityId propertyType: class java.lang.Long
06:16:33.017 [main] INFO cn.bugstack.mybatis.datasource.pooled.PooledDataSource -
Created connection 1409160703.
06:16:33.027 [main] INFO cn.bugstack.mybatis.scripting.defaults.DefaultParameterHandler
- 根据每个 ParameterMapping 中的 TypeHandler 设置对应的参数信息 value: 100001
06:16:33.036 [main] INFO cn.bugstack.middleware.mybatis.spring.test.ApiTest - 测试结果:
{"activityDesc":"测试活动","activityId":100001,"activityName":"活动名","createTime":
```

```
1628424890000,"updateTime":1628424890000}

Process finished with exit code 0
```

由测试结果可知，ORM 和 Spring 可以结合使用，从而达到预期效果。

20.5 总结

通过实现 SqlSessionFactoryBean、MapperScannerConfigurer 和 SqlSessionFactoryBean 等核心类，将 Spring 与 MyBatis 结合起来，解决没有实现类的接口如何处理数据库 CRUD 操作的问题。

其实，使用源码技术迁移可以把很多技术能力复用到中间件的设计和实现中，解决一些实际业务场景遇到的通用问题，这种技术学习才是有价值的。

至此，关于 MyBatis、MyBatis-Spring 的相关内容已经介绍完毕。

第 21 章

整合 Spring Boot

Spring Boot 是由 Pivotal 团队提供的全新框架，其设计目的在于提供更加简化的方式使用 Spring 快速搭建及开发应用。开发人员无须定义各类配置就可以使用对应的组件的 Spring Boot Starter，快速集成各类服务。

- 本章难度：★ ★ ★ ★ ☆
- 本章重点：通过开发 MyBatis 的 Spring Boot Starter，将 MyBatis 整合到 Spring Boot 中使用。

21.1　组件整合的介绍

第 20 章介绍了 MyBatis 和 Spring 的整合，可以像使用 MyBatis-Spring 一样使用实现的框架。

接下来需要做的是，把实现的 MyBatis 和 MyBatis-Spring 与 Spring Boot 结合，开发一个类似于 mybatis-spring-boot-starter 的组件。

21.2　组件整合的设计

现在读者已经有了自己实现 MyBatis 和 MyBatis-Spring 的经验，这两个框架已经可以像其他 ORM 框架一样在系统服务中使用。有了这两个基础框架，就可以结合 Spring Boot 开发自己的 MyBatis Spring Boot Starter。

在 Spring Boot 的 Starter 开发中，核心在于自动加载 AutoConfig，这里需要加载 .yml 或其他配置文件，并结合配置信息扫描注册相关的 Bean 类，以及初始化相关的框架启动对象。

整体的设计方案如图 21-1 所示，左侧的 MyBatis、MyBatis-Spring 是已经实现的组件功能，右侧的 Spring Boot Starter 是本次需要开发的内容。

结合 Spring Boot 开发 MyBatis 的 Starter 与使用 MyBatis-Spring 是有差别的，主要体现在加载配置和启动方式上，所以这里需要更改一些 MyBatis-Spring 中的关于扫描接口的处理和注册 Bean 对象的代码。

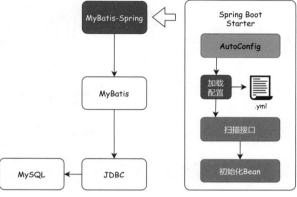

图 21-1

为了便于读者学习这部分内容，笔者把自己实现的 MyBatis-Spring 代码都整合到本章需要开发的 ORM Spring Boot Starter 中，也就是名为 mybatis-step-21 的工程，其实该工程就是一个 mybatis-spring-boot-starter。

21.3　组件整合的实现

1. 工程结构

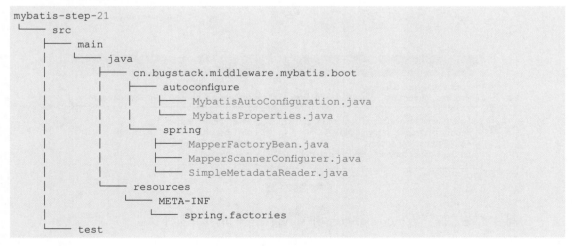

```
mybatis-step-21
└── src
    ├── main
    │   └── java
    │       └── cn.bugstack.middleware.mybatis.boot
    │           ├── autoconfigure
    │           │   ├── MybatisAutoConfiguration.java
    │           │   └── MybatisProperties.java
    │           └── spring
    │               ├── MapperFactoryBean.java
    │               ├── MapperScannerConfigurer.java
    │               └── SimpleMetadataReader.java
    │   └── resources
    │       └── META-INF
    │           └── spring.factories
    └── test
```

```
     └── java
         ├── cn.bugstack.middleware.test
         │   ├── dao
         │   │   └── IActivityDao.java
         │   ├── po
         │   │   └── Activity.java
         │   └── ApiTest.java
         └── resources
             ├── mapper
             │   └── User_Mapper.xml
             ├── mybatis-config-datasource.xml
             └── spring-config.xml.xml
```

mybatis-spring-boot-starter 中间件类之间的关系如图 21-2 所示。

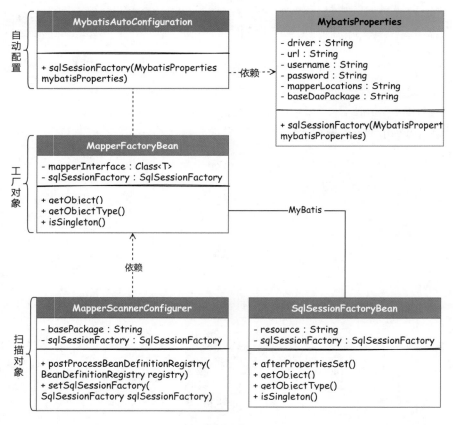

图 21-2

中间件实现工程分为 autoconfigure 和 spring，它们的作用如下。

- autoconfigure：用于读取自定义配置信息，加载并启动相关的 MyBatis 和 Spring 中的 Bean。
- spring：主要的变动是 MapperScannerConfigurer 关于扫描定义 Bean 信息时 addGeneric ArgumentValue 的入参信息。

在文件中引入 MyBatis 的方式与第 20 章整合 Spring 是一样的。

```
<groupId>cn.bugstack.mybatis</groupId>
<artifactId>mybatis-step-19</artifactId>
<version>1.0-SNAPSHOT</version>
```

2．映射工厂对象

源码详见 cn.bugstack.middleware.mybatis.boot.spring.MapperFactoryBean。

```
public class MapperFactoryBean<T> implements FactoryBean<T> {

    private Logger logger = LoggerFactory.getLogger(MapperFactoryBean.class);

    private Class<T> mapperInterface;
    @Resource
    private SqlSessionFactory sqlSessionFactory;

    public MapperFactoryBean(Class<T> mapperInterface) {
        this.mapperInterface = mapperInterface;
    }

    // 省略部分代码
}
```

其实 MapperFactoryBean 变化的信息并不多，如果读者还记得 MyBatis 与 Spring 结合的代码，就可以知道 MapperFactoryBean 构造函数中的入参信息只有一个 mapperInterface。

这里把 sqlSessionFactory 从构造函数的入参中取出来，通过 @Resource 注解来注入。这是因为 Spring Boot Starter 的加载机制在扫描 Bean 初始化时，并不会实例化 sqlSessionFactory，此时传入参数只是一个 NULL，所以把入参改为注解注入的方式。

3．配置信息处理

1）定义配置 YML 配置信息

源码详见 cn.bugstack.middleware.mybatis.boot.autoconfigure.MybatisProperties。

```
@ConfigurationProperties(prefix = MybatisProperties.MYBATIS_PREFIX)
public class MybatisProperties {

    public static final String MYBATIS_PREFIX = "mybatis.datasource";
```

```
// com.mysql.jdbc.Driver
private String driver;
// jdbc:mysql://127.0.0.1:3306/mybatis?useUnicode=true
private String url;
// root
private String username;
// 123456
private String password;
// classpath*:mapper/*.xml
private String mapperLocations;
// cn.bugstack.middleware.test.infrastructure.dao
private String baseDaoPackage;

// 省略 get/set 方法
}
```

@ConfigurationProperties 用于创建指定前缀（prefix = MybatisProperties.MYBATIS_PREFIX）的自定义配置信息，这样就可以在 .yml 配置文件或 .properties 配置文件中读取自己设定的配置信息。

对于配置信息 driver、url、username、password、mapperLocations 和 baseDaoPackage，只要读者在 Spring Boot 中使用过 MyBatis 就会比较熟悉。

2）加载配置和初始化对象

源码详见 cn.bugstack.middleware.mybatis.boot.autoconfigure.MybatisAutoConfiguration.java。

```
@Configuration
@ConditionalOnClass({SqlSessionFactory.class})
@EnableConfigurationProperties(MybatisProperties.class)
public class MybatisAutoConfiguration implements InitializingBean {

    @Bean
    @ConditionalOnMissingBean
    public SqlSessionFactory sqlSessionFactory(MybatisProperties mybatisProperties)
throws Exception {

        Document document = DocumentHelper.createDocument();

        Element configuration = document.addElement("configuration");

        Element environments = configuration.addElement("environments");
        environments.addAttribute("default", "development");

        Element environment = environments.addElement("environment");
        environment.addAttribute("id", "development");
```

```
        environment.addElement("transactionManager").addAttribute("type", "JDBC");

        Element dataSource = environment.addElement("dataSource");
        dataSource.addAttribute("type", "POOLED");

        dataSource.addElement("property").addAttribute("name", "driver").addAttribute
("value", mybatisProperties.getDriver());
        dataSource.addElement("property").addAttribute("name", "url").addAttribute
("value", mybatisProperties.getUrl());
        dataSource.addElement("property").addAttribute("name", "username").addAttribute
("value", mybatisProperties.getUsername());
        dataSource.addElement("property").addAttribute("name", "password").addAttribute
("value", mybatisProperties.getPassword());

        Element mappers = configuration.addElement("mappers");
        mappers.addElement("mapper").addAttribute("resource", mybatisProperties.
getMapperLocations());

        return new SqlSessionFactoryBuilder().build(document);
    }

    public static class AutoConfiguredMapperScannerRegistrar implements EnvironmentAware,
ImportBeanDefinitionRegistrar {

        private String basePackage;

        @Override
        public void registerBeanDefinitions(AnnotationMetadata importingClassMetadata,
BeanDefinitionRegistry registry) {
            BeanDefinitionBuilder builder = BeanDefinitionBuilder.genericBeanDefinition
(MapperScannerConfigurer.class);
            builder.addPropertyValue("basePackage", basePackage);
            registry.registerBeanDefinition(MapperScannerConfigurer.class.getName(),
builder.getBeanDefinition());
        }

        @Override
        public void setEnvironment(Environment environment) {
            this.basePackage = environment.getProperty("mybatis.datasource.base-dao-
package");
        }
    }
}
```

为 mybatis-step-19 工程添加 SqlSessionFactoryBuilder 并重写一个 document 入参的方法，以便使用 MybatisAutoConfiguration#sqlSessionFactory 构建对象。

源码详见 cn.bugstack.mybatis.session.SqlSessionFactoryBuilder。

```
public SqlSessionFactory build(Document document) {
    XMLConfigBuilder xmlConfigBuilder = new XMLConfigBuilder(document);
    return build(xmlConfigBuilder.parse());
}
```

虽然 MybatisAutoConfiguration#sqlSessionFactory 方法中的代码看上去较多，但整体的实现逻辑并不复杂，主要包括创建 SqlSessionFactory 对象，在 sqlSessionFactory 方法中构建 XML 配置的 Document 信息，以便解析。这个构建 Document 信息的过程相当于解析了 XML 的这段环境和 Mapper 配置信息。

```xml
<environments default="development">
    <environment id="development">
        <transactionManager type="JDBC"/>
        <dataSource type="POOLED">
            <property name="driver" value="com.mysql.jdbc.Driver"/>
            <property name="url" value="jdbc:mysql://127.0.0.1:3306/
mybatis?useUnicode=true&amp;characterEncoding=utf8"/>
            <property name="username" value="root"/>
            <property name="password" value="123456"/>
        </dataSource>
    </environment>
</environments>
<mappers>
    <!-- XML 配置 -->
    <mapper resource="mapper/Activity_Mapper.xml"/>
</mappers>
```

@EnableConfigurationProperties(MybatisProperties.class) 用于引入配置信息，如果不引入，则不能使用配置信息。

对于内部类 AutoConfiguredMapperScannerRegistrar 的实现，注册 Bean 是优先于 Bean 实例化的，所以这里需要通过实现 EnvironmentAware 读取 .yml 文件中的配置信息，因为配置信息用于扫描 DAO 接口和注册 Bean。

3）引入配置和启动

源码详见 cn.bugstack.middleware.mybatis.boot.autoconfigure.MybatisAutoConfiguration.MapperScannerRegistrarNotFoundConfiguration。

```java
@Configuration
@Import(AutoConfiguredMapperScannerRegistrar.class)
@ConditionalOnMissingBean({MapperFactoryBean.class, MapperScannerConfigurer.class})
public static class MapperScannerRegistrarNotFoundConfiguration implements
InitializingBean {
    @Override
    public void afterPropertiesSet() {
```

```
    }
}

@Override
public void afterPropertiesSet() throws Exception {
}
```

MybatisAutoConfiguration 类 中 还 有 一 个 内 部 类 MapperScannerRegistrarNotFound
Configuration，它的作用是启动用于扫描加载配置和初始化的类。

其实，MapperScannerRegistrarNotFoundConfiguration 也非常简单，主要通过引入 @
Import(AutoConfiguredMapperScannerRegistrar.class) 在 实 现 了 InitializingBean 类 以 后 被
Spring 处理。

4. 启动自动配置

配置详见 resources/META-INF/spring.factories。

```
org.springframework.boot.autoconfigure.EnableAutoConfiguration=cn.bugstack.middleware.
mybatis.boot.autoconfigure.MybatisAutoConfiguration
```

@EnableAutoConfiguration 的作用是从 classpath 中搜索所有 META-INF/spring.factories
配置文件，并将其中的 org.springframework.boot.autoconfigure.EnableAutoConfiguration 配
置的信息加载到 Spring 容器中。

21.4　组件整合的测试

1. 事先准备

创建一个名为 mybatis 的数据库，在库中创建表 user，并添加测试数据，如下所示。

```
CREATE TABLE
    USER
    (
        id bigint NOT NULL AUTO_INCREMENT COMMENT '自增 ID',
        userId VARCHAR(9) COMMENT '用户 ID',
        userHead VARCHAR(16) COMMENT '用户头像',
        createTime TIMESTAMP NULL COMMENT '创建时间',
        updateTime TIMESTAMP NULL COMMENT '更新时间',
        userName VARCHAR(64),
        PRIMARY KEY (id)
    )
    ENGINE=InnoDB DEFAULT CHARSET=utf8;

INSERT INTO user (id, userId, userHead, createTime, updateTime, userName) VALUES (1,
'10001', '1_04', '2022-04-13 00:00:00', '2022-04-13 00:00:00', '小傅哥');
```

2. Spring Boot 的应用

```
@Spring BootApplication
@Configuration
@ComponentScan(basePackages = {"cn.bugstack.middleware.*"})
public class Application {

    public static void main(String[] args) {
        SpringApplication.run(Application.class, args);
    }

}
```

在测试模块中创建一个 Application 应用，用于测试整合功能。

3. 创建对象类和 DAO 接口

1）User 类

```
public class User {

    private Long id;
    /** 用户 ID */
    private String userId;
    /** 用户名称 */
    private String userName;
    /** 头像 */
    private String userHead;
    /** 创建时间 */
    private Date createTime;
    /** 更新时间 */
    private Date updateTime;

    // 省略 get/set 方法
}
```

2）DAO 接口

```
public interface IUserDao {

    User queryUserInfoById(Long uId);

}
```

IUserDao 和 User 都非常简单，就是基本的数据库信息。读者也可以扩展其他方法或其他数据库映射类，这和使用 MyBatis 是一样的。

4. 配置信息

1）application.yml

```
mybatis:
```

```
datasource:
  driver: com.mysql.jdbc.Driver
  url: jdbc:mysql://127.0.0.1:3306/mybatis?useUnicode=true&characterEncoding=utf8
  username: root
  password: 123456
  mapper-locations: mapper/User_Mapper.xml
  base-dao-package: cn.bugstack.middleware.test.dao
```

这部分主要是配置 ORM 的使用，配置信息也是自定义的，包括 driver、url、username 和 password 等。

需要注意的是，当自定义的配置有大小写的属性时，检测到的两个单词之间会转换为连接线，如 mapperLocations → mapper-locations。

2）User_Mapper.xml

```
<select id="queryUserInfoById" parameterType="java.lang.Long" resultType="cn.bugstack.
middleware.test.po.User">
    SELECT id, userId, userName, userHead
    FROM user
    WHERE id = #{id}
</select>
```

这里提供了一个查询数据库的方法，还可以新增其他方法用于测试，也可以在 ORM 中扩展更多的功能。

5．查询测试

1）测试用例

```
@RunWith(SpringRunner.class)
@Spring BootTest
public class ApiTest {

    private Logger logger = LoggerFactory.getLogger(ApiTest.class);

    @Resource
    private IUserDao userDao;

    @Test
    public void test_queryUserInfoById() {
        User user = userDao.queryUserInfoById(1L);
        logger.info("测试结果: {}", JSON.toJSONString(user));
    }

}
```

2）测试结果

```
06:29:19.711  INFO 68945 --- [main] c.b.m.s.defaults.DefaultSqlSession      : 执行查询
statement: cn.bugstack.middleware.test.dao.IUserDao.queryUserInfoById parameter: 1
```

```
06:29:19.996  INFO 68945 --- [main] c.b.m.d.pooled.PooledDataSource      :
Created connection 550572371.
06:29:20.009  INFO 68945 --- [main] c.b.m.s.d.DefaultParameterHandler    : 根据每
个 ParameterMapping 中的 TypeHandler 设置对应的参数信息 value: 1
06:29:20.060  INFO 68945 --- [main] cn.bugstack.middleware.test.ApiTest  : 测试结
果: {"id":1,"userHead":"1_04","userId":"10001","userName":"叮当猫 "}
```

上述测试结果验证了 MyBatis Spring Boot Starter 已经可以正常使用。读者也可以换成其他表进行验证。在验证过程中，既可以调试代码，查看每个环节是如何运行的，也可以不断地添加一些功能。

21.5　总结

读者在学习本章时需要注意以下几点：AutoConfiguration 的使用及其初始化顺序，自定义配置的指定读取，Bean 的注册及创建，以及整个中间件框架的开发方式。

对于以上中间件的实现，本章更多的是把核心流程和实现内容展示出来，但一些额外流程的处理是不全面的，如一些异常、特殊情况和不同的查询类型等。读者在学习整体的功能后，可以不断地补充，这些实现并不复杂。

中间件的设计可以解决很多重复、复杂的功能，既可以深入使用这种技术，也可以在同类服务中体现，只有积极地运用这些技术，才能更熟练地解决业务问题。

第 22 章

设计模式总结

本章主要总结在手写 MyBatis 的过程中使用的设计模式。

在 MyBatis 的两万多行的框架源码中，使用了大量的设计模式对工程架构中的复杂场景进行解耦，这些设计模式的巧妙使用是整个框架的精华。经过整理，大概有 10 种设计模式，如图 22-1 所示。

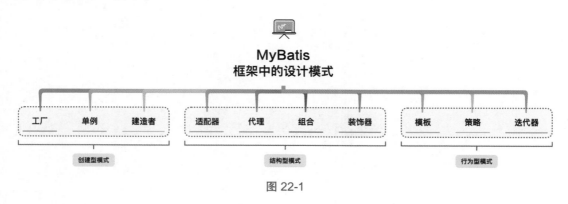

图 22-1

22.1 类型：创建型模式

1. 工厂模式

源码详见 cn.bugstack.mybatis.session.SqlSessionFactory。

```
public interface SqlSessionFactory {
```

```
    SqlSession openSession();

}
```

源码详见 cn.bugstack.mybatis.session.defaults.DefaultSqlSessionFactory。

```
public class DefaultSqlSessionFactory implements SqlSessionFactory {

    private final Configuration configuration;

    public DefaultSqlSessionFactory(Configuration configuration) {
        this.configuration = configuration;
    }

    @Override
    public SqlSession openSession() {
        Transaction tx = null;
        try {
            final Environment environment = configuration.getEnvironment();
            TransactionFactory transactionFactory = environment.getTransactionFactory();
            tx = transactionFactory.newTransaction(configuration.getEnvironment().
getDataSource(), TransactionIsolationLevel.READ_COMMITTED, false);
            // 创建执行器
            final Executor executor = configuration.newExecutor(tx);
            // 创建 DefaultSqlSession
            return new DefaultSqlSession(configuration, executor);
        } catch (Exception e) {
            try {
                assert tx != null;
                tx.close();
            } catch (SQLException ignore) {
            }
            throw new RuntimeException("Error opening session.  Cause: " + e);
        }
    }

}
```

SqlSessionFactory 的结构如图 22-2 所示。

工厂模式：简单工厂是一种创建型模式，在父类中提供一个创建对象的方法，允许子类决定实例对象的类型。

场景介绍：SqlSessionFactory 是获取会话的工厂，每次使用 MyBatis 操作数据库时，都会开启一个新的会话。在会话工厂的实现中，SqlSessionFactory 负责获取数据源环境配置信息、构建事务工厂和创建操作 SQL 的执行器，最终返回会话实现类。

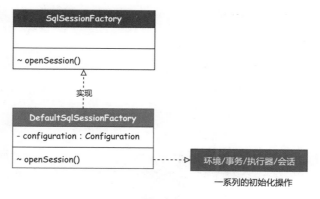

图 22-2

同类设计：SqlSessionFactory、ObjectFactory、MapperProxyFactory 和 DataSourceFactory。

2. 单例模式

源码详见 cn.bugstack.mybatis.session.Configuration。

```
public class Configuration {

    // 缓存机制，默认不配置的情况是 SESSION
    protected LocalCacheScope localCacheScope = LocalCacheScope.SESSION;

    // 映射注册机
    protected MapperRegistry mapperRegistry = new MapperRegistry(this);

    // 映射的语句，保存在 Map 中
    protected final Map<String, MappedStatement> mappedStatements = new HashMap<>();
    // 缓存，保存在 Map 中
    protected final Map<String, Cache> caches = new HashMap<>();
    // 结果映射，保存在 Map 中
    protected final Map<String, ResultMap> resultMaps = new HashMap<>();
    protected final Map<String, KeyGenerator> keyGenerators = new HashMap<>();

    // 插件拦截器链
    protected final InterceptorChain interceptorChain = new InterceptorChain();

    // 类型别名注册机
    protected final TypeAliasRegistry typeAliasRegistry = new TypeAliasRegistry();
    protected final LanguageDriverRegistry languageRegistry = new LanguageDriverRegistry();

    // 类型处理器注册机
    protected final TypeHandlerRegistry typeHandlerRegistry = new
TypeHandlerRegistry();
```

```
    // 对象工厂和对象包装器工厂
    protected ObjectFactory objectFactory = new DefaultObjectFactory();
    protected ObjectWrapperFactory objectWrapperFactory = new DefaultObjectWrapperFactory();

    protected final Set<String> loadedResources = new HashSet<>();

    // 省略部分代码
}
```

Configuration 单例配置类的结构如图 22-3 所示。

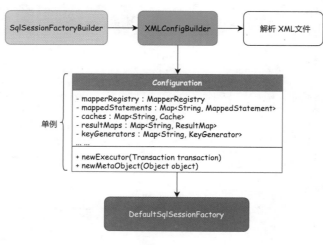

图 22-3

单例模式：是一种创建型模式，能够保证一个类只有一个实例，并且提供一个访问该实例的全局节点。

场景介绍：Configuration 是一个大单例，贯穿整个会话周期，所有的配置对象（如映射、缓存、入参、出参、拦截器、注册机和对象工厂等）都在 Configuration 配置项中初始化，并且随着 SqlSessionFactoryBuilder 构建阶段完成实例化操作。

同类场景：ErrorContext、LogFactory 和 Configuration。

3. 建造者模式

源码详见 cn.bugstack.mybatis.mapping.ResultMap#Builder。

```
Public class ResultMap {

    private String id;
    private Class<?> type;
    private List<ResultMapping> resultMappings;
    private Set<String> mappedColumns;
```

```
    private ResultMap() {
    }

    public static class Builder {
        private ResultMap resultMap = new ResultMap();

        public Builder(Configuration configuration, String id, Class<?> type, List
<ResultMapping> resultMappings) {
            resultMap.id = id;
            resultMap.type = type;
            resultMap.resultMappings = resultMappings;
        }

        public ResultMap build() {
            resultMap.mappedColumns = new HashSet<>();
            // 新增加了 step-13，添加 mappedColumns 字段
            for (ResultMapping resultMapping : resultMap.resultMappings) {
                final String column = resultMapping.getColumn();
                if (column != null) {
                    resultMap.mappedColumns.add(column.toUpperCase(Locale.ENGLISH));
                }
            }
            return resultMap;
        }

    }

    // 省略 get 方法
}
```

ResultMap 建造者模式的结构如图 22-4 所示。

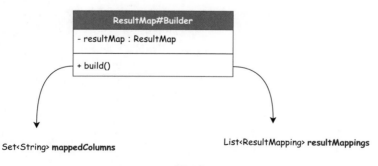

图 22-4

建造者模式：使用多个简单的对象一步一步地构建成一个复杂的对象，提供了一种创建对象的最佳方式。

场景介绍：建造者模式在 MyBatis 中使用了大量的 XxxxBuilder，将 XML 文件解析到各类对象的封装中，使用建造者及建造者助手完成对象的封装。它的核心目的是不希望把过多的关于对象的属性设置写到其他业务流程中，而是用建造者方式提供最佳的边界隔离。

同类场景：SqlSessionFactoryBuilder、XMLConfigBuilder、XMLMapperBuilder、XML StatementBuilder 和 CacheBuilder。

22.2 类型：结构型模式

1. 适配器模式

源码详见 cn.bugstack.mybatis.logging.Log。

```
public interface Log {

  boolean isDebugEnabled();

  boolean isTraceEnabled();

  void error(String s, Throwable e);

  void error(String s);

  void debug(String s);

  void trace(String s);

  void warn(String s);

}
```

源码详见 cn.bugstack.mybatis.logging.slf4j.Slf4jImpl。

```
public class Slf4jImpl implements Log {

  private Log log;

  public Slf4jImpl(String clazz) {
    Logger logger = LoggerFactory.getLogger(clazz);

    if (logger instanceof LocationAwareLogger) {
      try {
```

```
        // check for slf4j >= 1.6 method signature
        logger.getClass().getMethod( "log", Marker.class, String.class, int.class,
String.class, Object[].class, Throwable.class);
        log = new Slf4jLocationAwareLoggerImpl((LocationAwareLogger) logger);
        return;
      } catch (SecurityException e) {
        // fail-back to Slf4jLoggerImpl
      } catch (NoSuchMethodException e) {
        // fail-back to Slf4jLoggerImpl
      }
    }

    // Logger is not LocationAwareLogger or slf4j version < 1.6
    log = new Slf4jLoggerImpl(logger);
  }

  @Override
  public boolean isDebugEnabled() {
    return log.isDebugEnabled();
  }

  @Override
  public boolean isTraceEnabled() {
    return log.isTraceEnabled();
  }

  @Override
  public void error(String s, Throwable e) {
    log.error(s, e);
  }

  @Override
  public void error(String s) {
    log.error(s);
  }

  @Override
  public void debug(String s) {
    log.debug(s);
  }

  @Override
  public void trace(String s) {
    log.trace(s);
  }

  @Override
  public void warn(String s) {
```

```
    log.warn(s);
  }

}
```

日志实现类的结构如图 22-5 所示。

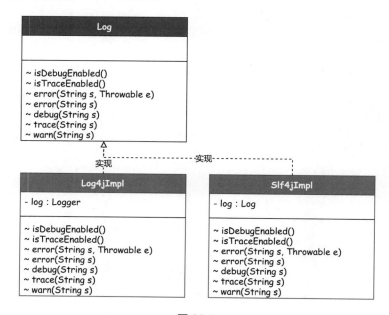

图 22-5

适配器模式：是一种结构型模式，能使接口不兼容的对象也可以相互合作。

场景介绍：正是因为有太多的日志框架，包括 Log4j、Log4j2 和 Slf4J 等，而这些日志框架的使用接口又各有差异，为了统一这些日志框架的接口，MyBatis 定义了一套统一的接口，为所有的其他日志框架的接口做相应的适配。

同类场景：主要集中在对 Log 日志的适配上。

2. 代理模式

源码详见 cn.bugstack.mybatis.binding.MapperProxy。

```java
public class MapperProxy<T> implements InvocationHandler, Serializable {

    private static final long serialVersionUID = -6424540398559729838L;

    private SqlSession sqlSession;
    private final Class<T> mapperInterface;
    private final Map<Method, MapperMethod> methodCache;
```

```
    public MapperProxy(SqlSession sqlSession, Class<T> mapperInterface, Map<Method,
MapperMethod> methodCache) {
        this.sqlSession = sqlSession;
        this.mapperInterface = mapperInterface;
        this.methodCache = methodCache;
    }

    @Override
    public Object invoke(Object proxy, Method method, Object[] args) throws Throwable {
        if (Object.class.equals(method.getDeclaringClass())) {
            return method.invoke(this, args);
        } else {
            final MapperMethod mapperMethod = cachedMapperMethod(method);
            return mapperMethod.execute(sqlSession, args);
        }
    }

    // 省略部分代码

}
```

代理模式的实现结构如图 22-6 所示。

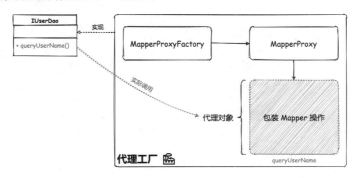

图 22-6

代理模式：是一种结构型模式，能够提供对象的替代品或占位符。代理控制元对象的访问，并且允许在将请求提交给对象前进行一些处理。

场景介绍：没有代理模式就不存在各类框架。就像 MyBatis 中的 MapperProxy 实现类，代理工厂实现的功能就是完成 DAO 接口的具体实现类的方法，配置的任何一个 DAO 接口调用的 CRUD 方法，都会被 MapperProxy 接管，调用到方法执行器等，并返回最终的数据库执行结果。

同类场景：DriverProxy、Plugin、Invoker 和 MapperProxy。

3. 组合模式

源码详见 cn.bugstack.mybatis.scripting.xmltags.SqlNode。

```java
public interface SqlNode {

    boolean apply(DynamicContext context);

}
```

源码详见 cn.bugstack.mybatis.scripting.xmltags.IfSqlNode。

```java
public class IfSqlNode implements SqlNode{

    private ExpressionEvaluator evaluator;
    private String test;
    private SqlNode contents;

    public IfSqlNode(SqlNode contents, String test) {
        this.test = test;
        this.contents = contents;
        this.evaluator = new ExpressionEvaluator();
    }

    @Override
    public boolean apply(DynamicContext context) {
        // 如果满足条件，则应用，并返回 true
        if (evaluator.evaluateBoolean(test, context.getBindings())) {
            contents.apply(context);
            return true;
        }
        return false;
    }

}
```

源码详见 cn.bugstack.mybatis.scripting.xmltags.XMLScriptBuilder。

```java
public class XMLScriptBuilder extends BaseBuilder {

    private void initNodeHandlerMap() {
        // 9 种标签（trim、where、set、foreach、if、choose、when、otherwise 和 bind），实现其
中的 trim 标签和 if 标签
        nodeHandlerMap.put("trim", new TrimHandler());
        nodeHandlerMap.put("if", new IfHandler());
    }

    List<SqlNode> parseDynamicTags(Element element) {
        List<SqlNode> contents = new ArrayList<>();
        List<Node> children = element.content();
```

```
        for (Node child : children) {
            if (child.getNodeType() == Node.TEXT_NODE || child.getNodeType() == Node.
CDATA_SECTION_NODE) {

            } else if (child.getNodeType() == Node.ELEMENT_NODE) {
                String nodeName = child.getName();
                NodeHandler handler = nodeHandlerMap.get(nodeName);
                if (handler == null) {
                    throw new RuntimeException( "Unknown element  " + nodeName +  " in
SQL statement." );
                }
                handler.handleNode(element.element(child.getName()), contents);
                isDynamic = true;
            }
        }
        return contents;
    }

    // 省略部分代码
}
```

配置详见 resources/mapper/Activity_Mapper.xml。

```
<select id="queryActivityById" parameterType="cn.bugstack.mybatis.test.po.Activity"
resultMap="activityMap" flushCac" e="false" useCache="true">
    SELECT activity_id, activity_name, activity_desc, create_time, update_time
    FROM activity
    <trim prefix="WHERE" prefixOverrides="AND | OR" suffixOverrides="and">
        <if text="null != activityId">
            activity_id = #{activityId}
        </if>
    </trim>
</select>
```

解析节点类的结构如图 22-7 所示。

组合模式：是一种结构型模式，可以将对象组合成树形结构以表示“部分—整体”的层次结构。

场景介绍：在 MyBatis XML 动态的 SQL 配置中，共提供了 9 种标签（trim、where、set、foreach、if、choose、when、otherwise 和 bind），使用者可以组合出各类场景的 SQL 语句。而 SqlNode 接口的实现就是每个组合结构中的规则节点，通过规则节点的组装，完成规则树组合模式的使用。

同类场景：主要体现在对各类 SQL 标签的解析上，以实现 SqlNode 接口的各个子类为主。

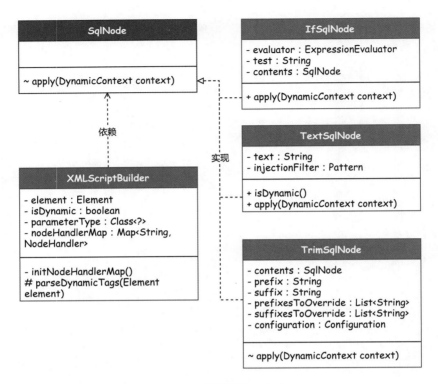

图 22-7

4. 装饰器模式

源码详见 cn.bugstack.mybatis.session.Configuration。

```
public Executor newExecutor(Transaction transaction) {
    Executor executor = new SimpleExecutor(this, transaction);
    // 配置开启缓存，创建 CachingExecutor（默认有缓存）装饰器模式
    if (cacheEnabled) {
        executor = new CachingExecutor(executor);
    }
    return executor;
}
```

二级缓存装饰器的实现结构如图 22-8 所示。

装饰器模式：是一种结构型设计模式，允许将对象放入包含行为的特殊封装对象中，为元对象绑定新的行为。

场景介绍：MyBatis 的所有 SQL 操作都是经过 SqlSession 调用 SimpleExecutor 完成的，而一级缓存的操作也是在简单执行器中处理的。这里的二级缓存因为是基于一级缓存刷新

的，所以在实现上，通过创建一个缓存执行器，包装简单执行器的处理逻辑，实现二级缓存操作。这里用到的就是装饰器模式，也叫俄罗斯套娃模式。

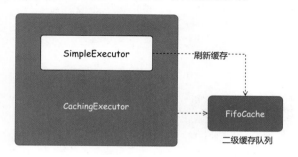

图 22-8

同类场景：主要提前到缓存接口的实现和 CachingExecutor 执行器中。

22.3　类型：行为型模式

1. 模板模式

源码详见 cn.bugstack.mybatis.executor.BaseExecutor。

```java
public <E> List<E> query(MappedStatement ms, Object parameter, RowBounds rowBounds,
ResultHandler resultHandler, CacheKey key, BoundSql boundSql) throws SQLException {
    if (closed) {
        throw new RuntimeException("Executor was closed.");
    }
    // 清理局部缓存，若查询堆栈为 0 则清理。queryStack 避免递归调用清理
    if (queryStack == 0 && ms.isFlushCacheRequired()) {
        clearLocalCache();
    }
    List<E> list;
    try {
        queryStack++;
        // 根据 cacheKey 从 localCache 中查询数据
        list = resultHandler == null ? (List<E>) localCache.getObject(key) : null;
        if (list == null) {
            list = queryFromDatabase(ms, parameter, rowBounds, resultHandler, key,
boundSql);
        }
    } finally {
        queryStack--;
    }
```

```
    if (queryStack == 0) {
        if (configuration.getLocalCacheScope() == LocalCacheScope.STATEMENT) {
            clearLocalCache();
        }
    }
    return list;
}
```

源码详见 cn.bugstack.mybatis.executor.SimpleExecutor。

```
protected int doUpdate(MappedStatement ms, Object parameter) throws SQLException {
    Statement stmt = null;
    try {
        Configuration configuration = ms.getConfiguration();
        // 新建一个 StatementHandler
        StatementHandler handler = configuration.newStatementHandler(this, ms,
parameter, RowBounds.DEFAULT, null, null);
        // 准备语句
        stmt = prepareStatement(handler);
        // StatementHandler.update
        return handler.update(stmt);
    } finally {
        closeStatement(stmt);
    }
}
```

SQL 执行模板模式如图 22-9 所示。

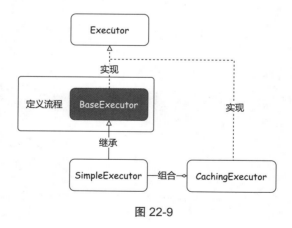

图 22-9

模板模式：是一种行为型模式，在超类中定义了一个算法的框架，允许子类在不修改结构的情况下重写算法的特定步骤。

场景介绍：存在一系列可被标准定义的流程，并且流程的步骤大部分采用通用逻辑，只有一小部分是需要子类实现的，通常采用模板模式来定义这个标准的流程。就像

MyBatis 的 BaseExecutor 就是一个用于定义模板模式的抽象类，在这个类中把查询、修改的操作都定义为一套标准的流程。

同类场景：BaseExecutor、SimpleExecutor 和 BaseTypeHandler。

2．策略模式

源码详见 cn.bugstack.mybatis.type.TypeHandler。

```
public interface TypeHandler<T> {

    /**
     * 设置参数
     */
    void setParameter(PreparedStatement ps, int I, T parameter, JdbcType jdbcType)
throws SQLException;

    /**
     * 获取结果
     */
    T getResult(ResultSet rs, String columnName) throws SQLException;

    /**
     * 获取结果
     */
    T getResult(ResultSet rs, int columnIndex) throws SQLException;

}
```

源码详见 cn.bugstack.mybatis.type.LongTypeHandler。

```
public class LongTypeHandler extends BaseTypeHandler<Long> {

    @Override
    protected void setNonNullParameter(PreparedStatement ps, int i, Long parameter,
JdbcType jdbcType) throws SQLException {
        ps.setLong(i, parameter);
    }

    @Override
    protected Long getNullableResult(ResultSet rs, String columnName) throws SQLException {
        return rs.getLong(columnName);
    }

    @Override
    public Long getNullableResult(ResultSet rs, int columnIndex) throws SQLException {
        return rs.getLong(columnIndex);
    }

}
```

多类型处理器策略模式的结构如图 22-10 所示。

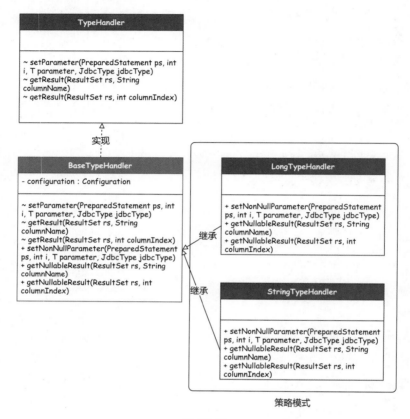

策略模式

图 22-10

策略模式：是一种行为型模式，能定义一系列算法，并将每种算法分别放入独立的类中，从而使算法的对象能够互相替换。

场景介绍：在 MyBatis 处理 JDBC 执行后返回的结果时，需要按照不同的类型获取对应的值，这样就可以避免大量的 if 判断。所以，这里基于 TypeHandler 接口对每个参数类型分别做了自己的策略实现。

同类场景：PooledDataSource、UnpooledDataSource、BatchExecutor、ResuseExecutor、SimpleExector、CachingExecutor、LongTypeHandler、StringTypeHandler 和 DateTypeHandler。

3. 迭代器模式

源码详见 cn.bugstack.mybatis.reflection.property.PropertyTokenizer。

```
public class PropertyTokenizer implements Iterable<PropertyTokenizer>,
```

```
Iterator<PropertyTokenizer> {

    public PropertyTokenizer(String fullname) {
        // 班级 [0]. 学生 . 成绩
        // 找 "."
        int delim = fullname.indexOf('.');
        if (delim > -1) {
            name = fullname.substring(0, delim);
            children = fullname.substring(delim + 1);
        } else {
            // 如果找不到 "." ，则取全部
            name = fullname;
            children = null;
        }
        indexedName = name;
        // 把方括号中的数字解析出来
        delim = name.indexOf('[');
        if (delim > -1) {
            index = name.substring(delim + 1, name.length() - 1);
            name = name.substring(0, delim);
        }
    }

        // 省略部分代码

}
```

拆解字段解析实现的结构如图 22-11 所示。

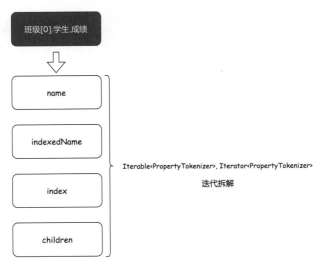

图 22-11

迭代器模式：是一种行为型模式，能在不暴露集合底层表现形式的情况下遍历集合中的所有元素。

场景介绍：PropertyTokenizer 用于 MyBatis 的 MetaObject 反射工具包下，用来解析对象关系的迭代操作。这个类在 MyBatis 中使用得非常频繁，包括解析数据源配置信息并填充到数据源类上，同时参数的解析、对象的设置都会使用这个类。

同类场景：PropertyTokenizer。

22.4　总结

复杂且优秀的 ORM 框架源码在设计和实现的过程中使用了大量的设计模式。在解决复杂场景的问题时，需要采用分治、抽象的方法，运用设计模式和设计原则等相关知识，把问题合理切割为若干子问题，以便加以理解和解决。这也是为什么在渐进式实现 MyBatis 的过程中，每章的功能迭代都能非常容易地进行扩展。

学习源码远不是只是为了应付面试，更重要的是学习优秀框架在复杂场景下的解决方案。通过学习这些优秀的方案技术，可以提高对技术设计和实现的理解，扩展编码思维，积累落地经验。只有经过这样长期的积累，我们才更有可能成为优秀的高级工程师和架构师。